"十三五"普通高等教育本科部委级规划教材

服装纸样与工艺（第2版）

PATTERN AND TECHNOLOGY OF CLOTHING (SECOND EDITION)

赵欲晓　刘美华　李海霞　｜　编著

中国纺织出版社有限公司

内 容 提 要

本书为"十三五"普通高等教育本科部委级规划教材。

本书主要介绍服装纸样和工艺的相关内容，精心挑选了各种类型服装中具有代表性的款式，由浅入深、图文并茂、系统全面、严谨规范地阐述了从款式结构图到成衣制作的全过程。既能够让学生学到多种服装款式的纸样绘制方法，排料裁剪方法，工艺流程的编写方法，缝制、熨烫方法，检验要求等系统知识；也可以培养学生对服装款式结构的分析能力，服装生产的组织能力，服装打板、制作的动手能力，质量评价的审查能力。

本书适用于服装院校的教师和学生，也是打板师和工艺师案头的参考书籍。

图书在版编目（CIP）数据

服装纸样与工艺/赵欲晓，刘美华，李海霞编著.--2版.--北京：中国纺织出版社有限公司，2020.12（2024.5重印）
"十三五"普通高等教育本科部委级规划教材
ISBN 978-7-5180-5929-4

Ⅰ.①服…　Ⅱ.①赵…　②刘…　③李…　Ⅲ.①服装—纸样设计—高等学校—教材　②服装工艺—高等学校—教材　Ⅳ.① TS941.2　② TS941.6

中国版本图书馆 CIP 数据核字（2019）第 106195 号

策划编辑：魏　萌　苗　苗　　责任编辑：魏　萌
责任校对：寇晨晨　　责任印制：王艳丽

中国纺织出版社有限公司出版发行
地址：北京市朝阳区百子湾东里 A407 号楼　邮政编码：100124
销售电话：010—67004422　传真：010—87155801
http://www.c-textilep.com
中国纺织出版社天猫旗舰店
官方微博 http://weibo.com/2119887771
三河市宏盛印务有限公司印刷　各地新华书店经销
2013 年 7 月第 1 版　2020 年 12 月第 2 版
2024 年 5 月第 6 次印刷
开本：787×1092　1/16　印张：29
字数：368 千字　定价：68.00 元

第 2 版前言

根据中国服装协会《2019-2020 中国服装行业发展报告》,在国际经济复苏乏力、中国经济进入新常态的背景下,我国服装产业坚守"科技、时尚、绿色"的新定位,瞄准创新发展的新方向,从新制造、新生态、新路径等方面实现新突破,中国服装行业稳健而快速的步入高质量发展的新轨道。在这种新形势下,人才培养必须与服装技术创新协同发展,努力建设富有创新精神、优秀工业精神的人才队伍,培养专业化程度高的高素质人才,重新确立中国服装业在产业分工中的新定位,全面提升中国服装业的竞争力。

纸样与工艺是服装生产中的核心技术,是服装从设计构思到成衣的实现手段。纸样与工艺相关课程是支撑服装专业人才培养的关键环节和重要的技术理论、方法、规程系统训练的平台,是培养理论基础扎实、知识面宽、实践和创新能力强的专业人才的必要过程。本教材以北京市精品课程——成衣纸样与工艺系列课程为基础,本着服装基础理论与生产实践应用相结合的原则,涵盖成衣纸样与工艺课群教学的所有内容,追求服装纸样与工艺知识体系的完整性,为学生提供自主学习和拓展的空间。

本教材延续第一版的风格和特点,纸样部分采用电脑制图,服装工艺制作部分以实操拍摄的方式展示实物照片;由简入繁,知识点清晰,使读者在学会典型款式制作的基础上了解和掌握更多的工艺设计和制作方法,达到举一反三的目的;工艺流程图表、质量要求、检验标准等内容与实际生产标准挂钩。

服装技术并非一成不变,也会随之流行和科技的发展不断更新和变化。本教材考虑近几年服装产品特点,在第一版的基础上,对部分内容进行了修改,在款式、板型上根据近几年的流行做出相应的调整,增加了一些新的款式和工艺制作方法,力求建立"纸样和工艺不应局限于技术层面,亦是服装大设计中一个重要环节"的概念。

本教材由北京服装学院的赵欲晓、刘美华、李海霞合作完成,赵欲晓、刘美华主要完成撰写工作,李海霞完成服装工艺制作和部分样板制作,图片拍摄和修改工作由赵欲晓老师完成。

感谢王羿老师、宋彦杰老师、李月同学为本教材绘制服装效果图。

本教材从教学角度出发,其中的一些内容可能与实际工业生产中的操作方式不尽相同,如有意见和建议,恳请广大师生和读者不吝赐教。

赵欲晓　刘美华　李海霞

2020 年 8 月

第1版前言

随着服装行业的快速发展和整体产业提升的要求，服装企业越来越需要更多高素质的专业人才。这些人才不仅应具备扎实的基础理论知识，还应该有一定的实际分析问题和解决问题的能力。培养适应社会需求的人才，架好学校与社会之间的桥梁，是高等院校进行专业教育的首要任务。同时，教育部为贯彻《国家中长期教育改革和发展规划纲要（2010—2020年）》精神，启动"卓越工程师教育培养计划"，旨在培养大批创新能力强、适应社会发展需要的高质量各类型工程技术人才。许多服装院校陆续加入到"卓越工程师教育培养计划"中，体现出高校教育不断满足社会需求特点。结合"应用型现代服装高级人才"的培养目标，本教材的编写努力做到服装基础理论与生产实践相结合。

本书是北京市精品课程"成衣纸样与工艺课程"（课群）的配套教材。成衣纸样与工艺课群是支撑服装专业应用型高级人才培养的关键环节和重要的技术理论、方法、规程系统训练的平台，是实现学校的人才培养目标——"培养理论基础扎实、知识面宽、实践和创新能力强的应用型高级专门人才"的必要过程。

本书内容与服装专业（学科）教学改革、课程建设紧密配合，教材内容不仅涵盖成衣纸样与工艺课群教学的所有内容，还追求服装纸样与工艺知识体系的完整性，为学生提供自学和拓展知识的空间。纸样部分采用电脑制图，清晰而准确，操作步骤和内容比较完整。服装工艺制作部分摒弃了传统同类书籍中黑白手绘图的方式，以实操拍摄的方式展示实物照片，服装的正面、反面及面料、里料可一目了然，立体造型效果直观；款式由简入繁，在典型款式的基础上增加局部变化的拓展内容，使读者在学会典型款式制作的基础上了解和掌握更多的工艺设计方案、工艺制作方法，达到举一反三的目的；同时增加了工艺流程图表、质量要求、检验标准等内容，与实际生产标准挂钩。

因为服装技术的不断更新与发展，在本书中有多处出现同一部位采用多种工艺方法的情况，目的是要让学生认识到服装技术的多样性和灵活多变的特点，同时突出"自学与应用"的功能。学生在学习过程中，要掌握书中讲解的基本方法，但又不能完全拘泥于此，在不违背基本操作原则的基础上，结合生产加工的实际情况，学会合理地设计工艺加工方法。

本书由北京服装学院的刘美华和赵欲晓合作完成，赵欲晓主要撰写第五单元第四章第四节、第六单元第一章、第二章的内容，其他章节内容由刘美华撰写，全书的图片拍摄和修改工作由赵欲晓完成。

本书中的服装工艺制作由李海霞完成，王羿绘制服装效果图；在本书的编写过程中，承蒙金宁、张文砚、张继红等老师的建议和帮助，在此向他们深表感谢。

　　本书主要从教学角度出发，其中有些内容可能与实际工业生产中的操作方式不尽相同，如有意见和建议，恳请广大师生和读者不吝赐教。

北京服装学院

刘美华　赵欲晓

2012 年 8 月

教学内容及课时安排

单元	章 / 课时	节	课程内容	课程性质 / 课时
第一单元 服装纸样与工艺基础知识	第一章 服装基础知识 /4	一	服装常用工具、设备及术语	基础理论与训练 /20
		二	制图符号说明	
		三	服装纸样	
		四	服装排料与裁剪	
		五	服装成品检验	
	第二章 服装基础工艺 /16	一	手针工艺	
		二	机缝工艺	
		三	熨烫工艺	
第二单元 裙子	第三章 西服裙 /20	一	西服裙结构图的绘制方法	理论应用与实践 /90
		二	西服裙纸样的绘制方法	
		三	西服裙的排料与裁剪	
		四	西服裙的制作工艺	
		五	西服裙成品检验	
	第四章 A 型裹裙 /18	一	A 型裹裙结构图的绘制方法	
		二	A 型裹裙纸样的绘制方法	
		三	A 型裹裙的排料与裁剪	
		四	A 型裹裙的制作工艺	
		五	A 型裹裙成品检验	
	第五章 育克褶裙 /20	一	育克褶裙结构图的绘制方法	
		二	育克褶裙纸样的绘制方法	
		三	育克褶裙的排料与裁剪	
		四	育克褶裙的制作工艺	
		五	育克褶裙成品检验	
	第六章 斜裙 /10	一	360° 太阳裙	
		二	180° 斜裙	
	第七章 背心裙 /22	一	背心裙结构图的绘制方法	
		二	背心裙纸样的绘制方法	
		三	背心裙的排料与裁剪	
		四	背心裙的制作工艺	
		五	背心裙成品检验	

续表

单元	章 / 课时	节	课程内容	课程性质 / 课时
第三单元 裤子	第八章 男西裤 /40	一	男西裤结构图的绘制方法	理论应用与实践 /100
		二	男西裤纸样的绘制方法	
		三	男西裤的排料与裁剪	
		四	男西裤的制作工艺	
		五	男西裤成品检验	
	第九章 休闲男裤 /30	一	休闲男裤结构图的绘制方法	
		二	休闲男裤纸样的绘制方法	
		三	休闲男裤的排料与裁剪	
		四	休闲男裤的制作工艺	
		五	休闲男裤成品检验	
	第十章 连腰女裤 /30	一	连腰女裤结构图的绘制方法	
		二	连腰女裤纸样的绘制方法	
		三	连腰女裤的排料与裁剪	
		四	连腰女裤的制作工艺	
第四单元 衬衫	第十一章 男衬衫 /20	一	男衬衫结构图的绘制方法	理论应用与实践 /60
		二	男衬衫纸样的绘制方法	
		三	男衬衫的排料与裁剪	
		四	男衬衫的制作工艺	
		五	男衬衫成品检验	
	第十二章 翻领女衬衫 /10	一	翻领女衬衫结构图的绘制方法	
		二	翻领女衬衫纸样的绘制方法	
		三	翻领女衬衫的排料与裁剪	
		四	翻领女衬衫的制作工艺	
		五	翻领女衬衫成品检验	
	第十三章 海军领长衬衫 /10	一	海军领长衬衫结构图的绘制方法	
		二	海军领长衬衫纸样的绘制方法	
		三	海军领长衬衫的排料与裁剪	
		四	海军领长衬衫的制作工艺	
	第十四章 宽松女衬衫 /20	一	宽松女衬衫结构图的绘制方法	
		二	宽松女衬衫纸样的绘制方法	
		三	宽松女衬衫的排料与裁剪	
		四	宽松女衬衫的制作工艺	
		五	宽松女衬衫成品检验	

单元	章 / 课时	节	课程内容	课程性质 / 课时
第五单元 女上装	第十五章 平驳头刀背线 女西服 /56	一	平驳头刀背线女西服结构图的绘制方法	理论应用与实践 /162
		二	平驳头刀背线女西服纸样的绘制方法	
		三	平驳头刀背线女西服的排料与裁剪	
		四	平驳头刀背线女西服的制作工艺	
		五	平驳头刀背线女西服成品检验	
	第十六章 青果领公主线 女西服 /40	一	青果领公主线女西服结构图的绘制方法	
		二	青果领公主线女西服纸样的绘制方法	
		三	青果领公主线女西服的排料与裁剪	
		四	青果领公主线女西服的制作工艺	
	第十七章 女西服衣身款式 变化 /6	一	四开身女西服衣身变化	
		二	三开身女西服衣身变化	
		三	女西服下摆变化	
	第十八章 插肩袖女外衣 /48	一	插肩袖女外衣结构图的绘制方法	
		二	插肩袖女外衣纸样的绘制方法	
		三	插肩袖女外衣的排料与裁剪	
		四	插肩袖女外衣的制作工艺	
	第十九章 双面呢大衣 /12	一	双面呢大衣结构图的绘制方法	
		二	双面呢大衣纸样的绘制方法	
		三	双面呢大衣的制作工艺	
第六单元 男上装	第二十章 男西服 /80	一	男西服结构图的绘制方法	理论应用与实践 /180
		二	男西服纸样的绘制方法	
		三	男西服的排料与裁剪	
		四	男西服的制作工艺	
		五	男西服成品检验	
	第二十一章 西服马甲 /20	一	西服马甲结构图的绘制方法	
		二	西服马甲纸样的绘制方法	
		三	西服马甲的排料与裁剪	
		四	西服马甲的制作工艺	
		五	西服马甲成品检验	
	第二十二章 中山服 /80	一	中山服结构图的绘制方法	
		二	中山服纸样的绘制方法	
		三	中山服的排料与裁剪	
		四	中山服的制作工艺	
		五	中山服成品检验	

注　各院校可根据自身的教学特点和教学计划对课程时数进行调整。

目　录

第一单元　服装纸样与工艺基础知识

第二单元　裙子

第四单元　衬衫

第一单元
服装纸样与工艺基础知识

　　简单地说，一件服装的完成需要经历款式设计、结构设计、绘制纸样（打板）、裁剪、缝纫、后整理等一系列过程。由于服装穿在人身上是立体的，款式设计当然是立体设计；面料是平面的，服装纸样自然也是平面的；将平面面料变成立体服装的制作过程就是服装工艺的魅力所在。现代服装工艺是指使用机械和手工的方法对服装进行加工，使被加工对象造型改变的一门艺术。

　　本单元的主要内容是了解服装纸样与工艺的基本知识，学习手针工艺、机缝工艺、熨烫工艺技术知识，掌握基本的手缝针法和机缝针法，掌握平缝机、包缝机的使用方法。注重培养学生的实际动手操作能力，技术与艺术结合的观察力、想象力，引导学生体会如何利用工艺技术展现服装的魅力。学生学习完本单元的内容后，希望能够举一反三，把所学的工艺知识和技能灵活地运用到今后的服装制作中。

第一章　服装基础知识

教学内容： 服装常用工具、设备及术语 /2 课时
制图符号说明 /0.5 课时
服装纸样 /0.5 课时
服装排料与裁剪 /0.5 课时
服装成品检验 /0.5 课时

课程时数： 4 课时

教学目的： 引导学生进入专业知识领域。

教学方法： 集中讲授。

教学要求： 通过对本章的学习，学生能够初步了解服装常用工具、设备及术语，了解服装制图符号语言、纸样、排料与裁剪、成品检验等基本知识。

教学重点： 1. 服装常用工具、设备及术语
2. 服装纸样知识
3. 服装排料与裁剪知识

第一节　服装常用工具、设备及术语

一、服装常用工具

1. 画图、打板、裁剪用具（图 1-1）

①直尺：测量长度或画线时使用的尺子，长度有 20cm、30cm、50cm、60cm、100cm 等多种规格。

②方眼定规：测量长度或画线时使用的尺子，主要功能是画直线、平行线，标注重要的点、角度等，长度有 50cm、60cm 等规格。

③弯尺：画领窝、袖窿、裆弯等处曲线时使用的尺子。

④蛇形尺：测量曲线长度时使用的可任意弯曲的尺子。

⑤皮尺：测量人体尺寸或测量曲线长度时使用的带状软尺或卷尺，通常长度为 150cm。

⑥点线器：将结构图中的某一部分描绘在另外一张纸上时所使用的工具，由齿轮、连接杆和手柄三部分构成。把空白纸铺在结构图下，握住手柄，沿结构线推动齿轮，铺在下层的纸上就会出现由若干个点形成的线迹，因此叫作点线器，也称为滚轮、擂盘或复描器。在布上做记号时也可以使用。

⑦剪口钳：在服装纸样上打对位剪口用的专用工具。

⑧普通划粉、消失划粉：在布料上画裁剪线或在缝制衣服的过程中画线、做记号使用的粉片，普通划粉有白、黄、蓝、紫、褐等多种颜色，消失划粉为白色、半透明状的粉片，遇热自然消失。

⑨剪布剪刀：专门用于裁剪布料的剪刀。常用的有 9 号、10 号、11 号、12 号等规格，长度在 23~30cm 之间。号越小剪刀越小，可根据手的大小和布料的厚薄来选择合适的剪刀。其中 11 号剪刀最为常用，既可用于裁剪薄料，如美丽绸、丝绸等；也可以裁剪厚料，如灯芯绒、大衣呢等。

⑩花边剪刀：专门用于裁剪布料样品（料样）的剪刀，剪出的布边呈锯齿状。

⑪剪纸剪刀：用于裁剪纸样的剪刀。普通剪刀、文具剪刀均可。

另外，用于制作服装纸样的打板纸也是必备用品。打板纸要有一定的厚度，有较强的韧性，较好的保型性、

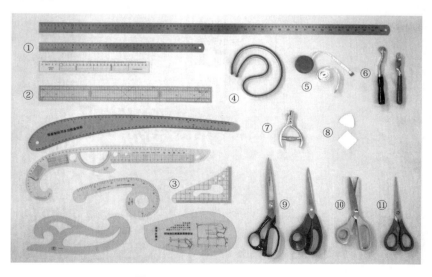

图 1-1　画图、打板、裁剪用具

耐磨性、防缩水性和防热缩性。

2. 缝纫用具（图 1-2）

①锥子：拆掉缝纫线，翻挑领尖、袋盖（兜盖）、衣角，扎透多层衣片做记号，机缝时推送衣料等情况下所使用的工具。

②镊子：有直镊子和弯头镊子。直镊子用于拔出线丁，机缝时夹住衣料向前推送；弯头镊子用于包缝机穿线等。

③纱剪：剪线头及细小部位时使用的剪刀。

④手针：手缝衣物时使用的针，号码越小针越粗大，针孔（亦称针鼻儿）也越大。针体细且光滑、针孔大且呈椭圆形的针便于使用。

⑤顶针：手缝衣物时戴在右手中指的第一与第二关节之间或指尖，顶住手针的针尾，起推进作用的工具。选择凹孔密集且较深的顶针比较便于使用。

⑥机针：又称车针，机缝衣物时使用的针，是缝纫机的重要组成附件。号码越大针越粗大，针孔也越大。针体不易弯曲，针孔和针槽端正、光洁，针尖细且尖锐的便于使用，否则可能出现跳针、断线、针眼粗大、刺断纱线等问题。

⑦立裁针：分大头针和珠针，在固定纸样或布料、立体裁剪、试样或试穿等情况下所使用的工具。

⑧拆线器：挑开并切断缝纫线、冲开较厚衣料的缝合线、豁开扣眼或袋口等情况下所使用的工具。

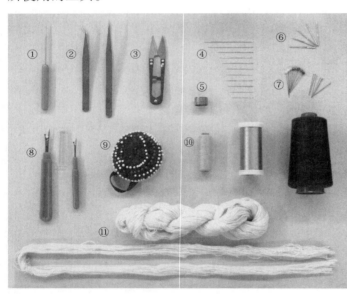

⑨插针包：用于插针的工具，用布包裹毛发、毛线等材料制成。使用时多戴在手腕上，方便取针。

⑩缝纫线：机缝或手缝用线，有涤纶线、丝线、棉线、尼龙线、蜡线等不同材质的线，卷装方式有轴线和塔线等不同的规格形式。

⑪绷缝线：为本白色纯棉线（线要细、牢度不需太强），在服装制作过程中用于手缝、临时固定的部位。若是成绺的线，要将线剪开、喷水、熨烫、松捻，然后挂在便于抽取的地方，根据需要一次抽取一根或两根线使用。

图 1-2 缝纫用具

3. 熨烫用具（图 1-3、图 1-4）

①电熨斗：平整衣服和布料的工具。家用的有普通电熨斗和喷气式调温电熨斗，功率一般在 700~1000W 之间；工业用带锅炉的蒸汽电熨斗，功率一般在 1000W 以上。好的电熨斗把手要牢，前端要尖，底盘光滑，喷气均匀。

②水布：也叫烫布，撕一块长约 50cm、宽约 60cm 的纯棉白坯布，使用前要洗掉布上的浆，这样不仅柔软好用，而且不易被烫黄。熨烫时根据需要用水布盖在衣物上，喷气熨

烫，以防止衣物受损和出现亮光。

③烫凳：衣服上有一些带弧线、转弯的结构复杂的部位，如肩部、袖窿、刀背缝、裆缝等，这些部位难以平放在烫台上熨烫，这时放在烫凳上会便于熨烫。烫凳上要铺垫两三层线毯或厚度相当的多层绒布或厚布，并将各层材料裁成塔形，底层最大，上层最小，最外面包裹纯棉白布。

④烫枕：用质地紧密的双层纯棉布缝成套子，里面填上细木屑并反复敲打填实，缝口之后制成烫枕。其长、宽、厚分别为30~35cm、20~25cm、5~7cm。烫枕主要用于熨烫服装的驳口、胸部、臀部、口袋等圆弧部位。

⑤拱形烫木：用硬质实木制成，底面很平，上面呈弧形。熨烫衣服的止口、缝份时，先用电熨斗熨烫，趁着衣服的潮气未干，立刻用烫木的平面用力压住，起到定型的作用；分烫袖子的后袖缝等弧线较长的部位时，用烫木的弧面衬垫在熨烫物之下，便于操作。

⑥烫台：也称为吸风烫台，是蒸汽熨烫作业必不可少的专业设备之一。其吸风装置通过离心电机高速旋转产生强大的向下气流而产生吸力，防止面料随熨斗移动，并将刚熨烫过的面料快速冷却定型。

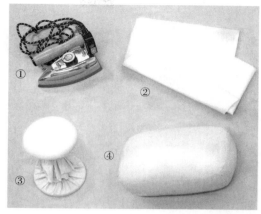
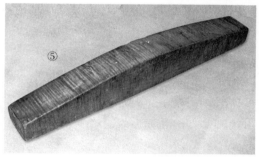

图 1-3　熨烫用具

4. 其他用具

①人台：又称人体模型。主要用于立体裁剪、服装设计及缝制过程中试样、产品陈列等场合（图 1-5）。

②衣架：有普通衣架、带有肩背弧形的西装衣架、裙子衣架、裤子衣架等多种类型。普通衣架适宜挂衬衫、夹克等便装；而西服等正装则必须使用特制的衣架，以保持后领窝、肩部及袖子的形状不发生变化。因此要根据不同的服装来选择合适的衣架。

图 1-4　烫台

③镜子：准备一面可以照到全身的镜子（镜面要平，要能真实反映人体的比例），在自己身体上披布设计、试穿补正等都会用到。

二、常用服装设备

1. 家用缝纫机

家用缝纫机一般采用人力驱动或电动机驱动，大多速度较慢，主要用于平缝。现在有

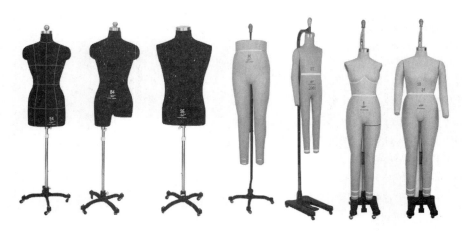

图 1-5　人台

一些家用电动缝纫机功能较多，能够缝制多种线迹，增加绣花功能或缝制出一些图案。

2. 工业用平缝机

工业用平缝机一般称为单针平缝机，也叫平车，是最基本的平缝机，能缝制棉、麻、丝、毛、化学纤维等多种材料的织物，缝纫速度快，操作简便。现在很多工业用平缝机增加了电脑控制系统功能，具有自动剪线、自动倒缝、自动挡线、自动抬压脚等功能，生产效率更高。

3. 包缝机

包缝机是用于锁缝衣片边缘，使其不暴露毛茬的专用机器，有两线、三线、四线、五线之分。两线包缝机又叫作链缝机，主要用于针织物的拼接；普通三线包缝机主要用于锁边线迹不暴露在外的衣物；密三线包缝机主要用于锁边线迹暴露在外的衣物；四线包缝机为针织专用机；五线包缝机能做到缝纫与包缝同时进行，主要用于衬衫和针织服装的生产。另外六线以上的包缝机可缝制出多种装饰线迹。

4. 专用缝纫机

专用缝纫机指用于服装生产、具有特殊功能的专用设备，常用的有开袋机、敷衬机、双针平缝机、缲边机、缅袖机、圆头锁眼机、平头锁眼机、钉扣机等。

三、常用服装术语

1. 裁剪术语

（1）丝缕：又称丝道，指的是服装面料的经纬纱方向。经纱方向为面料的长度方向，通常叫作直纱或直丝；纬纱方向为面料的幅宽方向，通常叫作横纱或横丝；斜丝或斜纱指的是经、纬纱垂直相交的角平分线方向，也称为正斜丝。

（2）结构图（裁剪图）：表明衣服各片之间的结构关系的图形。

（3）粉线：用划粉在布料或衣片上画出的线。

（4）净缝线、净板（净样）：结构图中各个部位的轮廓线是缝纫时的缝线位置，叫作净缝线或净粉线。沿着结构图中的轮廓线剪下，得到的样板（纸样）叫作净板或净样。

（5）缝份（缝头）：裁剪衣片时在净板的外围加放出一定的距离，用以缝合、连接衣片，这个加放出来的量称为缝份或缝头。

（6）折边：在衣长、袖长、裙长、裤长以下加放出的向内侧翻折的量叫作折边。

（7）毛板、毛粉：在净板基础上加放出缝份和折边的样板叫作毛板，用划粉沿着毛板的外轮廓直接画在布料上，缝份和折边就已经包括在内了，此时的划粉线称为毛粉。

（8）裁片：裁剪好且未缝合的衣片。

（9）倒顺毛：如灯芯绒、丝绒、呢子等面料，用手沿着经纱方向朝一个方向捋，再向相反的方向捋，手感是不一样的，感觉顺的是顺毛，感觉戗着的是倒毛，这是绒毛的毛峰方向不同造成的，因此就有了倒顺毛的说法。一般来讲，灯芯绒、丝绒适宜戗毛裁剪（即毛冲上），制成的服装颜色发深，不泛白；呢子适宜顺毛裁剪（即毛冲下），制成的服装不易起球。若前、后片一戗一顺，则制成的服装前、后片的颜色深浅不同，这就叫作倒顺毛。

（10）阴阳格：格子面料，通常情况下左右对称、上下也对称。左右或上下不对称(单方向循环)的格子，称为阴阳格或鸳鸯格（图1-6）。条子面料，通常情况下左右对称。若是左右不对称（单方向循环）的条子，则称为阴阳条或鸳鸯条。

普通格

阴阳格

图1-6　格子面料

2. 缝纫术语

（1）缝合（缉缝）：用平缝机将两个衣片缝在一起叫作缝合或缉缝，也叫作机缝或车缝。

（2）明线：在衣服表面能够看到的缝纫线迹叫作明线，在制作过程中叫作缉明线。

（3）暗线：在衣服表面看不到的、连接衣片的缝纫线迹。

（4）勾：制作领子、袋盖等部件时要在反面缉一道暗线然后再翻出正面，缉暗线的过程叫作勾。如勾领子、勾袋盖、勾止口等。

（5）打倒针（倒回针）：在缉缝开始和终止时要来回缝几针，起加固的作用。

（6）吃与赶：指的是因缉缝不当而出现的毛病。吃，指缉缝时使衣片收缩起皱；赶，指缉缝时使衣片拉开抻长。用普通缝纫机缝合衣片时一般容易上片赶、下片吃，因此在向前送布的同时还应稍微用力拉住双层衣片，以防衣片吃或赶。采用有同步送布装置的缝纫机则不会出现吃或赶的毛病。

（7）吃头（吃量、吃缝、缩缝量）：指的是将某一个部位收缩一定的长度。例如，缝袖山吃头是指在袖山部位手缝或机缝之后，其长度比未缝之前缩短了一定的距离。

（8）反吐：领子、袋盖等勾暗线翻出正面烫好之后，从正面不应能看到领里或袋盖里，如果看到了就叫作反吐。

（9）里外容（里外匀）：领子、袋盖等表层一般都要大于里层，两层之间的差量称为里外容。

（10）上炕与下炕：两者都是缉缝时出现的毛病，指的是线没缝在恰当的位置，缝线缉在规定位置以上部位的称为上炕（图1-7），缉在规定位置以下部位的称为下炕（图1-8）。

（11）接线双轨：两条线相接时，接头处没有重叠在一起。

（12）跳针：缝纫线迹出现不连贯的现象。

（13）浮线：缝纫线迹松散，浮在衣物表面的现象。

（14）戳毛：由于机针秃尖或针尖不光洁，将面料戳出毛刺的现象。

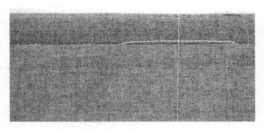

图 1-7　上炕

图 1-8　下炕

（15）针眼：机针戳在衣料上留下的小孔。

（16）毛、漏、毛漏、脱：毛，指毛边外漏；漏，指应该缝住的地方未缝住；毛漏，指破洞；脱，指缝线断开。这些都是缝制中不该出现的毛病。

（17）线头（线屑）：留在成品上的缝纫余线，应在整理时把它们全部清理干净。

3. 熨烫瑕疵

（1）水花：熨烫前喷水不匀或熨烫时温度不够高，造成衣服上留下水渍的现象。

（2）亮光：熨烫后衣物上留下光印的现象。

（3）烫黄：由于熨斗的温度过高，将衣物烫黄变色的现象。

（4）烫熔：由于熨斗的温度过高，将衣物烫化、烫漏的现象。

第二节　制图符号说明

一、服装制图、制作符号说明（表 1-1）

表 1-1　服装制图、制作符号说明

名称	符号	说明
粗实线	——————	表示轮廓线、净缝线
细实线	——————	表示基础线、辅助线
点划线	—·—·—·—	表示布料连折或对折
虚线	— — — — —	表示背面或叠在下层看不到的轮廓影示线，也表示缝纫明线
等分		表示将某个部位分成若干相等的距离
距离线	←——————→	表示某部位起点到终点的距离，箭头应指到部位的净缝线处
直角		表示两线相交的角呈 90°
重叠		表示相邻衣片轮廓线交叉重叠
拼合		表示一部分纸样与另一部分纸样合二为一
等量	○ ● □ ■ △ ▲ ◎ ⊗	表示尺寸相同
省略		表示长度较长而结构图中无法画出的部分

续表

名称		符号	说明
橡筋			表示松紧带，也表示罗纹
剪切			表示该部位需要进行分割并展开
经向			表示服装面料的经纱方向
顺向			表示裁片的图案或毛绒方向要一致
省道	枣核省		表示沿着中心线对折，沿着两侧实线缝
	锥形省		
	钉子省		
褶裥			表示从正面看到的褶的折叠方法
纽扣及扣眼			表示纽扣及扣眼的位置和大小
缩缝			表示某部位需用缝线抽缩
归拢			将特定部位缩短的熨烫方法
拔开			将特定部位拉长的熨烫方法

二、服装常用名词英文缩写说明（表1-2）

表1-2　英文缩写说明

缩写	全　拼	缩写	全　拼
B	Bust（胸围）	EL	Elbow Line（肘位线）
UB	Under Bust（乳下围）	KL	Knee Line（膝位线）
W	Waist（腰围）	BP	Bust Point（胸高点）
MH	Middle Hip（中臀围）	SNP	Side Neck Point（侧颈点）
H	Hip（臀围）	FNP	Front Neck Point（前颈点）
BL	Bust Line（胸围线）	BNP	Back Neck Point（后颈点）
WL	Waist Line（腰围线）	SP	Shoulder Point（肩端点）
MHL	Middle Hip Line（中臀围线）	AH	Arm Hole（袖隆）
HL	Hip Line（臀围线）	HS	Head Size（头围）

第三节　服装纸样

在服装行业内，画服装结构图和绘制纸样，被称为服装制板或服装打板。

打板时，首先按照服装款式的设计要求绘制服装结构图，然后将结构图中的各个局部的形状取出，这时得到的是服装的净板，也叫净样；在净板的基础上加放适当的缝份和折边，得到的是服装的毛板。净板、毛板都叫作服装纸样，也叫样板。在纸样上要画出重点部位（如省道、口袋等）、标注经纱方向、注明样板名称及裁剪片数，这些内容均是服装纸样的"语言"。

绘制服装纸样时，要考虑面料的缩水率、热缩率，要将收缩量预留在纸样中。

一、裁剪纸样

用于裁剪的纸样都应该是毛板。根据服装纸样上的"语言"要求，将毛板有序、合理地铺在布料上称为服装排料。沿着毛板的轮廓将各个衣片剪下来，称为服装裁剪。

1. 面料纸样

面料纸样，指裁剪面料时所使用的纸样，也就是前面提到的毛板。

2. 里料纸样

里料纸样，指裁剪里料时所使用的纸样。制作里料纸样时，要在符合服装结构原理的前提下尽量减少分割线即缝合线，以减少服装加工制作的工序和工时，具体的制作方法要根据款式和工艺而定。

3. 衬布纸样

这里所说的衬布指黏合衬。黏合衬按底布组织有有纺和无纺之分，要根据不同的面料、不同的部位、不同的作用效果有选择地使用。衬布纸样一般比毛板略小，有时与净板相同。

4. 衬里纸样

这里所说的衬里指的是用于遮挡、以防透过薄面料看见里面结构的衬布，一般情况下，面料与衬里一起缝合，所以衬里纸样与面料纸样是相同的。

5. 内衬纸样

内衬用于面料与里料之间，如男西服的胸衬、防寒服的内胆等，要根据具体情况来制作内衬纸样。

6. 辅料纸样

裁剪使用的辅料包括罗纹松紧口、橡筋、口袋布、腰头衬等，要根据具体情况制作辅料纸样。

二、工艺纸样

在将裁剪好的布片缝合到一起时同样需要纸样，这些纸样称为工艺纸样。工艺纸样主要用于缝制加工过程中和后整理环节中，通过使用工艺纸样可以使服装加工变得更便利，提高工作效率和产品质量。

1. 修正纸样

修正纸样用于校正裁片。例如，西服的前衣片在经过高温加压粘衬后可能会发生热缩等变形现象，这时需要用到修正纸样对衣片进行检查并修正。

2. 轮廓纸样

轮廓纸样用于制作过程中画线，使某些重要部位轮廓准确、不变形。例如，用领子净板、口袋盖净板、圆贴袋净板等画线，按照所画线迹缉缝、熨烫等。

3. 定位纸样

定位纸样用于制作过程中对某些部件进行标注，例如，在衣片上画出口袋、扣眼、扣子等位置就要用到定位纸样（图 1-9）。

4. 定型纸样

定型纸样用于缝制加工过程中对某些部位型的把握，如口袋盖、贴袋、领子等。定型纸样一般是净样板，应选择耐烫、耐磨的材料制作（图 1-10）。

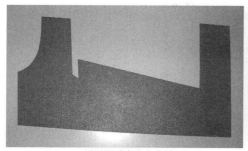

男西服手巾袋定位样板

男西服里袋定位样板

图 1-9　定位纸样

5. 辅助纸样

　　在缝制和整烫过程中起辅助作用的纸样。例如在轻薄的面料上缝制暗裥后，为了防止熨烫时正面产生褶皱，在裥的下面衬上窄条，这个窄条就是起辅助作用的纸样。再如在缝制裤口时，为了保证两个裤口大小一样，制作一个标准尺寸的裤口纸样，按照这个纸样去缝合，这个纸样也是辅助纸样。

图 1-10　定型样板

第四节　服装排料与裁剪

一、服装排料注意事项

　　（1）棉、麻、丝绸等布料要下水预缩，自然晾干后要将布料烫平，经纱、纬纱要烫直，出现纬斜要矫正。

　　（2）裁剪单件服装时，布料一般都铺成双层，即将布料的两个布边对齐，正面叠在里面，反面露在外面，对折成双层（图 1-11）。沿幅宽对折后，幅宽减半。

　　（3）选择与布料颜色接近的划粉，在布料的反面画线。

　　（4）对于有毛绒方向、图案朝向或阴阳格的布料，要根据毛向、图案的朝向、阴阳格的方向来决定纸样的上下方向，要朝着相同的方向排列纸样。

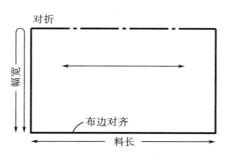

图 1-11　铺布料的方法

（5）对于单色、无图案的面料要察看光泽差异，确保不出现因反光不同造成的衣片之间的色差。

（6）在面料上摆放纸样时，纸样上的经纱线与面料的经纱方向必须保持一致，先摆放面积大的纸样，面积小的纸样插空摆放，各衣片纸样的边缘尽量靠近，以节省面料。

注：本教材各章节中的排料图，适合于单件裁剪，而不一定适合于批量裁剪。单件裁剪时，用划粉把纸样的轮廓描绘在布料上，然后把纸样移开，再沿着划粉线裁剪。

二、服装裁剪注意事项

（1）检查纸样是否齐全，检查纸样上的经纱符号与布料的经纱方向是否一致，检查应该连裁的部位是否已将布料对折。

（2）单色布料，上下两层一起裁剪。裁剪时右手拿剪刀，左手轻轻放在布料上即可，不要拎起布料，以防布料变形。

（3）条格布料，先裁剪上层，看着上层的条格裁剪下层。

第五节　服装成品检验

一、外观检验

外观检验主要是对服装的款式、花样（花色）、面辅料缺陷、整烫外观、缝制、折叠包装以及有无脏污、线头等方面的检查。各款式的主要检验内容如下：

（1）干净、整洁，无线屑、水渍、油渍、划粉印，无针板、送布牙、熨斗等造成的痕迹。

（2）整体无明显色差、无疵点、无脱丝、无断纱。

（3）倒顺毛、阴阳格面料，全身顺向符合要求。特殊图案的布料以主图为准，全身图案方向符合要求。

（4）各部位熨烫平服，无烫痕、烫黄、亮光。

（5）有立绒的布料不能将绒毛压倒。

（6）使用黏合衬的部位不渗胶、不脱胶、不起泡。

（7）面线与底线的松紧适宜，各部位缝纫线迹顺畅、整齐、牢固、美观。针距密度符合要求，无跳线，无脱线。明线间距相等，明显部位的明线不允许有接线。

（8）包缝线迹美观、牢固、平整，缝份宽窄适宜。

（9）对条、对格部位要符合要求。

（10）扣子与扣眼的位置及大小适合，扣眼整齐，无绽线。

（11）套结、线襻的位置准确、牢固。

（12）商标、洗涤说明、尺码带、成分标志等钉缝位置正确、整齐、美观、牢固。

二、规格尺寸检验

规格尺寸检验，指按照产品标准要求对成衣各主要部位的规格尺寸进行测量，与制定的规格尺寸进行对比，确保成衣尺寸的准确。具体内容详见其他各章节中的具体款式检验内容。

三、工艺检验

工艺检验，指对服装制作过程中各道工序的操作进行质量检查，确保各道工序按照工艺要求进行操作，质量符合质量标准要求。具体内容详见其他各章节中的具体款式内容。

练习与思考题

1. 从课堂上、书本上了解服装常用工具，到市场中去挑选品质良好、价格合理的必备工具。

2. 观察布料及服装实物，说出倒顺毛、阴阳格、丝缕、缝份、折边、明线、暗线、勾、里外容等专业术语在实物中的体现。

3. 翻看专业书籍中的服装结构图，观察其中的每一个细节，说出不同的线条、符号所表示的含义是什么？

4. 服装纸样分为几种类型？各自的用途是什么？纸样上应该标注哪些内容？

5. 排料、裁剪时需要注意哪些事项？尤其是倒顺毛、格子布料要注意哪些事项？

6. 服装产品外观检验时，一般都检验哪些内容？

第二章　服装基础工艺

教学内容： 手针工艺 /4 课时

机缝工艺 /11.5 课时

熨烫工艺 /0.5 课时

课程时数： 16 课时

教学目的： 引导学生进入专业知识领域。

教学方法： 集中讲授、分组讲授与操作示范、个性化辅导相结合。

教学要求： 1. 学习手针工艺的各种针法。

2. 掌握机缝工艺的各种针法。

3. 完成学习报告一份。记录手针工艺和机缝工艺的学习
过程、操作方法及步骤。

教学重点： 1. 手针工艺针法

2. 缝纫机安全正确的操作方法

第一节 手针工艺

一、手针与面料的关系

手针工艺在我国有着悠久的历史，虽然目前服装专用缝纫加工设备层出不穷，但它们仍不能完全代替手针工艺。手针有长短粗细之分，1号最长、最粗，针号越大，针反而越细、越短，因此要根据加工工艺的要求和缝制材料的特征来选择适当的手针（表2-1）。

表2-1 手针与面料的关系

针号	1	2	3	4	5	6	7	8	9	10	11	12
用途	适用于缝帆布、被褥等		适用于缝厚的呢绒类服装、钉扣、绱垫肩等		适用于缝中等厚度的羊毛类服装等		适用于缝薄型的羊毛类服装、丝绸服装等		适用于缝丝绸类服装等		适用于刺绣等	

二、顶针和手针的使用方法

顶针可以戴在中指的第一与第二关节之间，也可以戴在中指的指尖上。

使用手针有一定的技巧。拿针时手要轻巧，不要大把攥针，要用拇指和食指捏住针的前部，下针要稳；运针时要用顶针顶住手针的尾部同时稍微用力使针穿过布料，拉线要快，同时小指要挑线，线快要拉到头时动作要放轻。

三、手针工艺的常用针法

常用的手缝针法有拱针、绷针、缲针、回针、环针、贯针、纳针、扳针、三角针、倒勾针、打线丁、锁针、钉扣、钉挂钩、拉线襻等，分别用于不同的部位，起着不同的作用。

手工缝纫时缝线长度以50~60cm为宜，线若过长会使引线的时间加长，影响工作效率，且缝线容易绞结和断线。

1.起针结、止针结

手缝开始前在线的末尾打的结叫作起针结，手缝结束时在线根处打的结叫作止针结，作用是防止缝线脱出（图2-1、图2-2）。

将线尾在食指上绕一圈
①

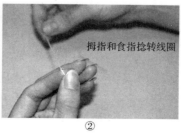
拇指和食指捻转线圈
②

中指抠住线圈，收紧成结
③

图2-1 起针结的打法

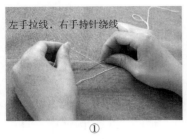
左手拉线，右手持针绕线
①

形成线圈
②

左手大拇指压住线圈根部，
右手收紧线圈，形成线结
③

图2-2　止针结的打法

2. 拱针

拱针又叫作平缝，是最基本的手缝针法，选择长度在3cm以内的小针比较便于使用。刚开始学习拱针针法时，可以用单层薄布练习。握布时，左手拇指在上，其余四指在下；右手拇指与食指捏住针，中指上戴的顶针抵住针尾（图2-3）。打好起针结，从右向左均匀、连续地缝，针上存满布之后拔针、拉线一次，拱针效果如图2-4所示。此针法主要用于缝合衣片、缩缝袖山吃量、临时固定等。

图2-3　持布、持针方法

图2-4　拱针效果

3. 绷缝

绷缝主要用于临时固定某个部位，完工之后要将绷缝线拆掉。如扣烫好裤口折边之后，先用绷缝针法临时固定一下，再用其他针法缲边，最后拆掉绷缝线。此针法从右向左缝，表面线迹3~4cm长，反面线迹1cm左右（图2-5）。

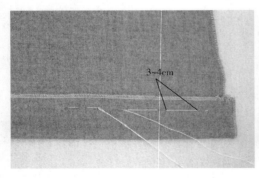
3~4cm

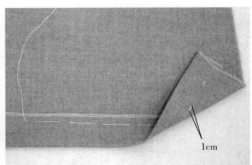
1cm

图2-5　绷缝

4. 回针缝

回针缝从右向左缝。具体操作方法：先向左缝一针，然后向右退一针或半针或一点点之后将针扎入布料里（进针），向左进一针（出针），再向右退一针或半针或一点点（进针）、向左进一针（出针），如此循环往复（图2-6）。退一针的叫作全回缝，退半针的叫作半回缝，退一点点的叫作点回缝。此针法缝出的线迹结实、稳定性较好。全回缝主要用于手工缝制衣服，缝出的缝子密实；半回缝主要用于绷缝过程中需要强调固定的位置；点回缝用于纳驳头时固定驳口线的外侧，固定止口、防止过面（挂面）反吐等。

5. 倒勾针

倒勾针从左向右缝。具体操作方法：先向左缝一针，然后向右退一大步进针、向左进一小步出针，再向右退一大步进针、向左进一小步出针，如此循环往复（图2-7）。此针法缝出的线迹弹性较大、稳定性较好，主要用于领窝、袖窿等弧线部位，既能防止处于斜丝状态的部位发生变形，必要时又可抻出一定的长度。

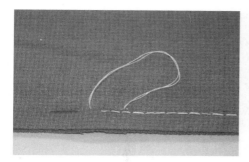

图2-6　回针缝

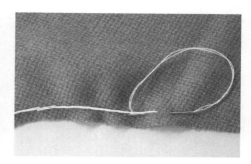

图2-7　倒勾针

6. 打线丁

把画在衣片上层的省道、袋口等位置准确无误地标记到衣片下层的针法叫作打线丁（图2-8）。打线丁一般使用较涩的不易脱落的纯棉线，有双线单针或单线双针两种针法。双线单针是平缝针法，单线双针是半回缝针法。

具体操作方法：①在衣片的上层画出关键位置，用双股棉线缝针、剪断，缝针的间距根据实际需要而定。②掀开上层衣片，将缝线剪断。然后再将上层的浮线剪短（越短越不容易脱落），用手拍实。

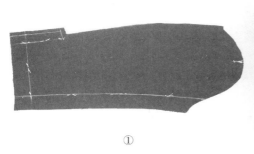

①

②

图2-8　打线丁

7. 缲针

缲针也叫缲边，有明缲和暗缲两种针法，主要用于底边、收边等。明缲针的关键点是进针位置要紧挨着出针位置，要一针一针地缝，缝完之后能看到很小的线迹（图2-9）。暗缲针是一次可以缝好几针，缝完之后从表面看不到线迹（图2-10），①和②表示一种用法，③和④表示另一种用法。

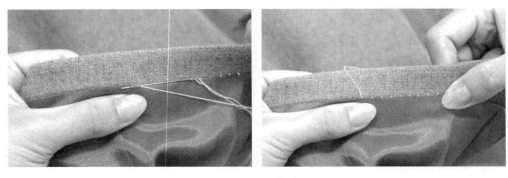

图 2-9　明缲针

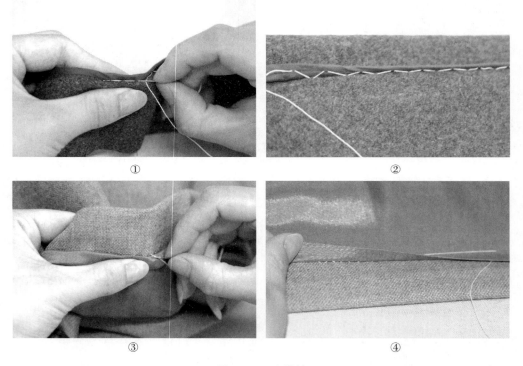

图 2-10　暗缲针

8. 三角针

三角针俗称"黄瓜架"，用于固定折边等部位，从左向右操作。具体方法：打好起针结，第一针从 A 点穿出，第二针从 B 点穿入后挑起一、二根布丝再从 C 点穿出，此针不能缝透衣片，第三针从 D 点穿入 E 点穿出，即下一个循环的 A 点位置，如此循环往复（图 2-11）。

9. 环针

环针用于不能使用包缝机而又要将毛茬固定的位置。如带衬里的衣服的省道剪开之后，剪开的位置可用此针法缝好，以防止面料脱丝；带衬里的衣服的底边和袖口也可用此针法固定（图 2-12）。

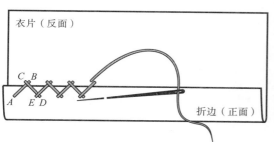
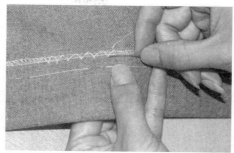

图 2-11　三角针

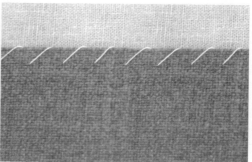

图 2-12　环针

10. 扳针

固定止口使其不反吐的针法叫作扳针。使用双股白棉线，缝线要缝在缝份以外的位置。缝线的正面线迹呈倾斜状（图 2-13），背面露出较少的线痕。

11. 叠针

把面料与里料的缝份缝在一起的针法叫作叠针，针距一般为 3~4cm（图 2-14）。

12. 贯针

用于对接的针法叫作贯针。具体操作

图 2-13　扳针

方法：先把缝份扣烫好，缝线在烫迹线上穿过，正面和反面都看不到缝线（图 2-15）。

13. 纳针

纳针主要用于塑造男西服驳头的造型（俗称"纳驳头"），把面料与内衬缝在一起

图 2-14　叠针

图 2-15　贯针

的同时要缝出里外层的关系。纳针的缝法与扳针类似,内衬的一面线迹呈八字形(图 2-16),
衣身的一面露出极少的线痕。

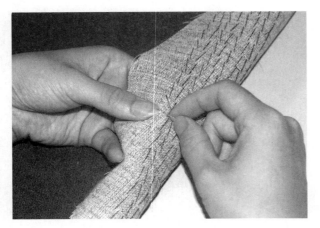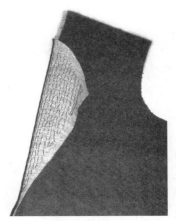

图 2-16　纳针

14. 锁针

锁针是一种装饰针法,常用于衣服的边缘、贴补图案等。具体操作方法(图 2-17):
①第一针从背面起针。②第二针从背面第一针位置插入、正面穿出,右手拉住线尾一端绕
过针体,然后拔针,使线圈在边缘处交结。③第三针仍从背面插入、正面穿出,重复第二
针的动作。④依次循环,最后打止针结收针。

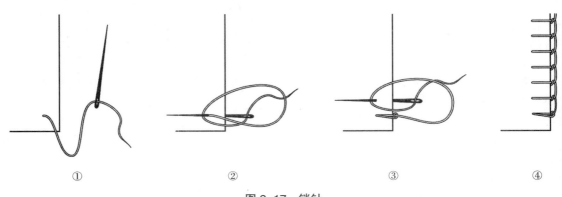

①　　　　　　　　　　②　　　　　　　　　　③　　　　　　　　　　④

图 2-17　锁针

15. 打套结

套结打于开衩、袋口等部位,起到牢固和美观的作用。套结有浮结(图 2-18)、锁结(图
2-19)之分。

16. 拉线襻

线襻用于固定活里服装的里子折边与衣身折边,也可充当连衣裙的腰襻等,具体操作
方法如图 2-20 所示。

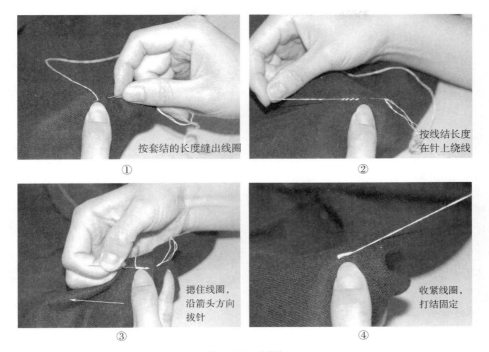

按套结的长度缝出线圈
①

按线结长度
在针上绕线
②

摁住线圈，
沿箭头方向
拔针
③

收紧线圈，
打结固定
④

图 2-18　浮结

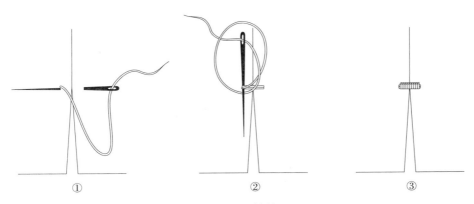

①

②

③

图 2-19　锁结

在同一位置重叠缝两针，第二针不拉紧，留出线圈

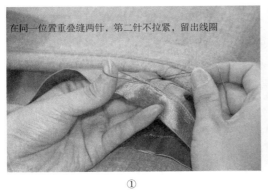

①

撑开线圈

②

图 2-20

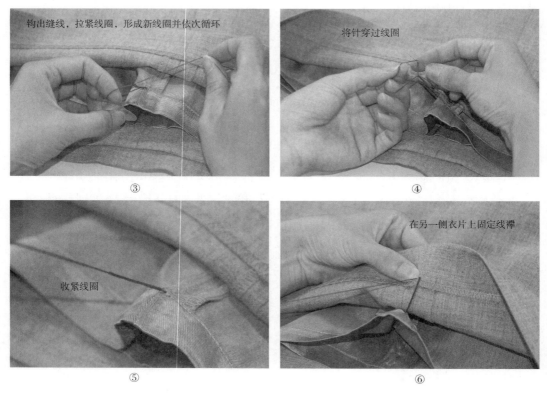

图 2-20　拉线襻

17. 锁扣眼

（1）扣眼的种类：扣眼有圆头和平头之分，根据使用部位和功能不同，分为开刀、不开刀、开尾、闭尾、直套结、横套结等种类，现多用专用圆头锁眼机、平头锁眼机来完成，常用锁眼机锁出的扣眼式样及用途如表 2-2 所示。

表 2-2　常用锁眼机锁出的扣眼式样及用途

扣眼种类	式样	说明	用途
平头扣眼		实用扣眼，开刀	多用于童装、衬衫、连衣裙、T恤等较薄的服装
圆头扣眼		实用扣眼，开刀	多用于女上衣、裤子、裙子等较厚的服装或较厚的部位
		实用扣眼，开刀	多用于男西装、大衣等较厚的服装
		装饰扣眼，不开刀	一般用于男西服的袖开衩扣眼、驳头插花扣眼等，起装饰作用

注　男装的扣眼锁在左侧衣襟上，女装的扣眼锁在右侧衣襟上。

（2）扣眼与扣子的位置关系，如图 2-21 所示。

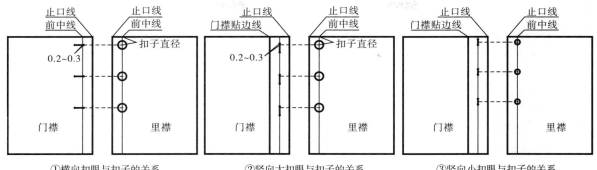

①横向扣眼与扣子的关系　　　　②竖向大扣眼与扣子的关系　　　　③竖向小扣眼与扣子的关系

图 2-21　扣眼与扣子的位置关系

（3）扣眼大小与扣子的关系：

圆扣子：扣眼大小＝扣子的直径＋扣子的厚度

方扣子：扣眼大小＝扣子对角线的长度

（4）手针锁平头扣眼的方法（图 2-22）：

①画出扣眼的大小，剪开扣眼。在扣眼周围缝上衬线，作用是使锁好的扣眼饱满、美观。

②第一针从扣眼尾部起针，自下而上紧贴衬线外侧穿出。第二针从扣眼中插入，从扣眼衬线旁边穿出，右手拉住线尾一端绕过针体，然后拔针并与布面成 45° 拉线，使线圈在扣眼口处交结。如此重复第二针的动作。

③扣眼头部要锁成放射状。

④缝至扣眼尾部时，将针穿入第一针的线套中拉紧，沿横向缝两针长针。

⑤在两针长针中间纵向缝两针短针。

⑥将线从短针下面穿过。

⑦将线尾别在线迹下面，拉出缝线剪断。

⑧完成平头扣眼。

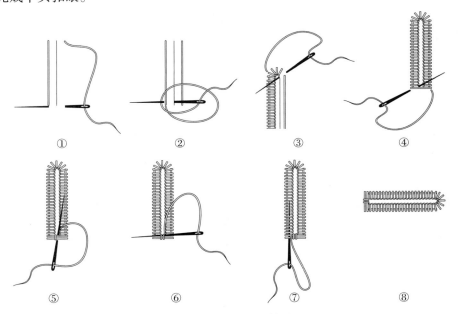

①　　　　②　　　　③　　　　④

⑤　　　　⑥　　　　⑦　　　　⑧

图 2-22　平头扣眼锁法

（5）手针锁圆头扣眼的方法（图 2-23）：

①画出扣眼的大小，剪开扣眼，剪出圆孔，剪掉斜角。

②在扣眼周围缝上衬线，其余步骤与手针锁平头扣眼的方法相同。

③完成圆头扣眼。

图 2-23　圆头扣眼锁法

18. 钉扣

纽扣有有脚和无脚之分，有脚纽扣通常只有一个孔用来钉缝，而无脚纽扣一般有两孔或四孔用来钉缝。扣子钉缝在衣服上有实用与装饰之不同的作用，再加上布料有薄有厚，所以扣子的钉法也各不相同。

钉缝一般的无脚纽扣时，纽扣与面料之间要留出一定的空隙量（线柱），这个空隙量要比衣襟的厚度多一点点，只有这样在扣好扣子的情况下衣襟才能够很平整，具体操作方法如图 2-24 所示。四孔纽扣可缝成"＝""×""□"等不同形式的线迹（图 2-25）。

西服、大衣等面料较厚且需要钉大扣子时，为了减小面料的承受力，在衣襟正面钉扣的同时要在衣襟的内侧钉上垫扣（图 2-26）。

有脚纽扣不需要缝出线柱，具体操作方法如图 2-27 所示。装饰纽扣也不需要缝出线柱。

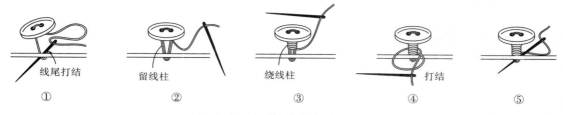

图 2-24　无脚纽扣的钉法

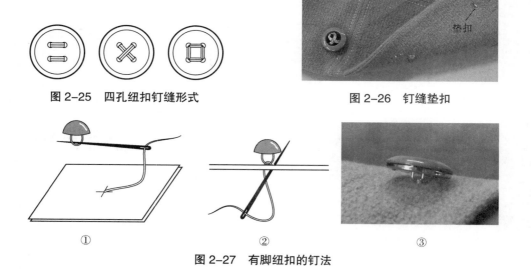

图 2-25　四孔纽扣钉缝形式

图 2-26　钉缝垫扣

图 2-27　有脚纽扣的钉法

19. 钉挂钩

挂钩由钩和襻组成,钩钉在门襟上(门襟在上),襻钉在里襟上(里襟在下)。钉挂钩时,采用普通针法或锁针针法将钩和襻的孔眼缝满即可(图2-28)。

20. 钉按扣

按扣由凹凸扣组成,凸扣钉在门襟上,凹扣钉在里襟上。钉按扣时,采用普通针法或锁针针法将按扣的孔眼缝满即可(图2-29)。

图2-28 钉挂钩

图2-29 钉按扣

第二节 机缝工艺

机缝工艺,指使用缝纫机将各裁片连接在一起的工作过程,机缝也叫作缉缝或车缝。

一、机针与面料的匹配

缝纫设备的种类和型号有很多,机针的大小和用途也就不同,为了达到机针与缝料、缝线的理想配合,必须选择合适的机针。例如,工业用平缝机机针的代码是 DB×1,工业用包缝机机针的代码是 DC×1,针号越小针越细,针号越大则针越粗,缝制不同厚度、不同质地的面料时要选用适当的机针。工业用平缝机针号与被缝纫面料的关系如表2-3所示。

表2-3 工业用平缝机针号与被缝纫面料的关系

机针代码	针号	面料种类
DB×1	9、10	薄纱、上等细布、塔夫绸、泡泡纱、网眼织物等
	11、12	缎子、府绸、亚麻布、锦缎、尼龙布、细布等
	13、14	女士呢、天鹅绒、粗缎、法兰绒、灯芯绒、劳动布等
	16、18	牛仔布、粗呢、拉绒织物、长毛绒、防水布、粗帆布等
	19~21	帐篷帆布、防水布、毛皮材料、树脂处理织物等

二、缝纫机操作方法与练习

缝纫机的主要零部件名称如图2-30所示:①针杆,②跳线防护罩,③油窗,④主动轮,⑤针距标盘,⑥倒缝扳手,⑦调压螺丝,⑧绕线器,⑨皮带罩,⑩压脚扳手,⑪压脚,⑫膝控压脚。

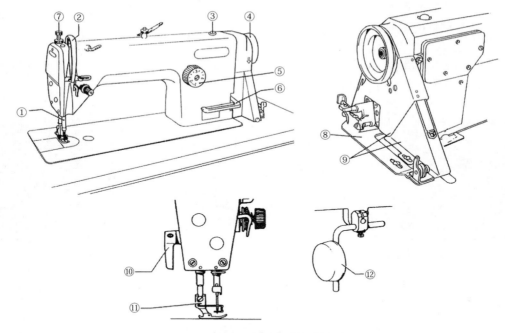

图 2-30　缝纫机的主要零部件名称

（一）缝制前的准备工作

1. 机针的安装方法（图 2-31）

注意：安装机针时，要关闭电源开关，避免因误踏脚踏板、启动缝纫机而受伤。

（1）转动缝纫机主动轮，使针杆①停在最高位置。

（2）稍微松开固定螺丝②。

（3）使机针③的长槽面向左侧，一直将机针插到卧针槽的最深处，旋紧固定螺丝④。

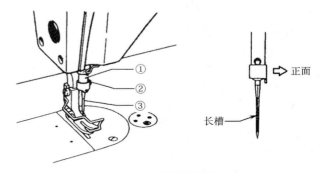

图 2-31　机针的安装方法

2. 梭芯套（梭壳）的拆卸方法（图 2-32）

注意：拆卸梭芯套时，要关闭电源开关，避免因误踏脚踏板、启动缝纫机而受伤。

（1）转动缝纫机主动轮，使针上升至针板上方。

（2）拉开梭芯套上的小把手①，

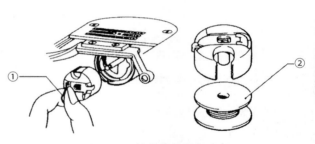

图 2-32　梭芯套的拆卸方法

卸下梭芯套。

（3）松开小把手①，卸下梭芯②。

3. 底线的缠绕方法（图2-33）

注意：绕线过程中，不可以用手或异物触及运动部件，避免人受伤和缝纫机受损。

（1）接通电源开关。

（2）将梭芯①装入绕线器轴②，压下满线跳板③至最大位置。

（3）将线沿箭头方向在梭芯①上绕几圈。

（4）踩脚踏板，绕线开始。

（5）绕线结束后，满线跳板③自动返回。卸下梭芯，把线剪断。

提示：①绕线不均匀时，松开螺钉④，将过线架⑤向绕线量较少的一侧调

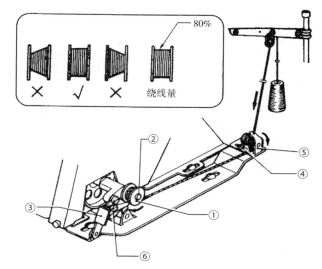

图2-33　底线的缠绕方法

节。②调节螺丝⑥，可调整绕线量。增多绕线量时，将螺丝旋紧；减少绕线量时，将螺丝旋松；绕线量最多为80%，再多可能出现缝纫故障。

4. 梭芯套的安装方法（图2-34）

注意：安装梭芯套时，要关闭电源开关，避免因误踏脚踏板、启动缝纫机而受伤。

（1）按图示绕线方向将梭芯装入梭芯套。

（2）线经过梭芯套上的缺口①，再从梭芯套的调整簧片②下经过，最后从调整簧片一端的线槽③中引出。

（3）拉动缝线，确认梭芯是否转动，拉线的感觉是否均匀。

（4）捏住梭芯套小把手④，将梭芯套放入旋梭中。

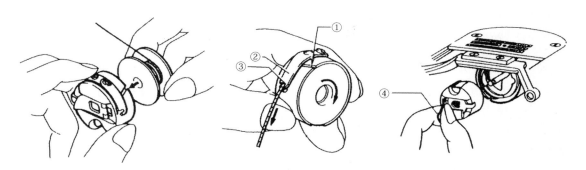

图2-34　梭芯套的安装方法

5. 穿面线的方法（图2-35）

注意：穿面线时要关闭电源开关，避免因误踏脚踏板、启动缝纫机而受伤。

转动缝纫机主动轮，使挑线杆①停在最高位置，这样既便于穿线，又可防止缝制刚开始时线头从针孔中脱出。

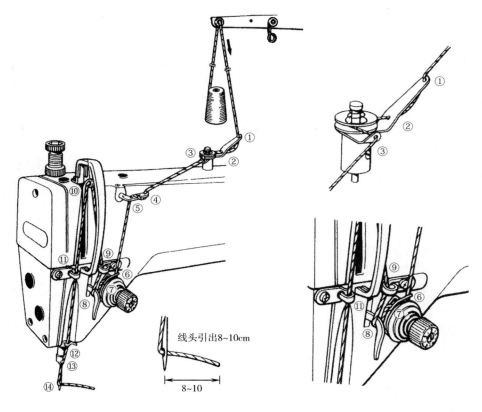

图 2-35　穿面线的方法

6. 针距长度的调节方法（图 2-36）

针距标盘①可左右回转，使正上方的销子②与针距标盘上的数字相对应。数字调大时，针距变长；使针距从长变短时，将倒缝扳手③压到中间位置，就可以轻松转动针距标盘。

（二）缝纫机操作练习

1. 空机练习

抬起缝纫机的手动压脚扳手，打开电源开关。右脚踩在脚踏板上，向前踩，体会机器转动起来的感觉；向后踩，体会机器停下来的感觉。反复练习，体会轻轻踩、用

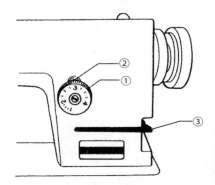

图 2-36　针距长度的调节方法

力踩时机器转动速度的不同，练到能够控制机器匀速转动；练习熟练后，将缝纫机的手动压脚扳手放回到原位置。

2. 不穿线缝布练习

用右腿抵住膝控压脚的位置使压脚抬起，右手转动缝纫机主动轮、将机针摇起，将一块折成双层的白坯布放在压脚下面，放下压脚（右腿松开膝控压脚），转动主动轮，将机针扎入坯布里，右手打开电源开关，左手在前、右手在后把住布料，右脚踩动脚踏板，体会运布的感觉；脚向后踩，机器停止运行。反复练习，直到能够比较放松地匀速运布。

接下来进行直线、曲线、折线练习，再进行倒回针（也叫作打倒针）练习。缝制过程中，压下倒缝扳手，布料倒送，松开后布料正送。

3. 穿线缝布练习

在老师的指导下穿好面线和底线，调好面线与底线的松紧关系（表2-4、图2-37），调好针距的大小。

表 2-4　面线与底线的松紧关系

线迹状况		调整
面线 底线	正确的线迹	无需调整
面线 底线	面线太松、底线太紧的线迹	面线张力应加强、底线张力应减弱
面线 底线	面线太紧、底线太松的线迹	面线张力应减弱、底线张力应加强

与不穿线缝布练习的方法相同，进行直线、曲线、折线练习，同时在缝纫开始和结束时打倒针，以使缝线牢固。

面线松紧的调整：将压脚放下后，调整压线螺母①。

底线松紧的调整：将梭芯装入梭芯套，用手提住线端并轻轻抖动，以梭芯套能慢慢下落为准，适当调整螺钉②。

三、机缝工艺的常用针法

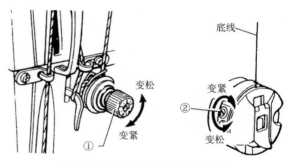

图 2-37　调整面线、底线的松紧

1. 平缝

平缝也叫作缉缝或车缝（图2-38），是将两片布缝合在一起的针法，也是机缝中最基本、使用最广泛的缝法，适用于服装的各个部位。

2. 分缉缝

分缉缝是将平缝之后的缝份劈开烫平，看着正面在两边的缝份上各缉一条明线（图2-39）。

3. 坐缉缝

坐缉缝是将平缝之后的缝份倒向一侧，并在正面缉明线的缝法（图2-40）。

图 2-38　平缝

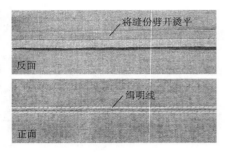

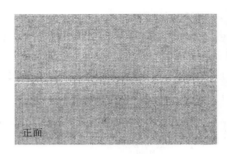

图 2-39　分缉缝　　　　　　　　　　图 2-40　坐缉缝

4. 来去缝

前提：预留缝份的宽度是 1cm。

具体操作方法（图 2-41）：①衣片与衣片的反面相对、边缘对齐，按 0.4cm 缝份平缝。②翻转布料，将缝份包覆起来，缝口要捻平、捻实。③在衣片的反面沿着净缝线缉缝，缉线宽度是 0.6cm。④完成之后的效果，在反面能看到缝线，在正面没有缝线。

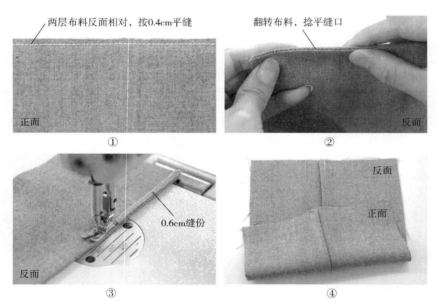

图 2-41　来去缝

5. 漏落缝

漏落缝是将平缝之后的缝份劈开，在劈开的缝隙里缉缝的缝法，也叫作灌缝（图 2-42）。若操作技术不熟练，则缉线容易"上炕"。

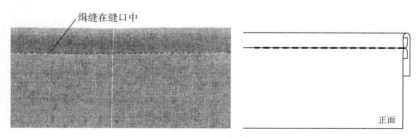

图 2-42　漏落缝

6. 卷边缝

卷边缝是衣服收边时使用的一种方法，是将毛边两次翻折扣净，然后缉明线的缝法（图2-43）。若操作技术不熟练，则缉线容易"下炕"。

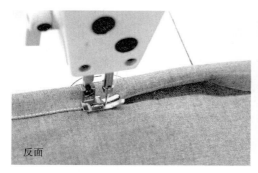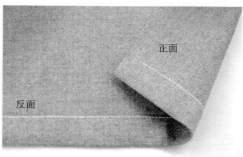

图 2-43　卷边缝

7. 搭接缝

搭接缝是将衣片与衣片相搭，拼接在一起的缝法（图2-44）。

8. 外包缝

外包缝有两种缝法。用方法一缝出的缝子比较薄，用方法二缝出的缝子比较厚，要根据不同的情况选择适当的缝法。

方法一：①衣片与衣片的反面相对，下层错出1cm，按压脚的宽度平缝。②先将下层衣片展开、摆平（反面在下、正面在上），再将多出的缝份向下卷折，距折边0.1cm处缉明线。③外包缝方法一的效果，正面有两条明线，反面有一条明线（图2-45）。

图 2-44　搭接缝

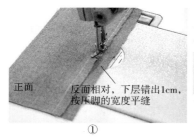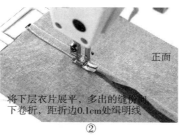

图 2-45　外包缝方法一

方法二：①衣片与衣片的反面相对，下层衣片的边缘错出，并卷折包住上层衣片，沿边缘缉线。②将下层衣片展开，正面向上摆平，缝份倒向一侧，距折边0.1cm处缉明线（图2-46）。

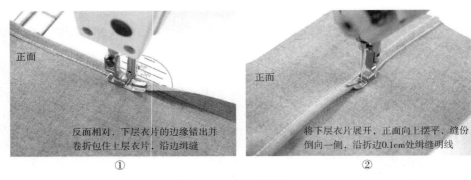

①

②

图 2-46　外包缝方法二

（图①标注）反面相对，下层衣片的边缘错出并卷折包住上层衣片，沿边缉缝

（图②标注）将下层衣片展开，正面向上摆平，缝份倒向一侧，沿折边0.1cm处缉缝明线

9. 内包缝

内包缝是将衣片与衣片的正面相对，按外包缝方法一缉缝，正面有一条明线，反面有两条明线（图 2-47）。外包缝、内包缝统称为握手缝。

10. 绲边

绲边是用正斜丝布条包覆毛边的方法，根据位置及用途不同分为毛绲边和净绲边两种不同的做法。毛绲边常用于大衣底边的折边、男西服的过面与里子的衔接处等位置；净绲边常用于高档无衬里上装的缝份、男西裤的裆缝等位置。

（1）绲边布条的裁剪方法：绲边正斜丝布条的裁剪方法如图 2-48 所示。正斜丝布条的宽度最少是绲边宽度的 4 倍，由于正斜丝布条剪下来之后会变窄，所以要稍微裁宽一些。

（2）绲边布条的拼接方法：正斜丝布条的拼接方法如图 2-49 所示。①将两根正斜丝布条正面相对，经纱方向的边缘对齐，同时起缝点和终缝点也要对齐。②缉缝之后将缝份劈开，再将多出的三角剪掉。

图 2-47　内包缝

（图标注）正面单明线　反面双明线

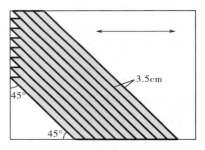

图 2-48　正斜丝布条的裁剪方法

（图标注）3.5cm　45°　45°

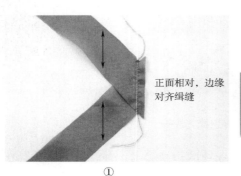

①

（图①标注）正面相对，边缘对齐缉缝

②

（图②标注）分缝烫平并清剪缝份上多出的部分

图 2-49　正斜丝布条的拼接方法

（3）毛绲边的制作方法（图2-50）：将需要绲边的部位正面向上放置，绲边布条反面向上放置，两者正面相对，边缘对齐，按一个压脚的宽度缉缝。①缉缝直线部位时要拉紧斜丝布条，缉缝内弧线部位时要用大力拉紧斜丝布条。②缉缝外弧线部位时要放松斜丝布条。③将斜丝布条折到反面并紧紧裹住毛边（动作一），把斜丝布条拉平（动作二）的同时还要控制好绲边的宽度（动作三），在绲条的边缘缉0.1cm宽的明线（动作四），这四个动作是同时进行的。④完成毛绲边。

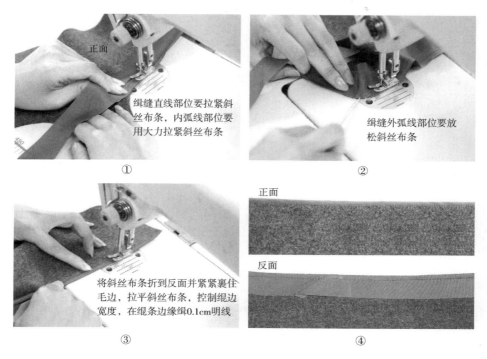

图2-50　毛绲边的制作方法

（4）净绲边的制作方法（图2-51）：①将需要绲边的部位反面向上放置，绲边斜丝布条也反面向上放置，两者缉缝在一起的方法与毛绲边相同。②将斜丝布条折到正面，扣净斜丝布条并紧紧裹住布料毛边，同时要把斜丝布条拉平，控制好绲边的宽度，在绲条的边缘缉0.1cm宽的明线，这些动作同时进行。

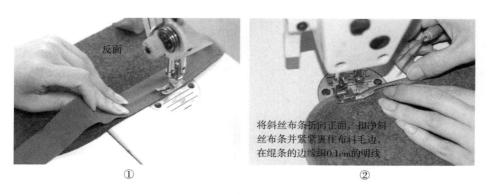

图2-51　净绲边的制作方法

在服装工业生产中，净绲边可以用专用的绲边器进行操作（图2-52）。

四、机缝工艺的基本要求

（1）在大多数情况下，缝纫线要使用涤纶线，线与面料的颜色要相近且以线的颜色稍深一点为好。

（2）面线与底线的松紧要合适，缝纫线迹要清晰顺直，弧线要圆顺。

（3）针距密度要一致，不能出现跳针。

（4）如果有明线，要求明线到止口的距离相等，双明线、三明线间距要相等。

（5）缉缝过的布料上不能有过大的针孔，不能有送布牙造成的痕迹，不能戳皱、戳断布丝。

绲边器

图2-52 用绲边器制作净绲边

第三节 熨烫工艺

熨烫工艺是服装加工过程中使用电熨斗、专用定型设备等经过加湿、加温、加压使衣片变形、使衣服定型的操作过程。熨烫工艺不仅能够使服装表面平整，而且能够塑造出立体效果。

一、裁剪前整理布料

织物在制造和卷绕过程中会出现折痕、褶皱及拉伸变形，因此裁剪前应对布料进行烫平等预整理。

1. 预缩

预缩，指裁剪前熨烫布料，使在制造和卷绕过程中拉伸变形的布料尺寸恢复到原始的状态，或减少布料在制作过程中遇湿收缩，从而降低缩率。遇到羊毛织物时要用蒸汽熨斗一下挨一下、无遗漏地熨烫，生产企业大多使用专业蒸汽预缩机进行预缩。

2. 矫正布丝

为防止服装制成后出现偏斜走形的状况，要在裁剪前将布料上歪斜或弯曲了的经纱与纬纱调整成相互垂直的状态，这称为矫正布丝（图2-53）。布边太紧时可在布边上斜向打剪口，然后进行抻拽，使经纱、纬纱相互垂直，最后用蒸汽熨斗烫平。

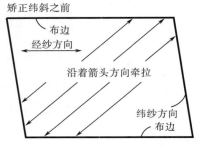
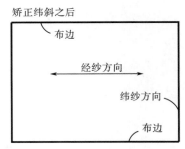

图2-53 矫正纬斜

二、熨烫工艺的常用方法

1. 平烫

平烫是用熨斗在平铺的布料或衣物上熨烫，多用于布料的预缩和衣物的去皱整理。具体操作方法：首先将需要熨烫的布料或衣物平铺在烫台上，待蒸汽熨斗达到织物所要求的熨烫温度时，左手轻轻展平布料，右手握住熨斗的手柄、将熨斗平放在布料或衣物上、食指按动蒸汽按钮一到两次使蒸汽喷出，来回推动熨斗将布料或衣物烫平。再次按动蒸汽按钮一到两次继续熨烫，直至全部烫平。平烫完成后应将布料或衣物平铺或悬挂放置，待充分晾凉、干燥后再使用或收藏。

2. 扣烫

扣烫是将衣物的折边或缝份按要求折转定型的熨烫方法，常用于衣服的底边、袖口、裤口、贴袋等部位。具体操作方法：将需要熨烫的衣物放在烫台上，左手将折边按工艺要求的宽度折起，右手持熨斗压住折边并将折边烫平。

3. 分烫（劈烫）

分烫或称劈烫，是将缝份分开烫平的方法。具体操作方法：将平缝好的布料反面朝上放在烫台上，一边用左手分开缝份，一边用右手熨烫。

4. 压烫

压烫是对服装的边角等部位用力熨烫，或烫过之后马上用烫木、烫凳等物品压牢、压实的方法。

5. 坐烫

坐烫是将缝份向一侧烫倒的方法。具体操作方法：将缝好的衣片反面朝上放在烫台上，一边用左手推倒缝份，一边用右手熨烫，再将衣片正面朝上，垫上烫布，用熨斗烫平。

6. 烫眼皮

将里子缝份坐烫的同时留出一定的松量，这个松量即叫作眼皮。具体操作方法：缝好的里子反面朝上放在烫台上，将按 1cm 缝份缝合的里子按 1.3cm 的宽度坐烫，缝线与烫痕相距 0.3cm。

7. 起烫

有绒毛的衣料（如呢料）买来时绒毛一般都是倒伏的，使衣料绒毛"站立"起来的熨烫就叫作起烫。具体操作方法：将需要熨烫的衣料正面朝上平铺在烫台上，另将脱过浆的纯棉白坯布泡在清水里浸透，捞出后稍微拧一拧，把湿布覆盖在衣料上用高温熨烫。

8. 推归拔烫

推归拔烫即利用毛织物的热可塑性，通过湿热处理把平面的衣片熨烫成符合人体曲面的衣片时所使用的熨烫方法。其中"推"又叫作推烫，是进行归或拔时的相关动作；"归"又叫作归拢或归烫，是将某个部位缩短的熨烫手法；"拔"又叫作拔开或拔烫，是将某个部位拉长的熨烫手法。推归拔烫用于服装的特定部位，如制作之前熨烫裤片，塑造立体造型的工艺方法叫作拔裆；熨烫男西服前片，塑造立体造型的工艺方法叫作推门；熨烫袖片，塑造立体造型的工艺方法叫作拔袖子。

三、熨烫工艺的基本要求

不能有明显的烫痕，不能有熨斗印迹，不能烫出亮光，更不能烫黄或烫煳。

尽量在布料的反面、衣服的背面熨烫，在正面熨烫时要垫上脱过浆的双层水布。

练习与思考题

1. 练习使用顶针和手针，完成一份包含各种手针针法的作品。

2. 正确使用平缝机，练习到能轻松自如地把控它，完成一份包含各种机缝针法的作品。

3. 尝试缉缝不同材质的面料，如棉布、丝绸、薄纱、尼龙、灯芯绒、丝绒、羊绒、皮革等，体会不同的感觉。

4. 正确使用三线包缝机，学会穿线，掌握包缝直线、弧线、转弯、拐角等不同情况下的操作技巧。

5. 正确使用电熨斗，尝试平烫、扣烫、分烫、压烫、推归拔烫等各种熨烫方法，体会各自的不同，记住各自的用途。

本单元小结

■本单元涉及的知识是学习"服装纸样与工艺"课程的前提和基础。理论部分旨在引导学生进入专业知识领域，初步认识服装设计、服装结构、服装纸样、服装工艺、服装材料等课程之间的相关性；实践部分注重培养学生的动手操作能力，为后续的学习打下良好的基础。

■通过对本单元的学习，要求学生了解服装常用工具、设备、术语，了解服装符号，了解熨烫、纸样、排料及裁剪、成品检验的基本知识，掌握常用缝纫设备的安全操作方法，掌握手针工艺和机缝工艺的各种针法。

第二单元

裙　子

　　本单元详细介绍西服裙、A型裹裙、育克褶裙、背心裙等有代表性的裙子款式，由浅入深地讲解各款裙子的制图、制板、排料、制作等相关方面的知识。通过本单元的学习，学生应该掌握多款裙子的制板方法和灵活多变的工艺制作方法。

理论应用
与实践

第三章　西服裙

教学内容： 西服裙结构图的绘制方法 /2 课时

西服裙纸样的绘制方法 /2 课时

西服裙的排料与裁剪 /2 课时

西服裙的制作工艺 /13 课时

西服裙成品检验 /1 课时

课程时数： 20 课时

教学目的： 引导学生有序工作，培养学生的动手能力。

教学方法： 集中讲授、分组讲授与操作示范、个性化辅导相结合。

教学要求： 1. 能通过测量人体得到西服裙的成品尺寸规格，也能根据款式图或照片给出成品尺寸规格。

2. 在老师的指导下绘制 1：1 的结构图，独立绘制 1：1 的纸样。

3. 在西服裙的制作过程中，有序操作、独立完成西服裙的制作。

4. 完成学习报告一份，记录学习过程，归纳和提炼知识点，编写西服裙的制作工艺流程，写课程小结。

教学重点： 1. 西服裙结构图的画法

2. 西服裙纸样的画法

3. 西服裙后开衩的制作方法

4. 有里子的普通拉链的绱法

5. 隐形拉链的绱法

　　西服裙的腰部、臀部合体，下摆稍向内收敛，开口位置即拉链位置在后中线（图3-1）；为了不妨碍走路、上下楼梯等日常动作，后中缝或侧缝下摆处有开衩。西服裙的款式简洁、制图简单，在其基础上可以变化出许多其他款式。

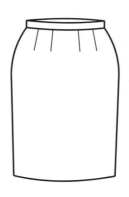

前

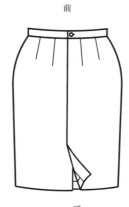

后

图 3-1　西服裙款式图

挑选西服裙的面料时要考虑穿着效果和目的，要考虑下半身的动作幅度，考虑走、跑、坐、蹲等动作对裙子形状的影响，适宜选择挺括、能迅速恢复原状的面料。若采用蓬松、缺乏弹性的面料，一定要加一层里料，毛料裙子也要有里料，此款式使用的面料为纯毛织物，里料为醋酯纤维，所有用料如表 3-1 所示。

表 3-1　西服裙用料

材料名称	用量
纯毛织物	幅宽 150cm，料长 75cm
醋酯纤维绸	幅宽 150cm，料长 56cm
腰头衬	宽度 3cm，长度 71cm
隐形拉链或普通拉链	1 条
纽扣	20L（直径 12.5mm），1 个
直丝牵条	宽度 1cm，少量
黏合衬	少量
缝纫线	适量

第一节　西服裙结构图的绘制方法

一、西服裙成品规格的制定

西服裙的成品规格包括裙长、腰围、臀围三个尺寸，在测量人体相应位置的同时加放适当的松量即可得到成品尺寸，也就是成品规格。还可以根据国家号型中的主要控制部位尺寸确定西服裙的成品规格（表 3-2）。

表 3-2　西服裙成品规格（号型：160/68A）　　　　　　　单位：cm

部位	裙长（L）	腰围（W）	臀围（H）
尺寸	56	70	96

确定成品尺寸规格的步骤和方法如下：

（1）裙长：把橡筋带套在腰部最细处即腰围线位置，从侧面测量，以腰围线为起点，垂直向下量至所需裙长位置。

（2）腰围：水平围量腰部最细处一周（以能够自然转动皮尺为宜），加放松量 2cm 所得尺寸。

（3）臀围：水平围量臀部最丰满处一周（以能够自然转动皮尺为宜），加放松量 4~6cm 所得尺寸。

二、西服裙结构图的绘制过程

西服裙结构图采用比例法绘制而成（图 3-2），W、H 是成品尺寸，即已经包括放松量。绘图的主要过程及方法如下。

1. 前片

（1）腰节水平线（WL）：画一条基准线。

（2）前中线：与腰节水平线垂直，以裙长减去 3cm 为此线长度。

（3）底边水平线：与前中线垂直。

（4）臀高线（HL）：身高 /10+2cm。

（5）臀围：H /4+1cm。此处所加的 1cm 为前、后裙片互借的尺寸，计算后臀围时将减去 1cm。互借尺寸的目的是使裙子的侧缝线偏向人体后部，从前面看不到侧缝线，保持裙子前面的完整感。

（6）腰围：W /4+1cm+4cm（省），此处所加的 1cm 与臀围所加的 1cm 的目的相同。

（7）侧缝起翘：0.7cm，画法如图 3-2 所示。

（8）腰口线：从前中线与腰节线的交点至侧缝起翘 0.7cm 位置点用弧线连接。

（9）省道：画法如图 3-2 所示。

（10）侧缝线：从侧缝起翘点开始，过臀围点，至底边处收进 1.5cm，用平顺的曲线连接。

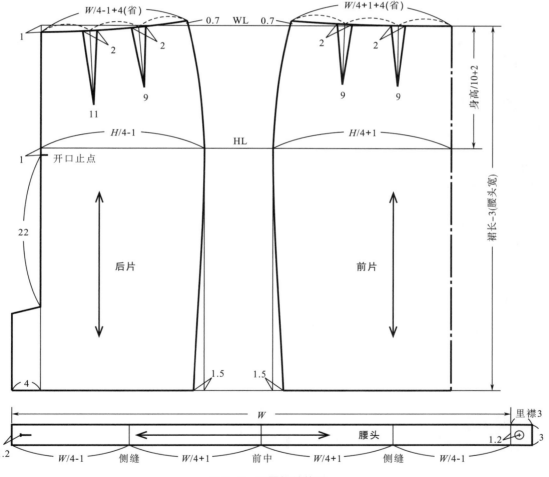

图 3-2　西服裙结构图

2. 后片

（1）基准线：延长前片的腰节线、底边线、臀高线。

（2）臀围：$H/4-1$cm。
（3）后中线：与腰节水平线垂直。
（4）腰围：$W/4-1$cm+4cm（省）。
（5）侧缝起翘：0.7cm，画法如图 3–2 所示。
（6）腰口线：从后中线与腰节线的交点向下 1cm 位置点至侧缝起翘 0.7cm 位置点用弧线连接。
（7）省道：画法如图 3–2 所示。
（8）侧缝线：从侧缝起翘点开始，过臀围点，至底边处收进 1.5cm，用平顺的曲线连接。
（9）开口止点：从 HL 向下 1cm 的位置为开口止点，从后腰下移 1cm 位置点到开口止点为绱拉链的位置。
（10）后开衩：开衩顶点在开口止点下 22cm 处，开衩宽 4cm。

3. **腰头**

（1）长度：W+3cm（里襟）。
（2）宽度：设计宽度为 3cm。

第二节　西服裙纸样的绘制方法

一、面料纸样

西服裙面料纸样包括前片、后片、腰头，绘制方法如图 3–3 所示，图中的内轮廓线是前片、后片、腰头的净板，外轮廓线表示的是毛板。根据面料特性及工艺质量的要求，后中缝和侧缝的缝份宽度可加大至 1.5cm。

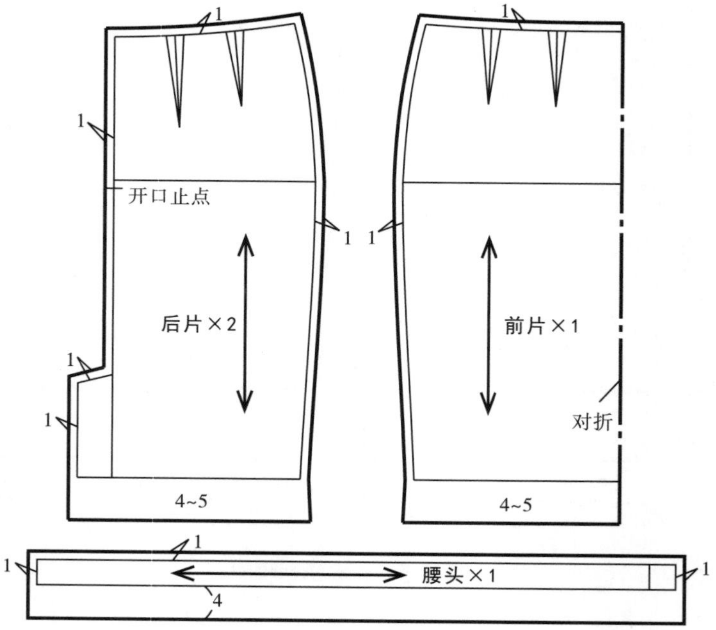

图 3–3　面料纸样

二、里子纸样

从结构图中取出前、后裙片，得到前、后裙片的净板，在净板的周围加放缝份，得到毛板。在腰口处、开衩处加放缝份 1cm，与面料毛板相同；侧缝加放缝份 1.3cm，比面料毛板多 0.3cm，这 0.3cm 在熨烫时留做"眼皮"，即活动松量；底边处里子比净线多出 1cm。标注经纱方向，注明纸样名称及裁剪片数（图 3-4）。

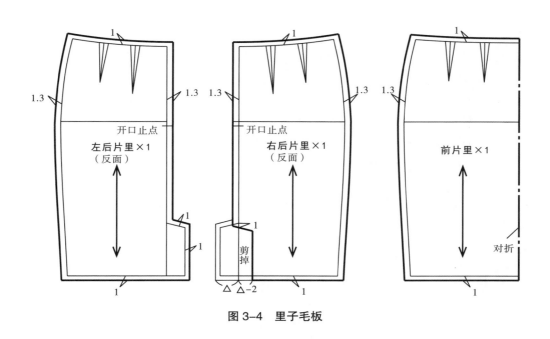

图 3-4　里子毛板

第三节　西服裙的排料与裁剪

一、面料的排料与裁剪方法

将面料的布边错开折叠（图 3-5），将纸样排放在面料上，使纸样上标注的纱向与面料的经纱方向一致，用划粉将面料毛板的轮廓描绘在面料上，然后把纸样移开，沿着划粉线裁剪。

如果是条格面料，则要求前、后片的中心线与条格的中央线对齐（阴阳条格除外），前、后片的侧缝水平方向要对格。

二、里料的排料与裁剪方法

西服裙里料的排料与裁剪方法如图 3-6 所示。左、右后片裙里样板不同，裁剪时可先按照左后片裙里来裁剪，待制作时再修剪右后片裙里裁片。

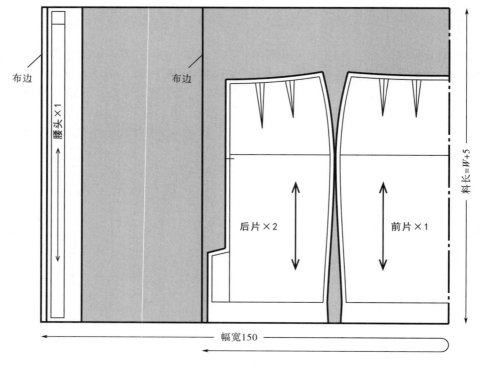

图 3-5　面料排料图

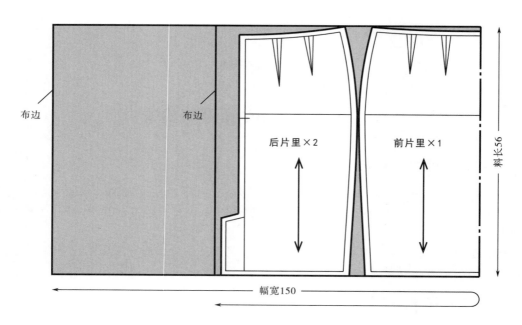

图 3-6　里料排料图

三、其他辅料的裁剪

1. 腰头衬

使用腰头专用衬即树脂衬，按照腰头净板裁剪。

2. 黏合衬

使用有纺衬裁剪后开衩衬（图3-7），纱向与后片相同。

3. 直丝牵条

将1cm宽的直丝牵条粘在后中开口处和左后片开衩贴边边缘（图3-7）。

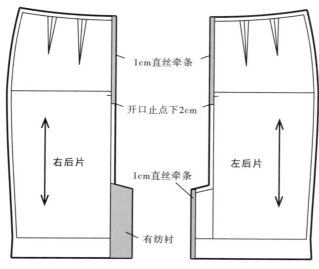

图3-7　开衩、开口用衬

第四节　西服裙的制作工艺

一、西服裙的制作工艺流程

1. 适用于工业生产、流水作业的工艺流程

适用于工业生产、流水作业的工艺流程图表，主要围绕工序编号记录工序描述、使用设备、上道工序、下道工序、所用工时等情况（图3-8）。

由于人员、设备、流水线排布等情况的不同，各工序的标准工时会有所不同，因此在本书的工艺流程表中省略了标准工时这一项。

适用于工业生产、流水作业的西服裙缝制工艺流程，如图3-9所示。后面的款式将不再归纳此方法的工艺流程图。

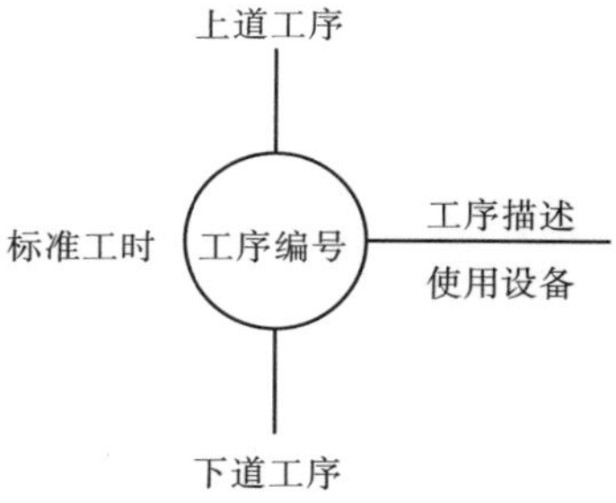

图3-8　工艺流程图简要说明

2. 适用于单件制作的工艺流程

将案台工艺与机台工艺分别集中起来，在进行第一次案台工作时，把所有能在案台上做的工作完成；然后进行缝纫机操作，把所有能在机器上做的工作完成。如此反复，经过几个来回把衣服做完，这种方法适用于有一定制作经验的人（图3-10）。后面的款式将不再归纳此方法的工艺流程图。

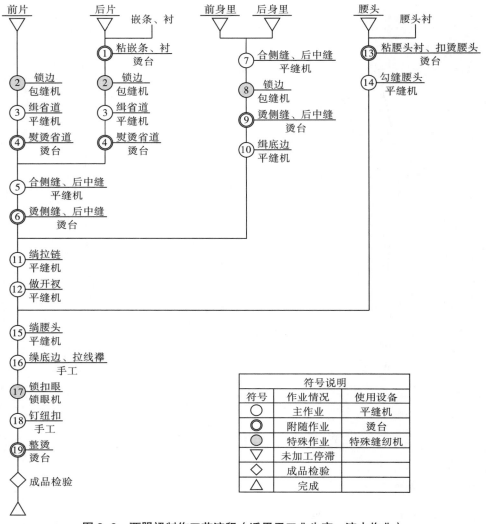

图 3-9　西服裙制作工艺流程（适用于工业生产、流水作业）

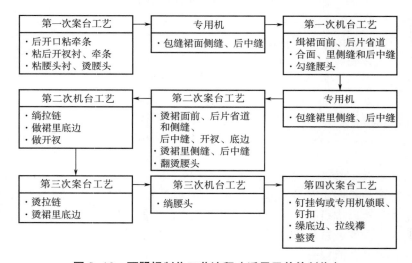

图 3-10　西服裙制作工艺流程（适用于单件制作）

3. 适合初学者的工艺流程

根据服装的款式特点，按衣服部位的制作顺序所编排的工艺流程图是适合初学者的工艺流程图（图 3-11）。后续款式的工艺流程均按照初学者的制作顺序和方法编排。

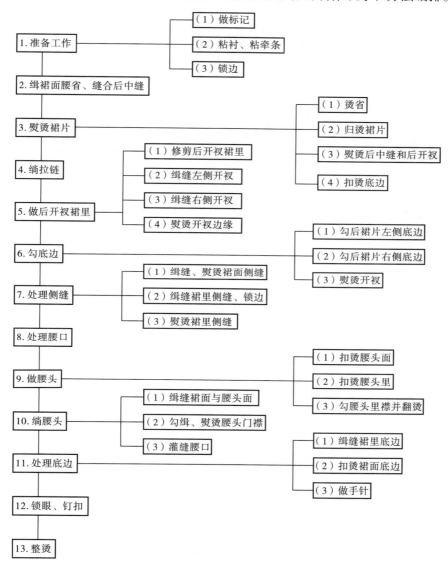

图 3-11 西服裙制作工艺流程

二、西服裙的制作顺序和方法

1. 准备工作（图 3-12）

（1）做标记：在裙片上画出省道。

（2）粘衬：右片后开衩部位粘有纺衬。粘牵条：后中开口部位和左片后开衩部位粘 1cm 宽的直丝牵条。

（3）锁边：除腰口外，前、后片的侧缝、底边、后中缝用包缝机锁边，操作时裙片的正面朝上、反面朝下。

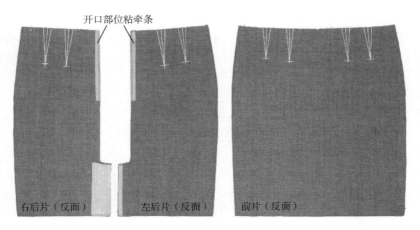

图 3-12　准备工作

2. 缉缝裙面腰省、缝合后中缝

（1）缉缝前、后裙片省道：沿省道中线对折，沿划粉线从上向下缉缝，起始位置打倒针，省尖处不打倒针，留出线尾，打结固定，如图 3-13 所示。

（2）缝合后中缝：两后片正面相对，自开口止点开始按净线缝合后中缝，缝至开衩顶点转弯，继续缝至距开衩贴边边缘 1cm 处，如图 3-14 所示。

图 3-13　缉缝省道

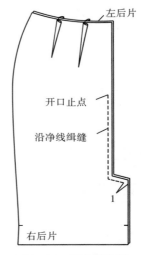

图 3-14　缝合后中缝

3. 熨烫裙片（图 3-15）

（1）烫省：将裙片上的省道向中心线方向烫倒，至省尖位置时，用手向上推着省尖熨烫，以免这个部位的纱向变形，同时省尖处不要出现小窝。

（2）归烫裙片：裙片的胯骨部位要归拢，前片要烫出腹部的凸势，后片要烫出臀部的凸势，侧缝尽量形成直线。

（3）熨烫后中缝和后开衩：后中缝劈开熨烫，后开衩倒向右后片。

（4）扣烫底边：扣烫后裙片的底边折边。掀起开衩、打开折边后的状态如图 3-16 所示。

图 3-15　熨烫省道、后中缝

图 3-16　扣烫底边和开衩

4.绱拉链

现在裙子的开口处大多使用隐形拉链，绱隐形拉链需要使用隐形拉链专用压脚。

（1）将拉链的正、反方向摆放正确，拉链的左布带放在左后片的开口位置，正面相对，边缘对齐，沿净线从上向下绱缝至开口止点处（图 3-17）。注意绱线要紧贴链牙。

（2）拉链的右布带与右后片正面相对，边缘对齐，从开口止点开始，沿净线从下向上绱缝至腰口处（图 3-18）。熨烫平整，效果如图 3-19 所示。

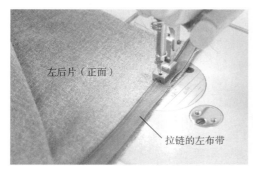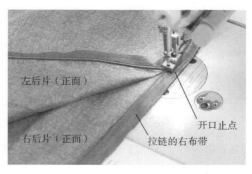

图 3-17　在左后片绱拉链　　　　　**图 3-18　在右后片绱拉链**

图 3-19　绱好拉链的正、反面效果

（3）将两后片裙里正面相对，从开口止点至开衩顶点按 1cm 缝份绱缝后中缝。

（4）将后片裙里与裙面的开口处正面相对，拉链的布带夹在中间，按 0.6cm 缝份从腰口处绱缝至开口止点，如图 3-20 所示。开口处裙里熨烫平整后的效果如图 3-21 所示。

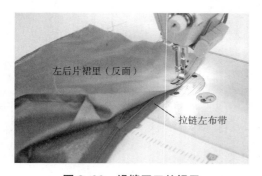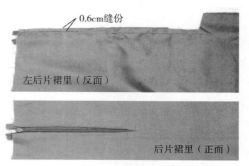

图 3-20　绱缝开口处裙里　　　　图 3-21　开口处裙里熨烫平整后的效果

5. 做后开衩裙里

（1）修剪后开衩裙里：如图 3-22 所示，右后片开衩处，面与里的毛茬对齐，在裙里上画线。沿划粉线将裙里多余部分剪掉（图 3-23）。

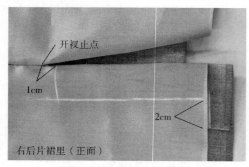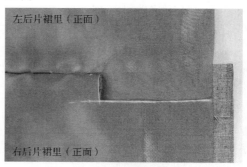

图 3-22　在裙里上画线　　　　图 3-23　剪掉裙里多余部分

（2）绱缝左侧开衩：翻出裙子的反面，按 1cm、2cm 宽度两次卷折左后片裙里的底边，面、里开衩贴边边缘对齐，按 1cm 缝份绱缝左侧开衩（图 3-24）。

翻出裙子的正面，熨烫开衩边缘，裙里不可反吐（图 3-25）。

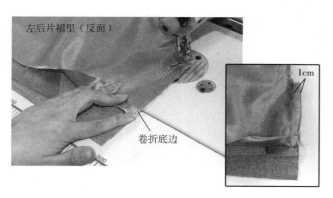

图 3-24 缉缝左侧开衩

图 3-25 熨烫开衩边缘

（3）缉缝右侧开衩：将左、右两后片裙里正面相对，机针扎入开衩顶点处（图 3-26）；抬起压脚，沿 45° 方向在右后片裙里的后中缝份上打剪口（图 3-27），顺时针旋转右后片裙里，使左、右后片裙里在开衩上端净线对齐，沿净线缉缝开衩上端（图 3-28）。抬起压脚，在开衩拐角处沿 45° 方向打剪口（图 3-29）；旋转右后片裙里，使其与右后片裙面在开衩贴边边缘对齐，按 1cm 缝份缉缝右侧开衩（图 3-30），同时要按 1cm、2cm 宽度两次卷折右后片裙里的底边；缝好后的右侧开衩效果如图 3-31 所示。

图 3-26 机针扎入开衩顶点

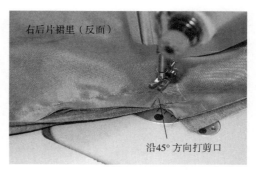

图 3-27 在右后片裙里的后中缝份上打剪口

图 3-28 缉缝开衩上端的缝份

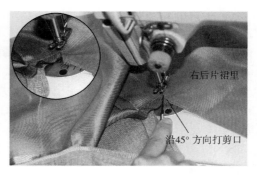

图 3-29 在开衩拐角处打剪口

图 3-30　缉缝右侧开衩

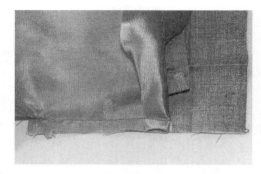

图 3-31　缝好后的右侧开衩效果

（4）熨烫开衩边缘：翻出裙子的正面，熨烫开衩边缘。做好后的后开衩裙里如图 3-32 所示。

6. 勾底边

（1）勾后裙片左侧底边（图 3-33）：沿净线向正面扣折底边，按 1cm 缝份缉缝开衩贴边处。

（2）勾后裙片右侧底边（图 3-34）：沿净线勾缝后裙片右侧底边，多余的贴边可以剪掉。

（3）熨烫开衩：翻出正面，将开衩熨烫平整。

图 3-32　做好后的后开衩裙里

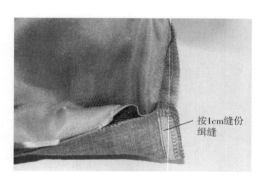

图 3-33　勾后裙片左侧底边

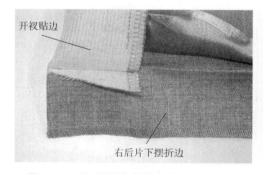

图 3-34　勾后裙片右侧底边

7. 处理侧缝

（1）缉缝、熨烫裙面侧缝：裙面侧缝按 1cm 缝份缉缝，缝份劈开烫平。

（2）缉缝裙里侧缝、锁边：将前、后片裙里的侧缝按 1cm 缝份缝合在一起，前片在上，用包缝机锁边。

（3）熨烫裙里侧缝：裙里的缝份向后片方向烫倒，同时留出 0.3cm 的"眼皮"（图 3-35）。

8. 处理腰口

将裙面和裙里的腰口缝份缝合在一起，与裙面省道对应的里子部分做捏褶处理，褶的

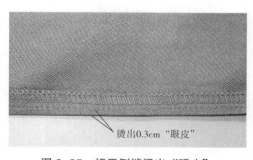

图 3-35　裙里侧缝烫出"眼皮"

倒向与裙面省道的倒向相反（图3-36）。裙面与裙里腰口缝合后的效果如图3-37所示。

图3-36　缝合裙面与裙里的腰口

图3-37　裙面与裙里腰口缝合后的效果

9. 做腰头

（1）扣烫腰头面：将腰头衬烫贴在腰头面的反面，扣烫腰头面缝份，缝份宽1cm（图3-38）。

（2）扣烫腰头里：扣烫腰头里和腰头里缝份（图3-39），扣烫好的腰头里比腰头面稍宽。

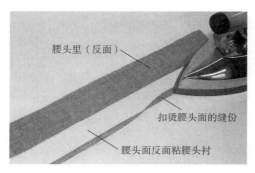

图3-38　扣烫腰头面

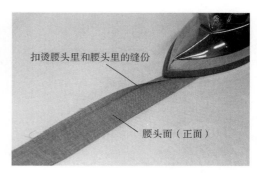

图3-39　扣烫腰头里

（3）勾腰头里襟并翻烫：勾缝腰头里襟一侧（图3-40），翻出正面熨烫，角要方正。

10. 绱腰头

（1）绱缝裙面与腰头面：裙面与腰头面正面相对，沿熨烫折痕绱缝腰口一周（图3-41）。绱到腰头里襟位置时可在缝份上打一个剪口。

图3-40　勾腰头里襟

图3-41　绱缝腰口

（2）勾绱、熨烫腰头门襟：勾绱腰头门襟（图3-42），翻出正面熨烫，角要方正。

（3）灌缝腰口：沿着腰口绱缝（图3-43），缝线要压在腰里上，腰里要平顺。腰里效果如图3-44所示。

图3-42 勾绱腰头门襟

图3-43 灌缝腰口

11. 处理底边

（1）绱缝裙里底边：用卷边缝的方法绱缝裙里底边（图3-45），完成后裙里底边与裙面底边相距2cm。

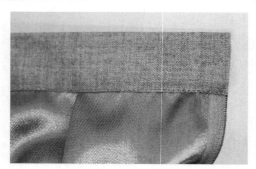

图3-44 腰里效果

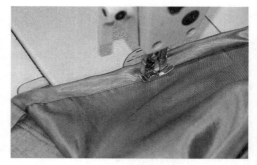

图3-45 绱缝裙里底边

（2）扣烫裙面底边：扣烫裙面底边折边，要归拢熨烫，不可出现波浪状，宽窄要一致。

（3）做手针（图3-46）：①用三角针固定底边折边，针脚要均匀，缝线松紧要适当，裙子表面不可有针窝；②拉线襻，在侧缝处将裙面与裙里用线襻连接固定在一起。

12. 锁眼、钉扣

在后身右片门襟上锁扣眼，左片里襟上钉纽扣（图3-47）。

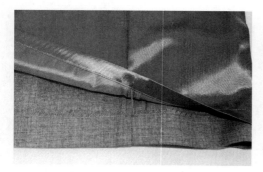

图3-46 三角针、拉线襻

图3-47 锁眼、钉扣

13. 整烫

剪掉所有的线头，在反面将裙里烫平；整烫正面时要垫烫布，正面先熨烫腰头，再熨烫省道，最后熨烫裙身及裙底边。西服裙的成品效果如图3-48所示。

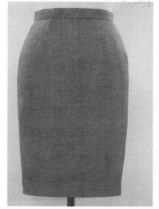

图 3-48　西服裙成品效果

三、西服裙细节部位的其他制作方法

1. 绱普通拉链的方法

有时裙子开口也会使用普通拉链，绱普通拉链与绱隐形拉链的方法不同，制作的顺序也不同。

（1）绱普通拉链：裙面后中缝缝份宽为1.5cm。缝合后中缝时自开口止点开始按净粉线缝合后中缝，缝至开衩顶点转弯，继续缝至距开衩贴边边缘1cm处。

熨烫后中缝、后开口及后开衩：后中缝劈开熨烫，后开口左侧扣烫1.5cm、右侧扣烫1.2cm，后开衩倒向右后裙片（图3-49）。

（2）缝合后片裙里的后中缝并修剪裙里：从开口止点至开衩顶点按净缝线缉缝（图3-50），绱拉链部位剪掉1cm（图3-51）。

图 3-49　缉缝、熨烫裙片

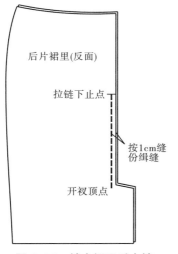

图 3-50　缝合裙里后中缝

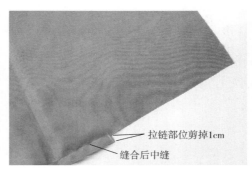

图 3-51　处理后片裙里的后中缝

（3）拉链绱在裙里上：拉链放置在右后片裙里开口处，下端的拉链头与开口止点位置对齐，拉链布带的边缘与裙里错开0.6cm，压脚靠近拉链牙、从上向下缉缝（图3-52①），缉至拉链下止以下1cm处（图3-52②）。

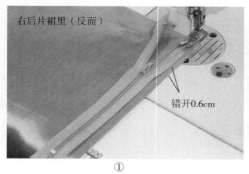 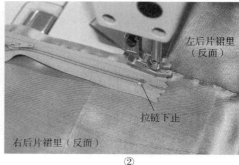

图 3-52　缉缝拉链与右后片裙里

抬起压脚，将裙片旋转90°，沿45°方向打剪口（图3-53①）；右后片裙里向下摆一侧折转，缉缝拉链下止的下端（图3-53②）。

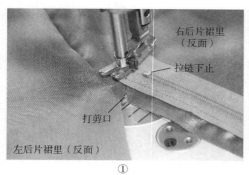 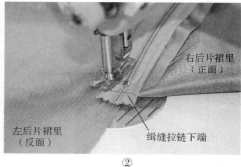

图 3-53　缉缝拉链下端

掀开拉链，在左后片裙里上沿45°方向再打一个剪口（图3-54①），将裙片再旋转90°，压脚靠近拉链牙，从下向上缉缝拉链与左后片裙里（图3-54②）。

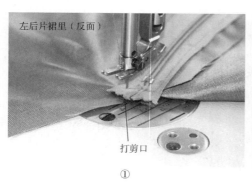 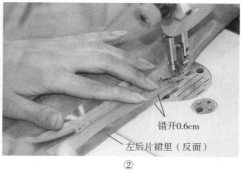

图 3-54　缉缝拉链与左后片裙里

拉链与裙里缝好后的效果如图 3-55 所示。最后在周围缉 0.1cm 宽的明线，将边缘固定（图 3-56）。

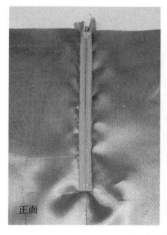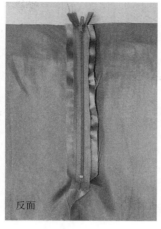

图 3-55 拉链与裙里缝好后的效果

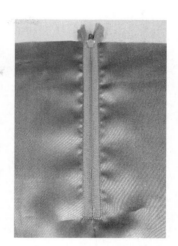

图 3-56 固定边缘

（4）连接裙面与裙里：将缉好拉链的裙里与裙面反面相对，拉链放置在开口左侧，拉链下止与开口止点错开 0.2cm，开口折边靠近拉链牙，从上向下缉缝，明线宽度 0.1cm（图 3-57）。

缉至开口止点，抬起压脚，将裙片旋转 90°。在开口下端封结子，结子宽度 1cm，要求反复缉缝三道线，三道线要重叠在一起。

抬起压脚，再次将裙片旋转 90°，从下向上缉缝开口右侧，缉至腰口，明线宽 1cm。缉缝效果，即拉链缉好后的效果如图 3-58 所示。

图 3-57 固定拉链

图 3-58 拉链缉好后的效果

2. 开衩制作方法

对于初学者，前面所讲授的缉缝开衩的方法有一定难度，可采用手针固定裙里的方法，具体操作如下。

（1）勾底边：扣烫好底边及开衩的裙面，右后片开衩处沿裙长净线勾缝底边，方法如图 3-33 所示。

（2）底边用卷边缝方法缲好，按裙里纸样绘制图中的尺寸并剪掉右后片开衩处多余的里料（图3-59）。

（3）扣烫左后片开衩处裙里的缝份（图3-60）。

（4）将左后片底边处裙面与裙里缝合在一起，并翻出正面（图3-61）。

（5）绷缝固定左侧开衩处的裙里（图3-62）。

（6）在右侧开衩拐角处打剪口（图3-63），然后把裙里扣净、绷缝固定（图3-64）。

（7）用手针的缲边针法将裙里开衩处细密地缝好（图3-65）。

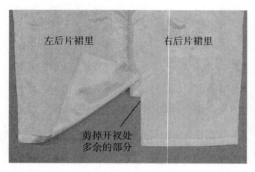

图3-59　剪掉右后片开衩处多余的里料

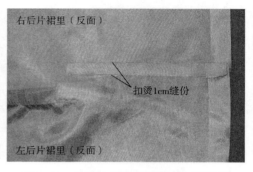

图3-60　扣烫左后片开衩处裙里的缝份

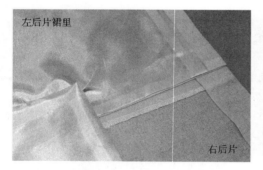

图3-61　左后片底边处裙面与裙里缝合并翻出正面

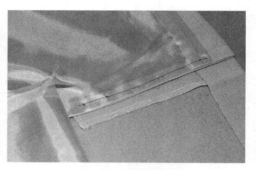

图3-62　绷缝固定左侧开衩处的裙里

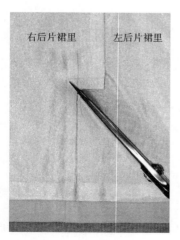

图3-63　右侧开衩拐角处打剪口

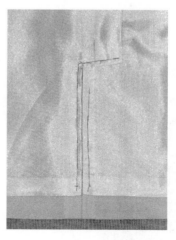

图3-64　扣净裙里并绷缝固定

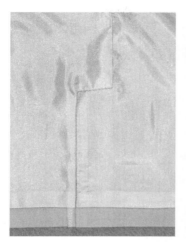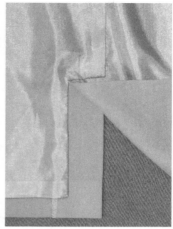

图 3-65　缲边针法缝好开衩裙里

3. 绱腰头的方法

做腰头的方法与前面讲授的方法相同。

（1）腰头里的正面与裙身的反面相对，后裙片左侧留出里襟，沿熨烫折痕缉缝腰口一周（图 3-66）。

裙片（反面）

腰头里（反面）

图 3-66　绱腰头

（2）翻下腰头正面，在腰头面上缉 0.15cm 宽的明线（图 3-67）。缝线要压在腰头里上，腰头里要平顺（图 3-68）。

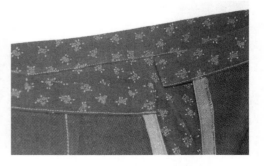

图 3-67　缉腰口明线　　　　　　　　　图 3-68　腰口明线要压住腰头里

第五节　西服裙成品检验

西服裙的外观检验请参照第一单元第一章第五节。

一、规格尺寸检验

（1）裙长：在前中心线上，由腰头上沿量至底边，极限误差为 ±1cm。
（2）腰围：系上纽扣，水平量，一周的极限误差为 ±1cm。
（3）臀围：把裙子摊平，水平量拉链底部向上 1cm 的位置，极限误差为 ±2cm。

二、工艺检验

（1）面料与里子的松紧是否合适。
（2）明线、暗线是否符合要求。
（3）腰口是否圆顺，腰头宽窄是否一致，面、里、衬是否平服。
（4）门襟、里襟是否等长，拉链下端是否平服。
（5）后开衩的门襟、里襟是否平服、等长。
（6）底边折边宽窄是否一致，三角针是否符合要求。线襻位置是否正确、牢固。
（7）裙里的底边与裙面的底边距离是否相等，裙里底边的宽窄是否一致，明线是否符合要求。
（8）扣眼、纽扣位置是否正确，纽扣是否牢固。

练习与思考题

1. 测量自己或其他人的尺寸，确定成品规格，绘制西服裙的结构图（制图比例 1：1）。
2. 绘制西服裙的面料纸样、里料纸样（制图比例 1：1）。
3. 用格子面料裁剪西服裙时，哪些部位要对格？
4. 裁剪、制作一条西服裙。
5. 简述西服裙的工艺要求有哪些？
6. 编写西服裙的缝制工艺流程。
7. 绱好隐形拉链的技巧是什么？
8. 绱腰头的两种方法有什么不同？
9. 如何制作后开衩才能保证拐角方正、无毛漏？
10. 整烫时要注意哪些事项？需熨烫哪些部位？
11. 你认为学习西服裙的重点和难点有哪些？

理论应用
与实践

第四章　A 型裹裙

教学内容： A 型裹裙结构图的绘制方法 /2 课时

A 型裹裙纸样的绘制方法 /2 课时

A 型裹裙的排料与裁剪 /2 课时

A 型裹裙的制作工艺 /11 课时

A 型裹裙成品检验 /1 课时

课程时数： 18 课时

教学目的： 引导学生有序工作，培养学生的动手能力。

教学方法： 集中讲授、分组讲授与操作示范、个性化辅导相结合。

教学要求： 1.能通过测量人体得到 A 型裙的成品尺寸规格，也能根据款式图或照片给出成品尺寸规格。

2.在老师的指导下绘制 1 : 1 的结构图，独立绘制 1 : 1 的纸样。

3.在 A 型裹裙的制作过程中，需有序操作、独立完成。

4.完成一份学习报告，记录学习过程，归纳和提炼知识点，编写 A 型裹裙的制作工艺流程，写课程小结。

教学重点： 1.A 型裙结构图的画法

2.裹裙及连腰结构纸样的画法

3.连腰结构的制作方法

裹裙，也叫围裹裙，通常指没有拉链和纽扣，只依靠腰带系紧的包裹式裙子；A 型裙的腰部合体、下摆外展，外轮廓呈 A 型，款式简洁。

本款 A 型裹裙将 A 字造型和裹裙设计相结合，连腰结构，腰口有贴边，单层、无衬里，腰部以纽扣固定（图 4-1）。

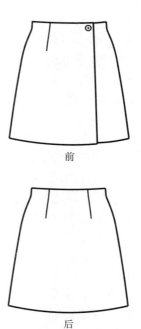

前

后

图 4-1 A 型裹裙款式图

适合制作本款裙子的面料范围很广，如棉、麻、毛、化纤、皮革等材料，这里采用纯棉布，所有用料如表4-1所示。

表4-1 A型裹裙用料

材料名称	用量
纯棉布	幅宽150cm，料长60cm
黏合衬	幅宽120cm，少量
纽扣	32L（直径20mm），1个 28 L（直径18mm）透明纽扣，1个
缝纫线	适量

第一节 A型裹裙结构图的绘制方法

一、A型裹裙成品规格的制定

A型裹裙的成品规格包括裙长、腰围、臀围三个尺寸，在测量人体相应位置的同时加放适当的松量即可得到成品尺寸，也就是成品规格。还可以根据国家号型中的主要控制部位尺寸确定A型裹裙的成品规格（表4-2）。

表4-2 A型裹裙成品规格（号型：160/66A）　　　　　单位：cm

部位	裙长	腰围（W）	臀围（H）
尺寸	48	68	96

二、A型裹裙结构图的绘制过程

A型裹裙结构图采用比例法绘制而成（图4-2），W、H是成品尺寸，即包括松量。绘图的主要过程及方法如下。

1. 前片

（1）腰节水平线（WL）：画一条基准线。

（2）前中线：与腰节水平线垂直，以裙长减去3cm为此线长度。

（3）底边水平线：与前中线垂直。

（4）臀高线（HL）：身高/10+2cm。

（5）臀围：H/4+1cm。

（6）腰围：W/4+1cm+2.5cm（省）。

（7）侧缝起翘：1cm，画法如图4-2所示。

（8）腰围线：从前中线与腰节水平线的交点至侧缝起翘1cm位置点用弧线连接。

（9）腰口线：从腰围线向上3cm画平行弧线。

（10）省位：画法如图4-2所示。

（11）侧缝线：在臀围点基础上，底边展开2.5cm，将腰、臀和底边用平顺的曲线连接。

（12）底边线：从前中线与底边水平线的交点开始逐渐起翘与侧缝呈90°，用平顺的曲线画出底边线。

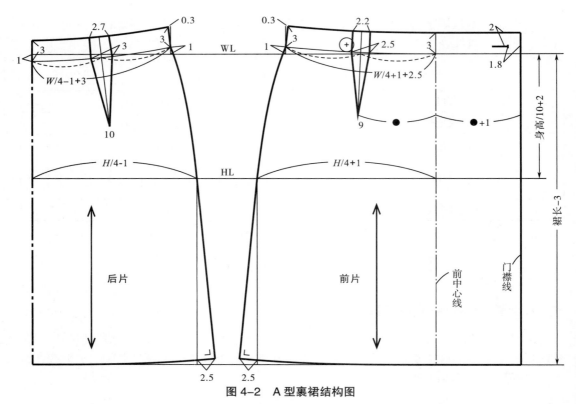

图 4-2　A 型裹裙结构图

（13）门襟线：量取省尖到前中线的距离，记为"●"，在前中线另一侧距离前中线"●+1"处作前中线的平行线；延长腰口线和底边线与其相交。

（14）扣眼和扣位：如图 4-2 所示位置画出扣眼位置，对应位置画出扣位。

2. 后片

（1）基准线：延长前片的腰节水平线、底边水平线、臀高线。

（2）臀围：$H/4-1cm$。

（3）后中线：与腰节水平线垂直。

（4）腰围：$W/4-1cm+3cm$（省）。

（5）侧缝起翘：1cm。

（6）腰围线：从后中线与腰节水平线的交点向下 1cm 位置点至侧缝起翘 1cm 位置点用弧线连接。

（7）腰口线：从腰围线向上 3cm 画平行弧线。

（8）省位：画法如图 4-2 所示。

（9）侧缝线：在臀围点基础上，下摆展开 2.5cm，将腰、臀和底边起翘点用平顺的曲线连接。

（10）底边线：起翘量与前片相同，用平顺的曲线画出底边线。

第二节　A 型裹裙纸样的绘制方法

A 型裹裙前、后裙片纸样的绘制方法如图 4-3 所示。前、后腰贴边是将裙片中腰口贴边部分描画下来后，将腰省合并，修顺轮廓线，再加放缝份，如图4-4所示。

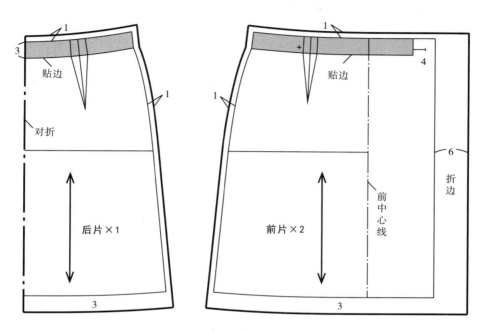

图4-3　A型裹裙裙片毛板

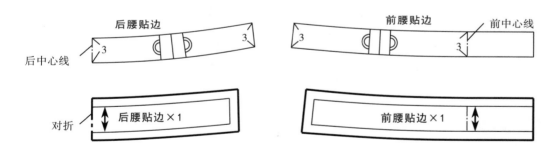

图4-4　A型裹裙前、后腰贴边毛板

第三节　A型裹裙的排料与裁剪

　　将面料的两个布边对齐，将纸样排放在面料上，使纸样上标注的纱向与面料经纱方向一致，用划粉将面料毛板的轮廓描绘在面料上，如图4-5所示。然后把纸样移开，沿着划粉线裁剪。

　　如果是条格面料，则要求前、后片的中心线与条格的中央线对齐，前、后片的侧缝水平方向要对格。面料为阴阳条格的则要求所有衣片方向一致。

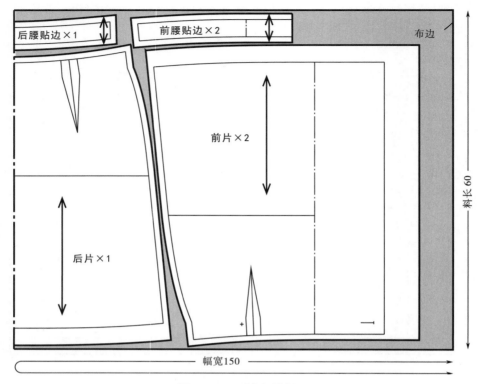

图 4-5　A 型裹裙排料图

第四节　A 型裹裙的制作工艺

一、A 型裹裙的制作工艺流程

A 型裹裙的制作工艺流程如图 4-6 所示。

二、A 型裹裙的制作顺序和方法

1. 准备工作（图 4-7）

（1）做标记：在裙片反面上画出省道。

（2）粘衬：在前片门襟折边、前腰贴边、后腰贴边的反面粘有纺衬。

2. 缉省道、缝合侧缝

（1）缉省道：缉缝前、后裙片的腰省道。

（2）缝合侧缝：将前、后裙片正面相对，侧缝对齐，从上向下缝合侧缝，起始和结尾位置都要打倒针，如图 4-8 所示。

（3）锁边：前片门襟折边边缘看着正面锁边；前片在上、后片在下，前、后片侧缝一起锁边。

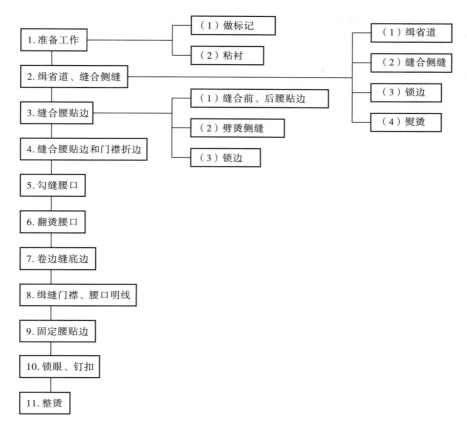

图4-6　A型裹裙制作工艺流程

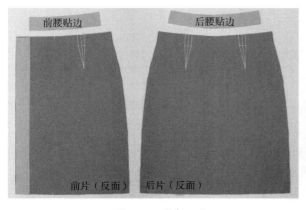

图4-7　准备工作

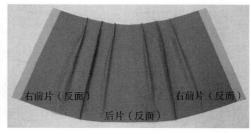

图4-8　缉省道、缝合侧缝

（4）熨烫：沿门襟止口净线扣烫门襟折边；前片腰省向前中方向烫倒；后片腰省向后中方向烫倒；两侧缝份向后烫倒，如图4-9所示。

3. 缝合腰贴边（图4-10）

（1）缝合前、后腰贴边：前、后腰贴边正面相对，侧缝对齐，沿净线缝合侧缝。

（2）劈烫侧缝：将腰贴边侧缝劈开、烫平。

（3）锁边：腰贴边下边缘看着正面锁边。

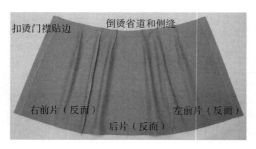

图 4-9　锁边、熨烫好的裙片

图 4-10　缝合腰贴边

4. 缝合腰贴边和门襟折边

将前腰贴边和门襟折边正面相对，按 1cm 缝份缝合拼接，如图 4-11 所示。

5. 勾缝腰口

将门襟折边折向反面，腰贴边与裙片正面相对，腰口线对齐，沿腰口净线缉缝腰口一周，如图 4-12 所示。

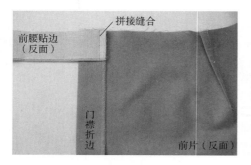

图 4-11　缝合腰贴边和门襟折边

图 4-12　勾缝腰口

6. 翻烫腰口

将门襟折边、腰口贴边向正面翻出，拐角处要方正；熨烫平整，注意腰贴边不要反吐，如图 4-13 所示。

7. 卷边缝底边

将底边折边向反面先折 1cm，再折 2cm，沿边缉缝 0.1cm 明线。

8. 缉缝门襟、腰口明线

从左门襟底边处开始，沿左门襟、腰口、右门襟，至右门襟底边处止，缉缝 0.6cm 明线。缉缝好底边、门襟、腰口的效果如图 4-14 所示。

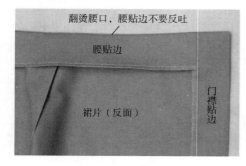

图 4-13　翻烫腰口

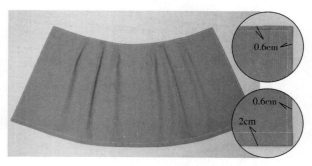

图 4-14　缉缝底边、门襟、腰口明线

9. 固定腰贴边

将腰贴边边缘与省道绲缝固定，如图 4-15 所示。

10. 锁眼、钉扣（图 4-16）

（1）锁扣眼：在左、右两边门襟靠近腰口的位置锁圆头扣眼。

（2）钉纽扣：在左裙片面上和右侧腰贴边上钉纽扣，贴边处的纽扣通常用较薄的、透明平扣。

| 图 4-15　固定腰贴边 | 图 4-16　锁眼、钉扣 |

11. 整烫

剪掉所有的线头，将腰头、省道、裙身及裙摆熨烫平整。A 型裹裙的成品效果如图 4-17 所示。

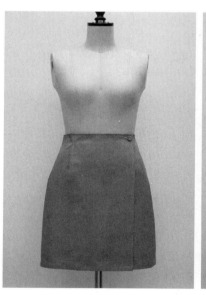

图 4-17　A 型裹裙成品效果

附：纽扣的规格

纽扣的大小（Button size）在国际上有统一的规定，计量单位是 lignes，写为"L"，是以英寸为单位的 40 粒纽扣直径之和。例如，本章 A 型裹裙上所使用的 32L 纽扣，指 40 粒该规格纽扣直径之和为 32 英寸，则每粒纽扣的直径 =32 英寸 ÷40=4/5 英寸 ≈ 20mm。

各规格纽扣直径如表 4-3 所示。

表 4-3　纽扣规格与直径对照表

纽扣规格（L）	纽扣直径（mm）	纽扣规格（L）	纽扣直径（mm）
12	7.5	34	21.0
13	8.0	36	23.0
14	9.0	40	25.0
16	10.0	44	28.0
18	11.5	48	30.0
20	12.5	50	32.0
22	14.0	54	34.0
24	15.0	60	38.0
26	16.0	70	44.0
28	18.0	80	50.0
30	19.0	90	58.0
32	20.0	100	62.5

第五节　A 型裹裙成品检验

A 型裹裙的外观检验请参照第一单元第一章第五节。

一、规格尺寸检验

（1）裙长：在前中线上，由腰带上沿量至底边，极限误差为 ±1cm。
（2）腰围：扣好扣子，水平量，一周的极限误差为 ±1cm。
（3）臀围：把裙子摊平，腰口向下约 21cm 处，水平量，一周的极限误差为 ±2cm。

二、工艺检验

（1）明线、暗线是否符合要求。
（2）腰口是否圆顺，面、里是否平服。
（3）门襟是否平直，明线是否宽窄一致。
（4）省道的形状是否好看，省道的倒向是否正确，省尖处是否出现小窝。
（5）底边折边宽窄是否一致，明线是否平顺。
（6）裙扣位置是否正确，是否牢固。

练习与思考题

1. 测量自己或他人的尺寸，确定成品规格，绘制 A 型裹裙的结构图（制图比例 1∶1）。
2. 绘制 A 型裹裙的毛板（比例 1∶1）。
3. 用格子面料裁剪 A 型裹裙时，哪些部位要对格子？
4. 裁剪、制作一条 A 型裹裙。
5. A 型裹裙的工艺要求有哪些？
6. 对 A 型裹裙成品进行检验时，外观检验包括哪些项目？工艺检验包括哪些项目？
7. 你认为学习 A 型裹裙的重点和难点有哪些？

理论应用
与实践

第五章　育克褶裙

教学内容： 育克褶裙结构图的绘制方法 /2 课时

　　　　　　育克褶裙纸样的绘制方法 /2 课时

　　　　　　育克褶裙的排料与裁剪 /2 课时

　　　　　　育克褶裙的制作工艺 /13 课时

　　　　　　育克褶裙成品检验 /1 课时

课程时数： 20 课时

教学目的： 引导学生有序工作，培养学生的动手能力。

教学方法： 集中讲授、分组讲授与操作示范、个性化辅导相结合。

教学要求： 1. 能通过测量人体得到育克褶裙的成品尺寸规格，也能根据款式图或照片给出成品尺寸规格。

　　　　　　2. 在老师的指导下绘制 1∶1 的结构图，独立绘制 1∶1 的纸样。

　　　　　　3. 在育克褶裙的制作过程中，需有序操作、独立完成。

　　　　　　4. 完成一份学习报告，记录学习过程，归纳和提炼知识点，编写育克褶裙的制作工艺流程，写课程小结。

教学重点： 1. 育克褶裙结构图的画法

　　　　　　2. 育克褶裙纸样的画法

　　　　　　3. 褶裥的处理方法

　　　　　　4. 裙面与裙里的连接方法

此款育克褶裙的分割线以上合体，分割线以下有活褶，下摆向外展开，开口位置即拉链位置在右侧，外形呈 A 字型（图 5-1）。

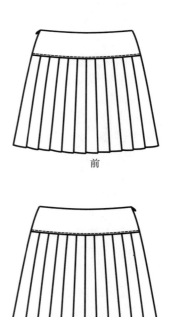

前

后

图 5-1　育克褶裙款式图

适合制作育克褶裙的面料范围很广泛，此款使用毛格呢面料，里料为涤纶斜纹，所有用料如表5-1所示。

表5-1 育克褶裙用料

材料名称	用量	材料名称	用量
毛格呢	幅宽150cm，料长约106cm	直丝牵条	1cm宽，少量
涤纶斜纹绸	幅宽150cm，料长45cm	黏合衬	少量
隐形拉链	1条	缝纫线	适量

第一节 育克褶裙结构图的绘制方法

一、育克褶裙成品规格的制定

育克褶裙成品规格如表5-2所示。

表5-2 育克褶裙成品规格（号型：160/68A） 单位：cm

部位	裙长	腰围（W）	臀围（H）
尺寸	46	70	96

二、育克褶裙结构图的绘制过程

此款育克褶裙的基本结构为直筒裙，结构图采用比例法绘制而成，W、H是成品尺寸，即已经包括了放松量（图5-2）。

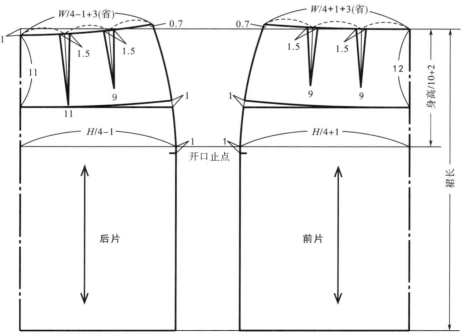

图5-2 育克褶裙结构图

第二节　育克褶裙纸样的绘制方法

一、面料纸样

1. 育克及腰里纸样的制作（图 5-3）

（1）育克纸样的制作：取出结构图中的前、后片育克，合并结构图中的省道，将腰口线和下口线调整圆顺，前、后育克的侧缝要等长。至此制作的是育克的净样板，简称育克净板。

（2）腰里纸样的制作：从育克的腰口线向下取 6cm，制作的是腰里的净样板，简称腰里净板。

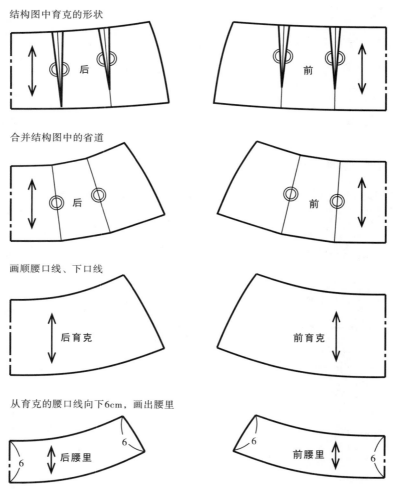

图 5-3　育克及腰里的制板

2. 裙片纸样的制作

此款裙子育克下面有一周顺褶，裙片净样如图 5-4 所示，臀围线上每隔 4cm 一个褶，褶量为 8cm，共 24 个褶。

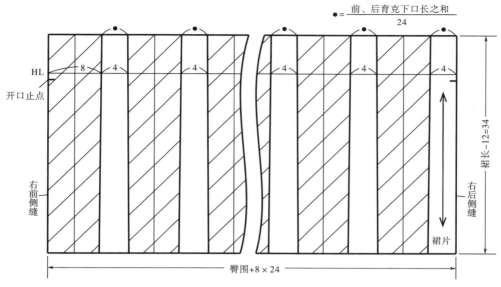

图 5-4　裙片的制板过程

3. 面料毛板的制作过程（图 5-5）

在前育克、后育克、前腰里、后腰里、裙片净板的基础上加放适当的缝份和折边，得到面料毛板。在面料毛板上画出重点部位、标注经纱方向、注明样板名称及裁剪片数。

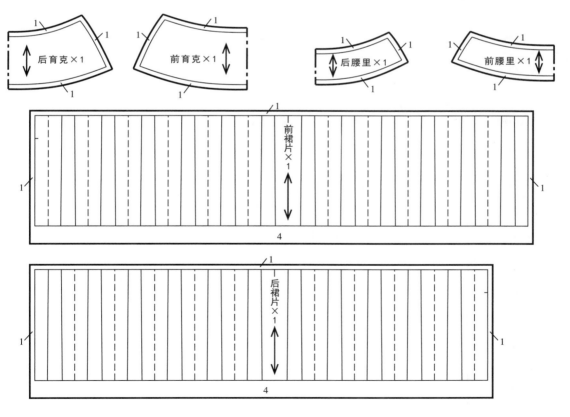

图 5-5　育克褶裙面料毛板

注意：由于面料幅宽的原因，裙片可做分割，如分为前、后两个裙片或更多片，分割线尽量放在褶的中心线或褶底处，这样拼接缝藏在褶下面，不会影响裙子的外观。

二、里料纸样

1. 育克褶裙里料结构图

根据图 5-2 结构图，将前、后裙片腰口位置去掉 6cm 宽的腰里，侧缝底边处向外展开 2.5cm，底边上提 2cm，得到裙里的基础结构，并在裙里中间设置剪开线，如图 5-6 所示。

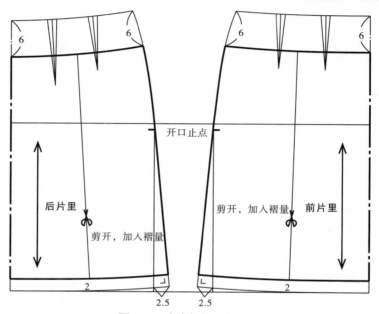

图 5-6　育克褶裙里料制图

2. 育克褶裙里料纸样

分别将前、后片裙里的形状取出，剪开褶位线，平行加出 4cm 褶量，加上原来结构中的省量，裙里上口的实际褶量约为 5cm。如图 5-7 所示，加出缝份和底边折边，得到里料纸样。

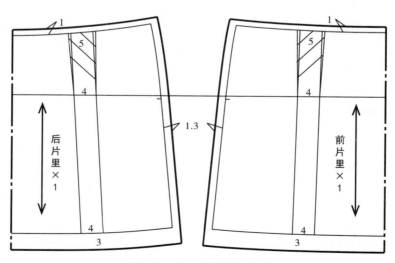

图 5-7　育克褶裙里料毛板

第三节　育克褶裙的排料与裁剪

一、面料排料（图 5-8）

本款裙子实际采用格呢面料制作，裁剪时要注意：

（1）前育克、后育克、前腰里、后腰里纸样的中心线要放在格子图案的中间，以使左右对称。

（2）前、后育克和前、后裙片的侧缝要对格。

采用格子面料，用料量会比用单色面料多 1~2 个格长。

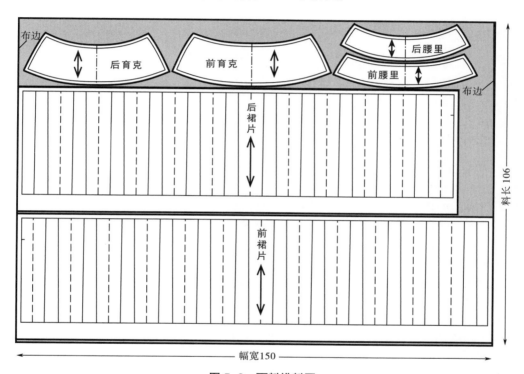

图 5-8　面料排料图

二、里料排料（图 5-9）

三、其他辅料的裁剪

1. 黏合衬

前育克、后育克、前腰里、后腰里使用有纺衬，有纺衬的纱向与面料的纱向一致。

2. 直丝牵条

准备 1cm 宽和 1.5cm 宽的直丝牵条，1cm 宽的牵条用于育克腰口，1.5cm 宽的牵条用于装拉链的位置。

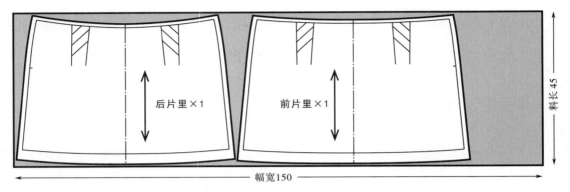

图5-9　里料排料图

第四节　育克褶裙的制作工艺

一、育克褶裙的制作工艺流程（图5-10）

二、育克褶裙的制作顺序和方法

1. 准备工作

（1）粘衬：在前、后育克的反面粘一层有纺衬，然后在腰口缝份处粘1cm宽的直丝牵条（图5-11）。在前、后腰里的反面粘一层有纺衬（图5-12）。

（2）锁边：前、后裙片的正面朝上、反面朝下，左侧缝用包缝机锁边。

（3）拼接裙片：前、后裙片正面相对，按1cm缝份缝合左侧缝，缝份分开烫平。

2. 熨烫褶裥

用消失划粉在前、后裙片的正面画出褶位线，沿所画褶位线顺向叠出褶裥，垫烫布进行熨烫，然后在育克接缝一侧绲缝固定褶裥（图5-13）。

3. 缝合育克线

（1）拼合前、后育克：将前、后育克正面相对，左侧缝对齐，按1cm缝份缝合，然后分缝烫平。

（2）缝合育克与裙片：分别将前、后育克与前、后裙片正面相对，育克在上，按1cm缝份将育克与裙片缝合在一起。

（3）锁边：裙片在上，用包缝机包缝育克线。

（4）熨烫：将育克线缝份向上烫倒。

（5）绲明线：从正面在育克一边压缝0.6cm宽的明线（图5-14）。

4. 缝合侧缝

（1）粘牵条：分别在前、后裙片右侧开口处的反面粘1cm宽的直丝牵条，从腰口粘至开口止点以下2cm，然后正面朝上、反面朝下包缝（图5-15）。

（2）前、后裙片正面相对，按1cm缝份缝合右侧缝开口止点以下的部分，缝份分开烫平。

5. 绱拉链

使用隐形拉链，将缝纫机上的普通压脚卸下，换成单边压脚（右侧）。

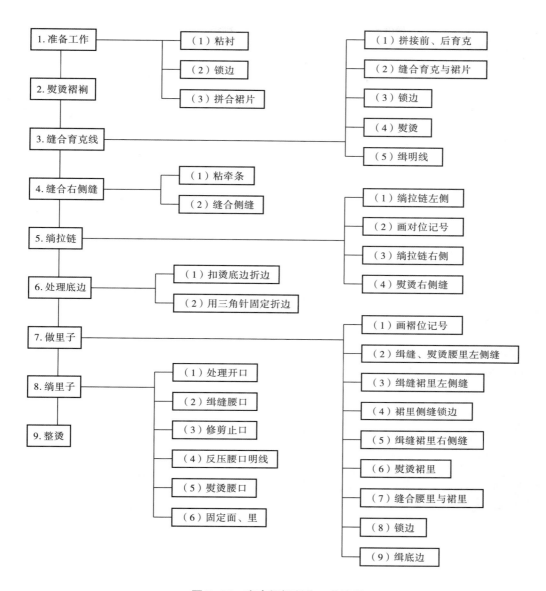

图 5-10　育克褶裙制作工艺流程

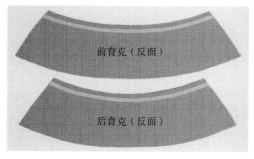

图 5-11　育克反面粘有纺衬，腰口粘牵条

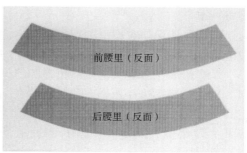

图 5-12　腰里反面粘有纺衬

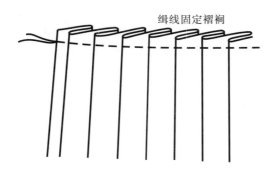

缉线固定褶裥

图 5-13　熨烫褶裥并固定上端

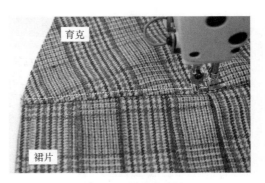

育克

裙片

图 5-14　缉育克明线

（1）绱拉链左侧：将拉链的正、反方向摆放正确，拉链的左侧放在后片的开口位置，从上向下缉缝至开口止点处。

（2）画对位标记：拉上拉链，在拉链上画几个对位标记。

（3）绱拉链右侧：拉开拉链，从开口止点开始沿着链牙的边缘缉缝画好标记的另一侧拉链，即前片右侧的开口位置。

（4）熨烫右侧缝：拉上拉链，将右侧缝劈开烫平、拉链烫平，开口下端拉链保留3cm，多余的部分剪掉，在末端来回缉缝 3~5 次，将其固定。

绱完拉链的反面效果如图 5-16 所示。

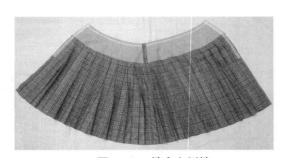

图 5-15　缝合左侧缝

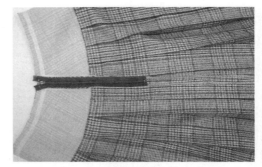

图 5-16　绱完拉链的反面效果

6. 处理底边

（1）扣烫底边折边：折边宽窄要一致，要归拢熨烫，不可出现波浪状。

（2）三角针固定折边：三角针针脚要均匀，缝线松紧要适当，裙子表面不可有针窝。

7. 做裙里

（1）画褶位标记：在裙里的正面画出褶位标记，缉缝固定（图 5-17）。

（2）缉缝、熨烫腰里左侧缝：缝合腰里左侧的缝份，按净缝线缉缝，劈开烫平。

（3）缉缝裙里左侧缝：缝合裙里左侧的缝份，按 1cm 的宽度缉缝。

（4）裙里侧缝锁边：裙里左侧缝前片在上、后片在下，用包缝机锁边；裙里右侧缝正面在上、反面在下，前、后片裙里分别用包缝机锁边。

（5）缉缝裙里右侧缝：裙里右侧缝从开口止点以下 1cm 处开始缉缝，缝份宽度为1cm。

（6）熨烫裙里：裙里左侧缝向后身方向烫倒，裙里右侧缝劈开熨烫。

（7）缝合腰里与裙里：腰里在上、裙里在下，腰里与裙里正面相对，按 1cm 缝份缉缝。

（8）锁边：腰里在上、裙里在下用包缝机锁边，缝份向下烫倒。

（9）缉底边：用卷边缝的方法将底边缉好。做好的裙里如图5-18所示。

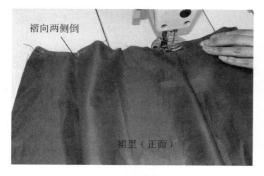

图5-17　缉缝固定褶位

图5-18　裙里完成后的状态

8. 绱裙里

（1）处理开口：腰口对齐、裙片在上、裙里在下，腰口一侧腰里比裙片多出1cm，然后逐渐对齐侧缝，在距离绱拉链的缝线0.7cm左右处将裙面与裙里缝合在一起（图5-19）。开口处正面的效果如图5-20所示。

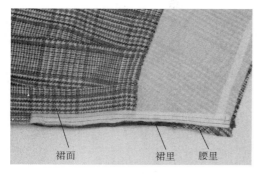

图5-19　处理开口

图5-20　开口处正面效果

（2）缉缝腰口：将开口处的缝份倒向腰里一侧、包紧拉链，面与里腰口对齐，按1cm缝份缉缝腰口一周，如图5-21所示。

（3）修剪止口：将腰里的缝份剪掉0.6cm，剩余0.4cm（图5-22）。

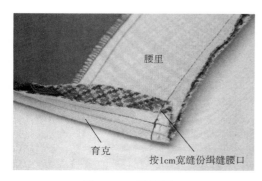

图5-21　缉缝腰口

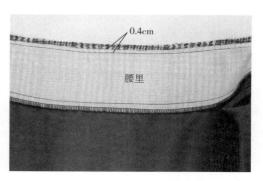

图5-22　修剪止口

（4）反压腰口明线：将腰里打开，缝份倒向腰里一侧，在腰里上缉 0.1cm 宽的明线，如图 5-23 所示。

（5）熨烫腰口：将正面翻出，熨烫腰口，腰里贴边不可反吐，如图 5-24 所示。

（6）固定面、里：在左侧缝处将腰里与面绷缝固定在一起。

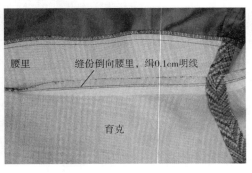

图 5-23　反压腰口明线　　　　　　　图 5-24　熨烫腰口

9. 整烫

剪掉所有缝纫线头，在反面将裙里烫平，整烫正面时要垫上水布，以免出现亮光。正面先熨烫腰口，再熨烫褶裥，最后熨烫裙底边。育克褶裙的成品效果如图 5-25 所示。

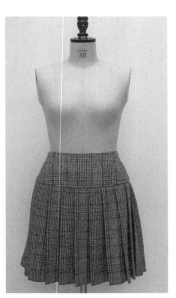

图 5-25　育克褶裙成品效果

第五节　育克褶裙成品检验

育克褶裙的外观检验请参照第一单元第一章第五节，规格尺寸检验请参照第二单元第四章 A 型裹裙，工艺检验项目如下：

（1）褶裥位置、倒向是否正确，褶裥是否匀称。

（2）腰口是否圆顺、育克线是否圆顺，明线宽窄是否一致。

（3）面、里、衬是否平服。

（4）明线、暗线是否符合要求。

（5）拉链处前片与后片是否等长，拉链下端是否平服。

（6）下摆折边宽窄是否一致，三角针是否符合要求。

（7）裙里的底边与裙面的底边距离是否相等，裙里底边的宽窄是否一致，明线是否符合要求。

练习与思考题

1. 尝试对褶的形式进行变化，例如"工"字褶、碎褶等，设计一条新的褶裙，考虑褶的形式对纸样的影响，研究裙片纸样的变化。

2. 测量自己或他人的尺寸，确定成品规格，绘制自己设计的育克褶裙的结构图（制图比例 1∶1）。

3. 绘制自己设计的育克褶裙的面料毛板、里料毛板（比例 1∶1）。

4. 用格子面料裁剪育克褶裙时，哪些部位要对格子？

5. 裁剪、制作自己设计的育克褶裙。

6. 育克褶裙的工艺要求有哪些？

7. 编写育克褶裙的制作工艺流程。

8. 如何才能把腰口绱好？

9. 总结学习育克褶裙的重点和难点有哪些。

第六章　斜裙

教学内容： 斜裙结构图的绘制方法 /2 课时

斜裙纸样的绘制方法 /2 课时

斜裙的排料与裁剪 /2 课时

斜裙的制作工艺 /4 课时

课程时数： 10 课时

教学目的： 引导学生深入研究不同角度斜裙的区别，培养学生的分析、观察和总结能力。

教学方法： 集中讲授与个性化辅导相结合。

教学要求： 1. 确定成品尺寸规格。

2. 选择一款斜裙，在老师的指导下绘制 1∶1 的结构图，独立绘制 1∶1 的纸样。

3. 在裁剪过程中，务必注意裙片的纱线方向要正确。

4. 在斜裙的制作过程中，需有序操作、独立完成。

5. 与其他同学交流，观察、讨论各种角度斜裙的区别。

教学重点： 1. 太阳裙结构图的画法、排料方法、绱装饰拉链的方法

2. 一片裙结构图的画法、排料方法

3. 两片裙结构图的画法、排料方法

4. 四片裙结构图的画法、排料方法

　　本章中的斜裙前、后中心为斜纱方向，其特点是腰部合体、无省道、无褶，下摆宽大，腰以下呈自然悬垂的状态。斜裙一般分为 360°、180°、90°、45° 以及任意角度。360° 斜裙也叫作太阳裙，由一个同心圆组成；180° 斜裙也叫作一片裙，由一个平角扇面组成；90° 斜裙也叫作两片裙，由两个直角扇面组成；45° 斜裙也叫作四片裙，由四个 45° 扇面组成。

　　斜裙的成品规格包括裙长和腰围，当上述四款斜裙的成品尺寸相同时，360° 斜裙的下摆最大、波浪最多，其他三款斜裙的下摆尺寸相同，但波浪效果不同（图 6-1）。斜裙结构图的绘制方法比较简单，重点是正确标注经纱符号，难点是排料时一定要保证前后中心为正斜纱（45° 斜裙除外）。

图 6-1　斜裙款式图

第一节　360° 太阳裙

一、太阳裙结构图的绘制方法

　　可以把太阳裙结构简单地理解为两个同心圆，内圆代表腰围，外圆代表下摆，两个圆之间的距离代表裙长（不包括腰头宽度）。太阳裙可以由一块面料制作，也可以用几块面料拼合而成。如果仅用一块面料来制作，裙长会受到面料幅宽的制约。

　　太阳裙的结构图采用比例法绘制而成（图 6-2），图中的腰围（W）是成品尺寸，图中 $r = W/2\pi$。

二、太阳裙毛板的绘制方法

　　在太阳裙结构图的基础上，下摆留出折边，腰口留出缝份，确定前、后中心线的位置，把开口设计在后中心，标注出经纱方向，沿着图中的外轮廓线剪下，形成太阳裙的毛板（图 6-3）。

三、太阳裙的排料方法（图 6-4）

四、绱装饰拉链的方法

　　此款太阳裙因为没有接缝，所以绱拉链的方法与其他款式不同。其他款式的拉链在表面都是看不到的，而此款裙子的拉链露在表面，可以起到装饰作用。

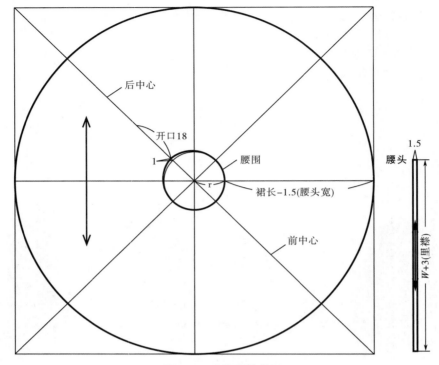

图 6-2　太阳裙结构图

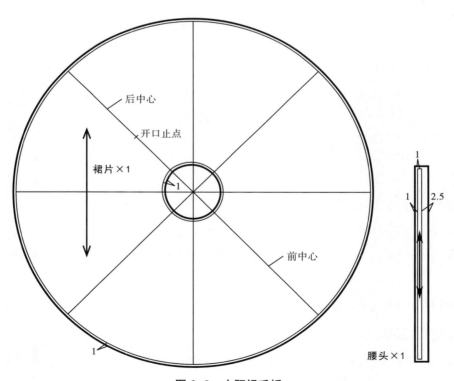

图 6-3　太阳裙毛板

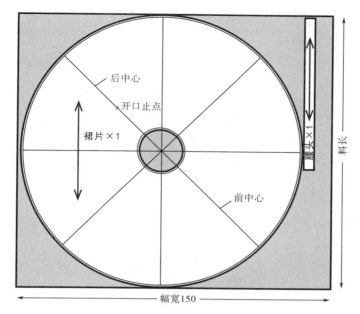

图 6-4　太阳裙排料图

（1）在裙子正面的后中位置，画出后中心线和开口止点。以后中心线为中心，在开口位置剪掉 0.7cm 宽（左、右各剪掉 0.35cm），在开口止点上方位置留出 0.5cm 缝份（图 6-5）。

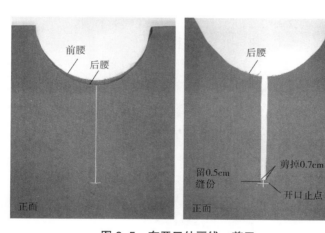

图 6-5　在开口处画线、剪口

（2）将拉链布边与裙片左侧开口位置正面相对，边缘对齐，按 0.5cm 缝份绲缝至开口止点位置（图 6-6）。

（3）在开口止点处打斜向剪口至开口止点拐角处，折转拉链，横向绲缝开口止点位置，绲线长 1.7cm（图 6-7）。

（4）在另一侧拐角处打剪口，折转拉链，绲缝拉链另一侧，缝份宽 0.5cm（图 6-8）。

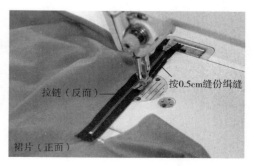

图 6-6　绲开口左侧

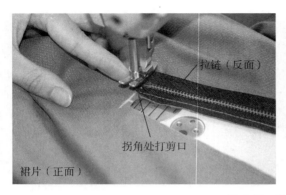
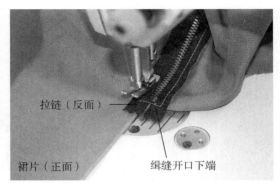

图 6-7　处理开口下端

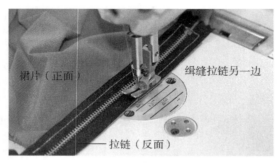

图 6-8　缉开口右侧

（5）修剪开口处缝份，保留 0.3cm，使拉链布带边压住裙片缝份，在开口处缉 0.5cm 宽的明线（图 6-9）。拉链绱完后的正面效果如图 6-10 所示。

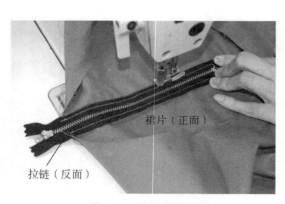

图 6-9　开口处缉明线

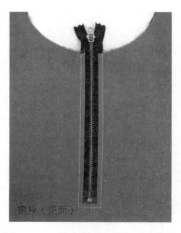

图 6-10　绱完拉链后的正面效果

第二节　180° 斜裙

一、180° 一片裙

1. 180° 一片裙结构图的绘制方法

一片裙由一个 180° 的平角扇面组成，接缝处（拉链所在位置）可以设置在侧面，也可以设置在后中。一片裙结构图采用比例法绘制而成，图中的腰围（W）是成品尺寸，图中 $r = W/\pi$。

若开口设置在侧缝，结构图如图 6–11 所示；若开口设置在后中心线，结构图如图 6–12 所示。

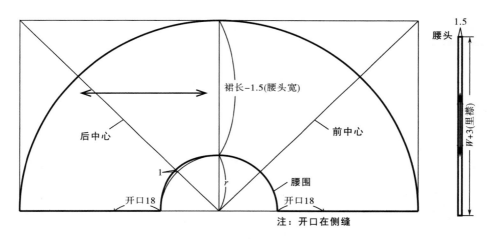

图 6–11　180° 一片裙结构图（开口在侧缝）

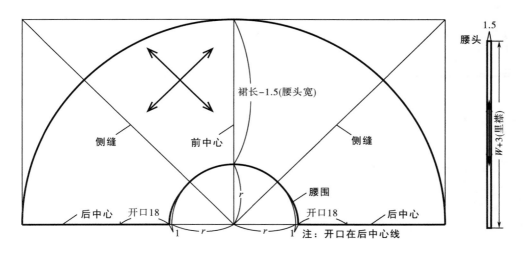

图 6–12　180° 一片裙结构图（开口在后中心线）

2. 180° 一片裙毛板的绘制方法

开口设置在侧缝，毛板如图 6-13 所示。开口设置在后中心线，毛板如图 6-14 所示。

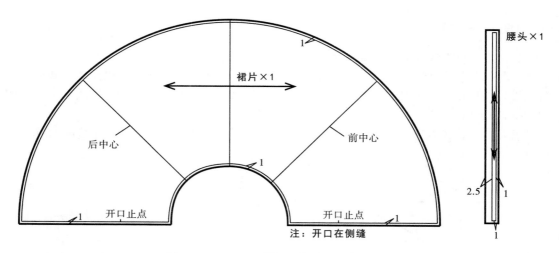

图 6-13　180° 一片裙毛板（开口在侧缝）

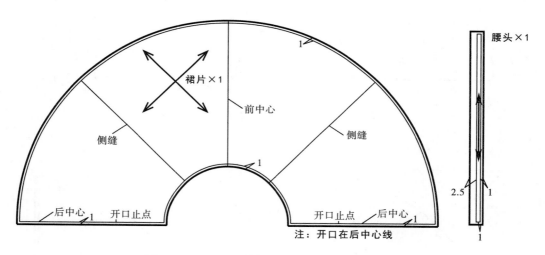

图 6-14　180° 一片裙毛板（开口在后中心线）

3. 180° 一片裙的排料方法

开口设计在右侧缝时，排料方法如图 6-15 所示。开口设计在后中心线时，排料方法如图 6-16 所示。

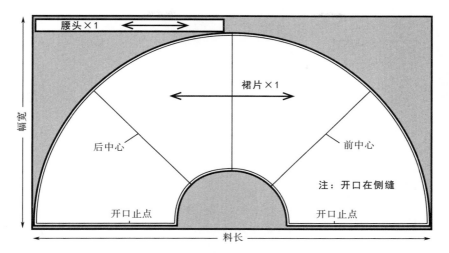

图 6-15　180°一片裙排料图（开口在侧缝）

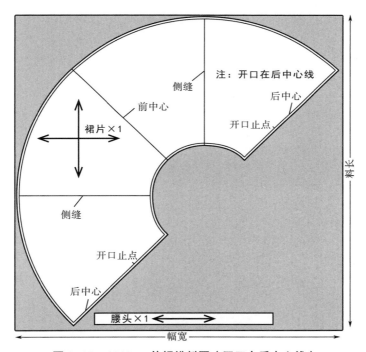

图 6-16　180°一片裙排料图（开口在后中心线）

二、90°两片裙

1. 90°两片裙结构图的绘制方法

两片裙由两个 90°的扇面组成，一个扇面在前身，另一个扇面在后身，两个接缝分别在身体的左、右两侧，开口在右侧。两片裙结构图采用比例法绘制而成，图中的腰围（W）是成品尺寸，图中 $r = W/\pi$（图 6-17）。

2. 90°两片裙毛板的绘制方法（图 6-18）

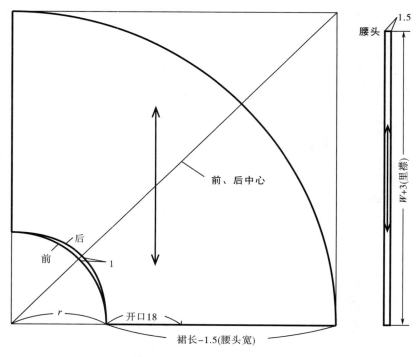

图 6-17　90°两片裙结构图

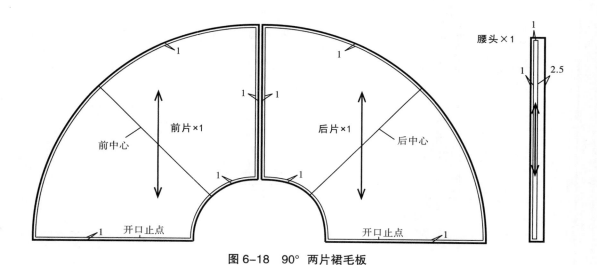

图 6-18　90°两片裙毛板

3. 90° 两片裙的排料方法

图 6-19 所示为节省面料的排料方法，但由于接缝两边的纱线经纬方向不同，可能会出现缝口烫不平的问题，前片与后片还会产生色差。如果按照图 6-20 所示排料则不会出现上述问题，但由于一个接缝是经纱方向，另一个接缝是纬纱方向，二者的悬垂度不同，穿着一段时间后，会出现左、右侧缝长短不一致的现象，因此需要进行修正。

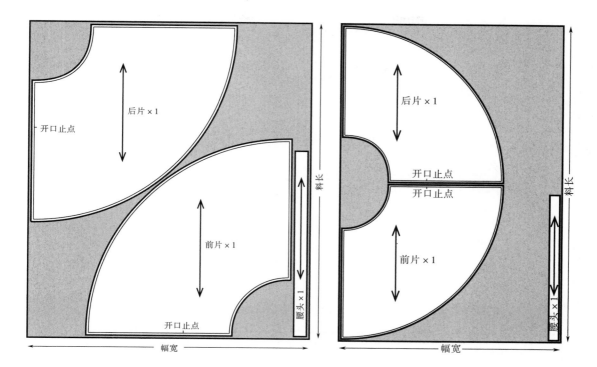

图 6-19　90°两片裙排料图（省料的排法）　　图 6-20　90°两片裙排料图（左、右侧缝纱向不同）

三、45°四片裙

1. 45°四片裙结构图的绘制方法

四片裙由四个 45°的扇面组成，两个扇面在前身，另两个扇面在后身。四片裙结构图采用比例法绘制而成，图中的腰围（W）是成品尺寸，图中 $r = W/\pi$（图 6-21）。

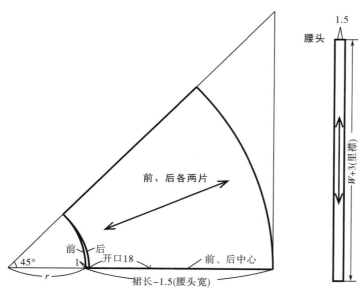

图 6-21　45°四片裙结构图

2. 45°四片裙毛板的绘制方法（图6-22）

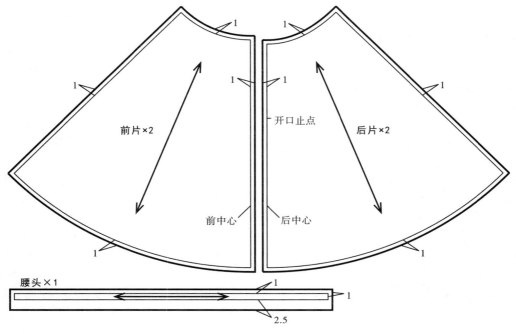

图6-22　45°四片裙毛板

3. 45°四片裙的排料方法

采用格子面料制作45°四片裙，如图6-23所示排料，制作完成后的裙子前、后中线，左、右侧缝的格子对得整齐（图6-24）、漂亮，这也正是四片裙的魅力所在。拉链可以放在侧缝或后中心线。

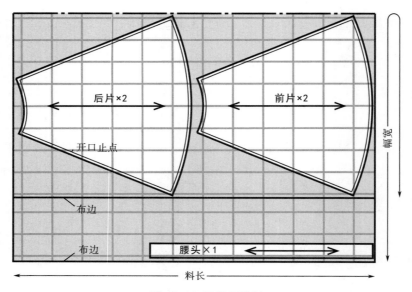

图6-23　四片裙排料

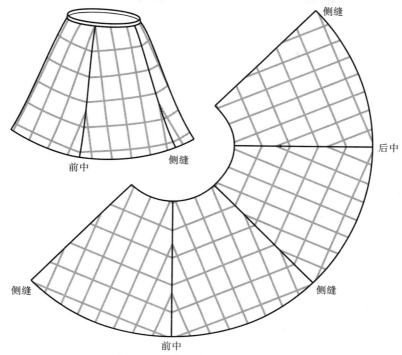

图 6-24　前后中线、左右侧缝对格

　　纸样在布料上摆放的角度不同，缝制完成后所形成的效果也不相同，按照图 6-25 所示排料，制作完成后前、后中线的格子可以对接成菱形，但左、右侧缝的格子则不是斜向的（图 6-26）。此时拉链放在侧缝更便于制作。

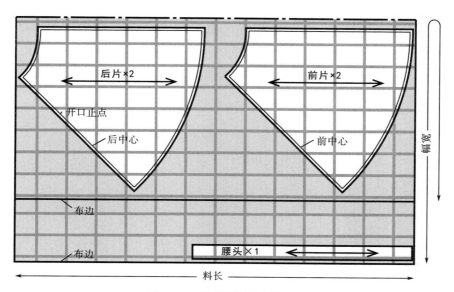

图 6-25　四片裙侧缝直纱排料

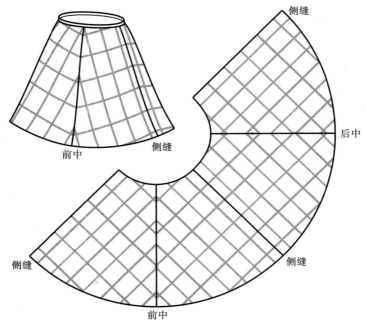

图 6-26　前后中线正斜纱、侧缝直纱

练习与思考题

1. 测量自己或他人的尺寸,确定成品规格,任选一款斜裙绘制结构图(制图比例 1 : 1)。

2. 绘制斜裙的纸样（制图比例 1 : 1）。

3. 裁剪、制作一条斜裙。

4. 比较各种角度斜裙的外观效果,分析其关系。

5. 你认为学习斜裙有哪些重点和难点?

第七章　背心裙

教学内容： 背心裙结构图的绘制方法 /2 课时
背心裙纸样的绘制方法 /2 课时
背心裙的排料与裁剪 /2 课时
背心裙的制作工艺 /15 课时
背心裙成品检验 /1 课时

课程时数： 22 课时

教学目的： 引导学生有序工作，培养学生的动手能力。

教学方法： 集中讲授、分组讲授与操作示范、个性化辅导相结合。

教学要求： 1. 能通过测量人体得到背心裙的成品尺寸规格，也能根据款式图或照片给出成品尺寸规格。
2. 在老师的指导下绘制 1：1 的结构图，独立绘制 1：1 的纸样。
3. 在背心裙的制作过程中，需有序操作、独立完成。
4. 完成一份学习报告，记录学习过程，归纳和提炼知识点，编写背心裙的制作工艺流程，写课程小结。

教学重点： 1. 背心裙结构图的画法
2. 背心裙纸样的画法
3. 领口及袖窿贴边的制作方法

此款背心裙的胸部合
体、腰部较宽松，裙身为
A 型，开口即拉链位置在
后中缝（图 7-1）。

前

后

图 7-1　背心裙款式图

此款背心裙使用的面料为纯毛织物，里料为醋酯纤维绸，所有用料如表 7-1 所示。

表 7-1　背心裙用料

材料名称	用量	材料名称	用量
纯毛织物	幅宽 150cm，料长 110cm	直丝牵条	少量
醋酯纤维绸	幅宽 150cm，料长 80cm	隐形拉链	1 条
黏合衬	少量	缝纫线	适量

第一节　背心裙结构图的绘制方法

一、背心裙成品规格的制定

　　此款背心裙的成品规格包括总裙长、前腰节长、裙长、胸围、腰围等尺寸（表 7-2），确定成品尺寸的方法如下：

　　（1）总裙长：从前颈侧点经过胸点（BP）量至膝盖以上 5cm。

　　（2）胸围：在净胸围 84cm 的基础上加放 8cm 松量。

　　（3）腰围：在净腰围 66cm 的基础上加放 14cm 松量。

表 7-2　背心裙成品规格（号型：160/84A）　　　　　　　　单位：cm

部位	总裙长	胸围（B）	腰围（W）	下摆围
尺寸	92	92	80	120

二、背心裙结构图的绘制过程

　　此款背心裙的结构图借助日本文化式女装原型绘制而成（图 7-2），作图的主要过程如下：

　　（1）前、后中心线：从原型的前颈侧点向下量出总裙长 92cm 画下平线，延长原型前、后中心线交于下平线，在后中心线上画出开口止点。

　　（2）画出原型腰围线的调节线：从原型腰围线向上 2cm。

　　（3）画出袖窿深：从原型胸围线（BL）向下 2cm。

　　（4）调整前、后领口宽和领口深，画出领口弧线。

　　（5）画出前、后肩线长度 5.5cm。

　　（6）画出前、后袖窿轮廓线及胸省。

　　（7）画侧缝基础线：依照胸围 84 原型（成品胸围 96cm），分别将原型前、后片的侧缝线向里收进 1cm，画出前、后片侧缝的基础线。

　　（8）画出前、后侧缝轮廓线、侧缝收腰 1cm，起翘 0.7cm。

　　（9）画出前、后底边轮廓线、下摆放出 6cm，起翘 2.5cm。

　　（10）画出前、后腰省。

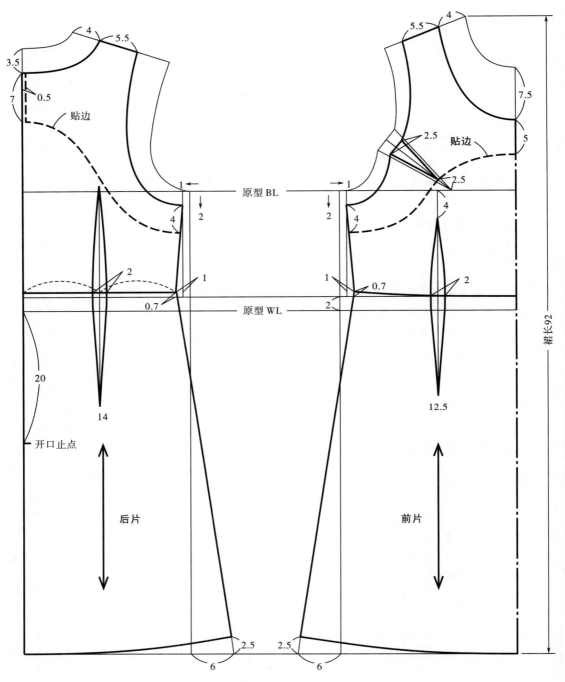

图 7-2　背心裙结构图

第二节　背心裙纸样的绘制方法

一、面料纸样

　　面料毛板共 6 块 (图 7-3)，包括后身片、后裙片、后贴边、前身片、前裙片、前贴边，图中的内轮廓线是各衣片的净板，外轮廓线表示为面料的毛板。

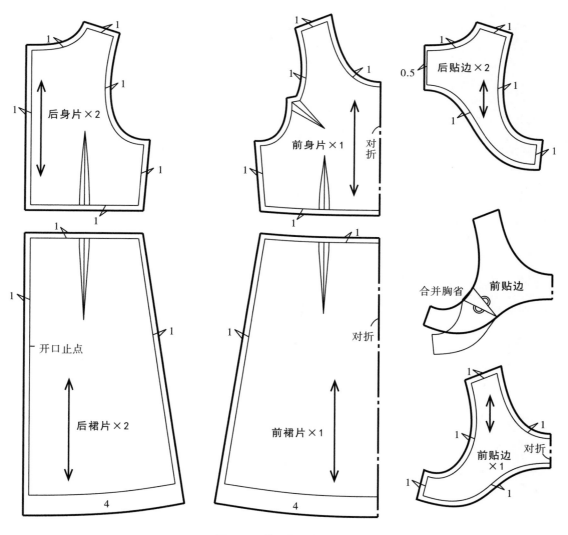

图 7-3　背心裙面料毛板

二、里料纸样

里料毛板共 4 块（图 7-4），包括后身里、后裙里、前身里、前裙里，图中的内轮廓线是各衣片的净板，外轮廓线表示为里料的毛板。

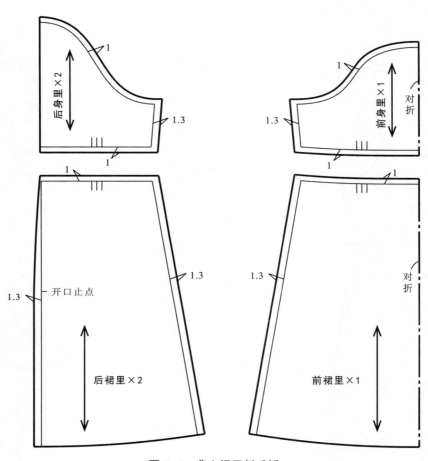

图 7-4　背心裙里料毛板

第三节 背心裙的排料与裁剪

一、面料排料（图7-5）

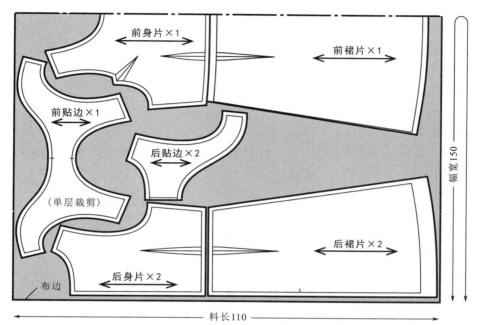

前身片×1
前裙片×1
前贴边×1
后贴边×2
（单层裁剪）
后裙片×2
后身片×2
布边
幅宽150
料长110

图7-5 背心裙面料排料图

二、里料排料（图7-6）

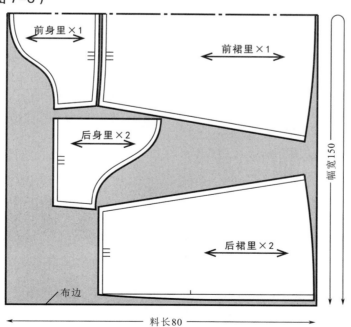

前身里×1
前裙里×1
后身里×2
后裙里×2
布边
幅宽150
料长80

图7-6 背心裙里料排料图

第四节　背心裙的制作工艺

一、背心裙的制作工艺流程（图 7-7）

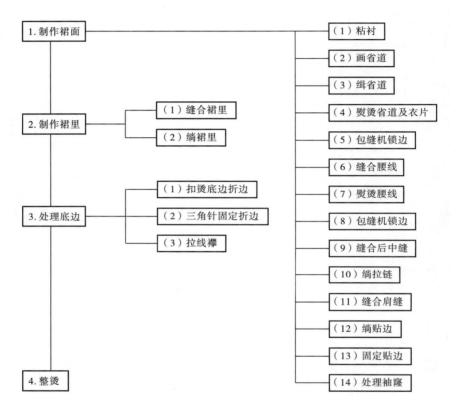

图 7-7　背心裙制作工艺流程

二、背心裙的制作顺序和方法

1. 制作裙面

（1）粘衬：在前、后贴边的反面粘贴一层有纺衬；在前、后贴边的袖窿、领口缝份处粘牵条（图 7-8）。

（2）画省道：分别在前身片、后身片、前裙片、后裙片的反面画出省道（图 7-9）。

（3）缉省道：分别缉缝前身片、后身片、前裙片、后裙片的省道。

（4）熨烫省道及衣片：

①前身片的袖窿省向上烫倒、腰省向前中心烫倒，同时要顺着人体的弯势将衣片烫平顺，还要保持胸围线呈水平状（图 7-10）。

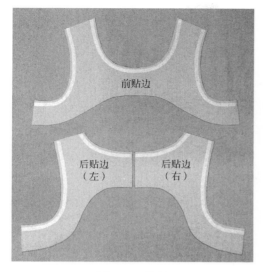

图 7-8 粘衬

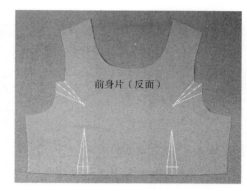

图 7-9 画省道

①

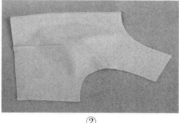

②

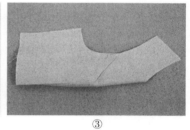

③

图 7-10 熨烫前身片

②后身片的腰省向后中心烫倒，肩胛骨处烫出凸势，胸围线要保持水平（图 7-11）。

③前裙片的腰省向前中心烫倒，要烫出腹部的凸势。

④后裙片的腰省向后中心烫倒，要烫出臀部的凸势。

（5）包缝机锁边：前身片、后身片、前裙片、后裙片的腰线用包缝机锁边，操作时正面朝上、反面朝下。

（6）缝合腰线：

①将前身片与前裙片的腰线缝合在一起（图 7-12）。

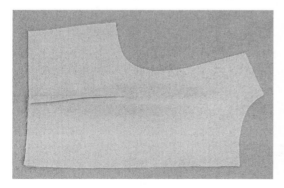

图 7-11 熨烫后身片

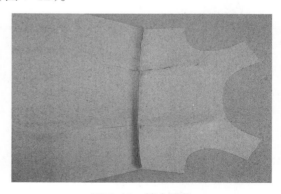

图 7-12 缝合腰线

②分别将左、右后身片与左、右后裙片的腰线缝合在一起。

（7）熨烫腰线：

①将前身的腰线缝份劈开，侧缝腰线处适当拔开熨烫（图7-13）。

②将后身的腰线缝份劈开，后中缝烫直，侧缝腰线处适当拔开熨烫（图7-14）。

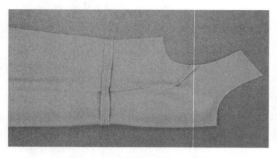

图7-13 熨烫腰线——前身

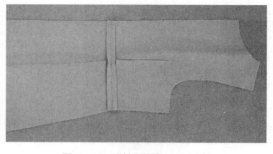

图7-14 熨烫腰线——后身

（8）包缝机锁边：前、后片的侧缝及底边用包缝机锁边，操作时正面朝上。

（9）缝合后中缝：将两后片正面相对，后中缝对齐，留出开口，从开口止点缉至底边边缘（图7-15）。

（10）绱拉链：使用单边压脚（此处使用的是右侧压脚）绱隐形拉链。

①将隐形拉链的正、反方向摆放正确，拉链的左侧放在左后片的开口位置，从上向下缉缝至开口止点处（图7-16）。

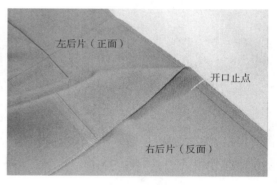

图7-15 缝合后中缝

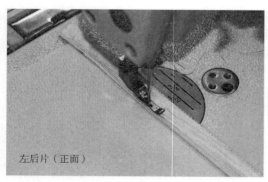

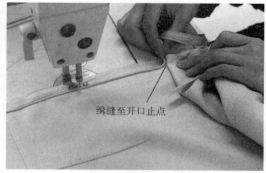

图7-16 绱拉链——左后片

②拉上拉链，在拉链的右侧的领口、腰线、开口止点处画上对位标记（图7-17）。

③拉开拉链，从开口止点开始沿着链牙的边缘缉缝画好标记的右侧拉链；缉过腰线7~8cm之后拉上拉链，检查腰线十字缝是否对齐（图7-18）；然后拉开拉链，继续将拉链绱完。

④拉上拉链，将后中缝劈开烫平、拉链处烫平，正面效果如图7-19所示。

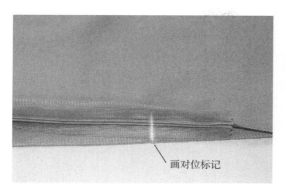

图 7-17　画对位标记

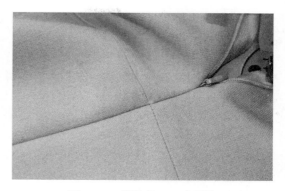

图 7-18　绱拉链——右后片

（11）缝合肩缝：

①分别将衣身与贴边的前、后肩缝合在一起（图 7-20、图 7-21）。

②分别将衣身与贴边的肩缝劈开烫平（图 7-22、图 7-23）。

（12）绱贴边：

①贴边与衣片领口对齐，核对贴边与衣身领口的大小。

②缉后中：后贴边与拉链边缘对齐，留0.5cm 宽缝份，从领口向下缉缝至距贴边下

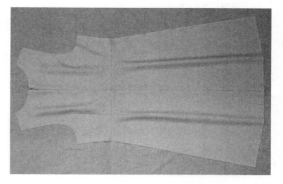

图 7-19　绱完拉链的正面效果

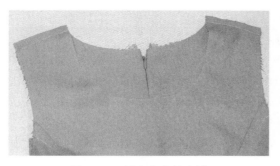

图 7-20　缝合衣身的肩缝

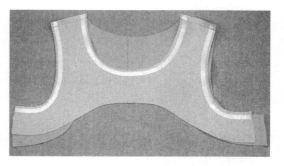

图 7-21　缝合贴边的肩缝

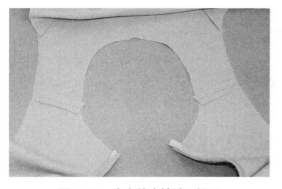

图 7-22　衣身的肩缝劈开烫平

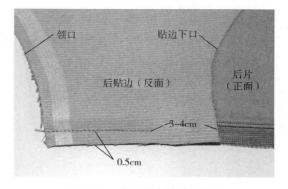

图 7-23　贴边的肩缝劈开烫平

口 3~4cm 的位置（图 7-24）、缉完后中的正面效果见图 7-25。

③缉领口：将后中缝份倒向贴边一侧，包紧拉链，贴边与裙片领口对齐，沿领口净线缉缝一周（图 7-26）。

④修剪止口：将领口贴边的缝份剪掉 0.7cm，剩余 0.3cm（图 7-27）。

⑤反压 0.1cm 明线：将贴边打开，缝份倒向贴边一侧，在贴边上缉 0.1cm 宽的明线（图 7-28）；缉完明线的效果如图 7-29 所示。

⑥烫领口：将正面翻出，熨烫领口，贴边不可反吐（图 7-30）。

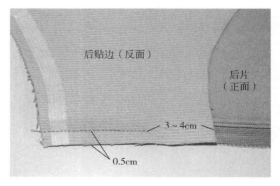

图 7-24　绱贴边——缉后中

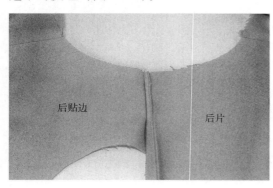

图 7-25　绱贴边——后中正面效果

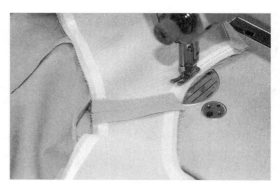

图 7-26　绱贴边——缉领口

图 7-27　绱贴边——修剪止口

图 7-28　贴边上缉 0.1cm 明线

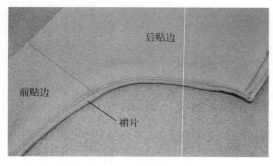

图 7-29　缉完明线的效果

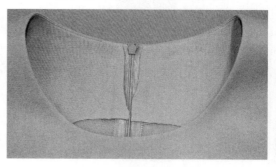

图 7-30　熨烫后的领口效果

（13）固定贴边：

①将衣身与贴边摆放平服、松紧适度，用珠针别住固定（图7–31）。

②将袖窿缝份修剪整齐，之后再将珠针拔掉。

（14）处理袖窿（以左侧为例）：

①缉缝前袖窿：衣身与贴边正面相对、边缘对齐，衣身在上、贴边在下，从距侧缝2cm左右的位置开始，沿袖窿净线缉缝（图7–32）。缝至距袖窿省5cm左右的位置时，衣身与贴边渐渐错开至0.2cm（图7–33），继续缉缝至肩缝（图7–34）。

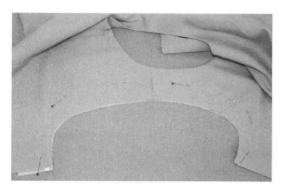

图7–31　固定贴边

图7–32　衣身与贴边边缘对齐缉缝

图7–33　衣身与贴边边缘渐渐错开缉缝

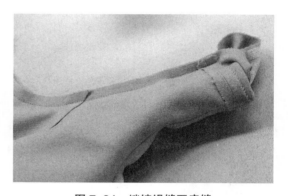

图7–34　继续缉缝至肩缝

②掏出正面（图7–35）。

③缉缝后袖窿：参照缉缝前袖窿的方法。

④修剪袖窿缝份（图7–36）：将袖窿贴边的缝份剪掉0.7cm，剩余0.3cm。

⑤缝合衣身的侧缝：前、后片正面相对，按1cm缝份缉缝，袖窿、腰线、底边要对齐。

⑥缝合贴边的侧缝：前、后贴边正面相对，按1cm缝份缉缝。

⑦分别将衣身与贴边的缝份劈开烫平。

⑧将袖窿底未缝的部分缝好。

⑨反压0.1cm明线：将贴边打开，缝份倒向贴边一侧，在贴边上缉0.1cm宽的明线（图7–37）。

⑩熨烫袖窿：将正面翻出，熨烫袖窿，贴边不可反吐（图7–38）。

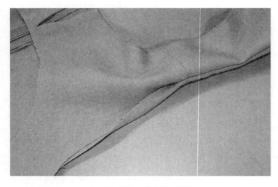

图 7-35　掏出正面

图 7-36　修剪袖窿缝份

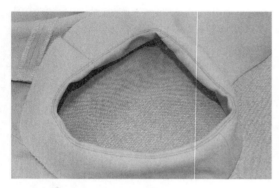

图 7-37　贴边缉缝 0.1cm 明线

图 7-38　熨烫袖窿

2. 制作裙里

（1）缝合裙里：

①缉缝固定省道：反面朝外，将省道
对折、倒向中心方向，沿腰线缉缝固定（图
7-39）。

②合腰线：将衣身片和裙片正面相对，
缝合腰线。

③包缝机锁边：裙片放在上层，用包缝
机锁缝腰线；缝份倒向衣身一侧，正面朝上，
用包缝机锁后中缝。

图 7-39　缉缝固定省道

④先缝合后中缝：从开口止点向下 1cm
处开始，缝至底边；再缝合侧缝：前、后片正面相对，按 1cm 缝份缉缝。

⑤前片在上，用包缝机锁侧缝。

⑥将后中缝劈开，烫出腰省，腰缝份向上烫倒，侧缝缝份向后身方向烫倒，同时留出
0.3cm 的"眼皮"（图 7-40）。

⑦用卷边缝的方法将底边缉好。

（2）绱裙里：

①贴边与裙里正面相对，按 1cm 缝份缉缝。翻出正面，将缝份烫平（图 7-41）。

图 7-40 熨烫裙里

图 7-41 缉缝贴边与裙里、烫平缝份

②处理开口：后中开口处裙面与裙里正面相对，从贴边处开始从上向下按 0.5cm 的缝份缉缝（图 7-42），将开口两侧分别缉好。

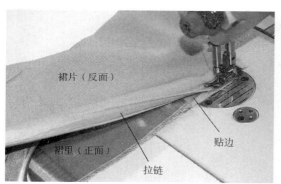

裙片（反面）

贴边

裙里（正面）

拉链

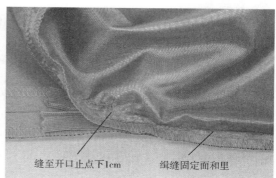

缝至开口止点下 1cm

缉缝固定面和里

图 7-42 处理开口处裙里

3. 处理底边

（1）扣烫底边折边：折边宽窄要一致，要归拢熨烫，不可出现波浪状。

（2）三角针固定折边：三角针的针脚要均匀，缝线松紧要适当，裙子表面不可有针窝。

（3）拉线襻：在侧缝处拉线襻将裙里与裙面固定在一起。

4. 整烫

剪掉所有的缝纫线头，在反面将裙里烫平，整烫正面时要垫上水布，以免出现亮光。正面先熨烫领口、袖窿、上身，再熨烫裙身，最后熨烫裙底边。背心裙的成品效果如图 7-43 所示。

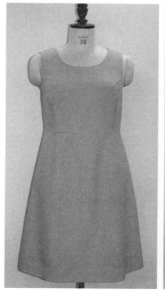

图 7-43 背心裙成品效果

第五节　背心裙成品检验

背心裙外观检验请参照第一单元第一章第五节。

一、规格尺寸检验

（1）总裙长：从颈侧点、经过胸点（BP）量至底边，极限误差为 ±1cm。
（2）胸围：拉好拉链，把裙子摊平，水平量胸围，一周的极限误差为 ±2cm。
（3）腰围：拉好拉链，把裙子摊平，水平量腰围，一周的极限误差为 ±1cm。

二、工艺检验

（1）领口、袖窿是否圆顺，腰线是否顺畅，侧缝与腰节缝、后中缝与腰节缝的十字交叉处是否对齐。
（2）省道的倒向是否正确，省尖处是否出现小窝。
（3）面、里是否平服。
（4）拉链处左、右片是否等长，拉链下端是否平服。
（5）底边折边宽窄是否一致，三角针是否符合要求，线襻位置是否正确、牢固。
（6）裙里的底边与裙面的底边距离是否相等，裙里底边的宽窄是否一致、明线是否符合要求。

练习与思考题

1. 测量自己或他人的尺寸，确定成品规格，绘制背心裙的结构图（制图比例 1 : 1）。
2. 绘制背心裙的面料纸样、里料纸样（制图比例 1 : 1）。
3. 用格子面料裁剪背心裙时，除了一般的要求外，你认为腰线处上半截与下半截如何处理较好？
4. 背心裙的工艺要求有哪些？
5. 背心裙的缝制工艺流程如何编写？
6. 如何才能把领口和袖窿贴边绱好？
7. 整烫时要注意哪些事项？熨烫哪些部位？
8. 总结学习背心裙的重点和难点有哪些。
9. 将背心裙穿在身上，对着镜子，仔细观察前、后、左、右各个方向，看领口和袖窿是否与人体伏贴、腰线是否水平、底边是否与地面平行。若不是，请分析是纸样的原因还是制作时走样，并进行修正。

本单元小结

■本单元学习了西服裙、A 型裹裙、育克褶裙、斜裙、背心裙结构图的绘制方法，纸样的绘制方法，排料与裁剪的方法，梳理了各款式的制作工艺流程，详细介绍了制作顺序和方法。

■通过本单元的学习，要求学生能够绘制裙子的结构图及打板，掌握排料的方法和规律，学会编写制作工艺流程，能根据不同款式制定检验细则。

■通过本单元的学习，要求学生抓住制作中的重点，掌握以下制作工艺：

1.各种拉链的绱法。

2.西服裙后开衩的制作方法。

3.普通腰头的绱法。

4.腰贴边的制作方法。

5.背心裙贴边的制作方法。

第三单元

裤　子

　　本单元主要介绍男西裤、休闲男裤、连腰女裤的纸样设计与制作工艺。通过本单元教学，学生应该掌握男、女裤结构图的绘制方法、纸样的绘制方法，能够正确计算用料量；掌握裤子的制作方法，能够编写制作工艺流程、制定工艺标准，了解成品检验知识。

第八章 男西裤

教学内容： 男西裤结构图的绘制方法 /4 课时
男西裤纸样的绘制方法 /2 课时
男西裤的排料与裁剪 /2 课时
男西裤的制作工艺 /31 课时
男西裤成品检验 /1 课时

课程时数： 40 课时

教学目的： 培养学生动手解决实际问题的能力，提高学生效率意识和规范化管理意识，为今后的款式设计、工艺技术标准的制定、成本核算等打下良好的基础。

教学方法： 集中讲授、分组讲授与操作示范、个性化辅导相结合。

教学要求： 1. 能通过测量人体得到男西裤的成品尺寸规格，也能根据款式图或照片给出成品尺寸规格。

2. 在老师的指导下绘制 1：1 的结构图，独立绘制 1：1 的全套纸样。

3. 在学习男西裤的加工手段、工艺要求、工艺流程、工艺制作方法、成品检验等知识的过程中，需有序操作、独立完成。

4. 完成一份学习报告，记录学习过程，归纳和提炼知识点，编写男西裤的制作工艺流程，写课程小结。

教学重点： 1. 前片绷缝裤里、后片绷缝裤底

2. 拔裆——熨烫塑型的方法

3. 男西裤双嵌线后袋的制作方法

4. 男西裤侧缝斜插袋的制作方法

5. 男西裤大裆缝的缝合及熨烫方法

6. 男西裤做门襟、绱拉链的方法

7. 男西裤绱腰头、缉串带襻的方法

此款男西裤，开口在前中，左侧是门襟，右侧是里襟。侧面有斜插口袋，后面有双嵌线挖袋，腰部合体，有六个串带襻，臀部合体，裤腿呈直筒型（图8-1）。

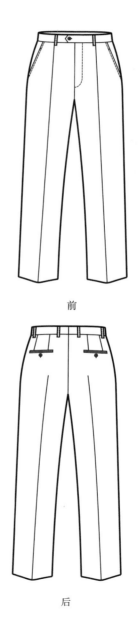

前

后

图 8-1　男西裤款式图

适合制作男西裤的面料有纯毛精纺、毛混纺、化纤仿毛等织物，此款男西裤使用的面料为纯毛织物，里料为涤纶斜纹绸，所有用料如表 8-1 所示。素色面料（幅宽 150cm）的用料计算方法为：裤长 +11~15cm。幅宽小于 150cm 时，以实际用料为准。

表 8-1　男西裤用料

材料名称	用量	材料名称	用量
纯毛织物	幅宽 150cm，料长 115cm	无纺黏合衬	少量
涤纶斜纹绸	幅宽 150cm，料长 65cm	拉链	1 条
涤棉布	幅宽 90cm，料长 80cm	挂钩	1 副
彩色涤纶绸	少量	纽扣	20L（直径 12.5mm），4 个
腰头衬（有胶树脂衬）	95cm	缝纫线	适量
腰里衬（无胶树脂衬）	少量		

第一节　男西裤结构图的绘制方法

一、男西裤成品规格的制定

在量体的同时加放适当的松量，得到成品尺寸即成品规格（表 8-2）。

表 8-2　男西裤成品规格（号型：175/80A）　　　　　　　　单位：cm

部位	裤长	立裆	腰围（W）	臀围（H）	裤口宽
尺寸	103	27	82	104	21

（1）裤长：穿上合适的鞋子，从侧面测量，以腰带的上沿为起点，向下量至地面以上 3cm。

（2）立裆：在大腿根部系一根带子，调至水平。从侧面测量，以腰带的上沿为起点，向下量至带子所在的位置。

（3）腰围：水平围量系腰带的位置一周，加放松量 2cm 所得尺寸。

（4）臀围：水平围量臀部最丰满处一周，加放 10cm 松量。通常加放 8~10cm 为偏瘦型，12~14cm 为合体型，14~16cm 为较宽松型，16cm 以上的为宽松型。

（5）裤口宽：根据裤型而定。

二、男西裤结构图的绘制过程

男西裤结构图采用比例法绘制而成（图 8-2），图中的立裆、W、H 等尺寸都是成品尺寸，即已经包含放松量。作图的主要过程如下。

1. 前片

（1）画出上平线（腰围线 WL）、前片基准线（裤长 –3.5cm）、下平线（裤口线）。

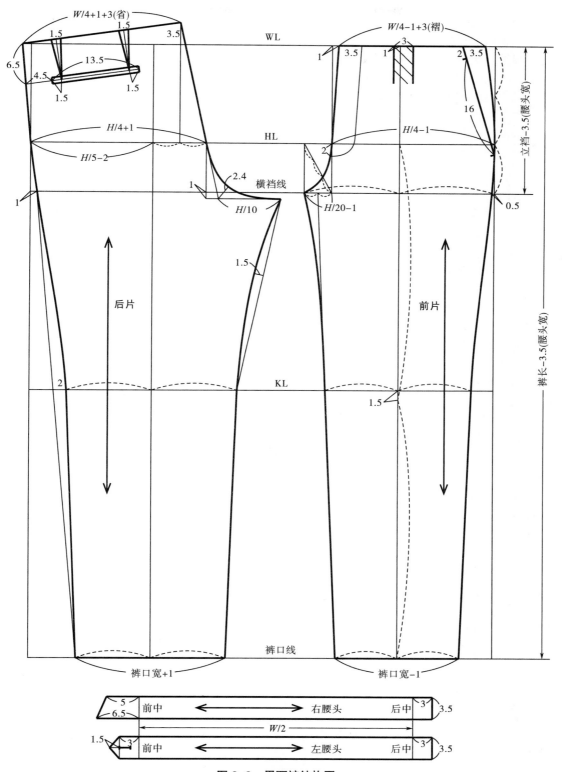

图8-2 男西裤结构图

（2）画出横裆线（立裆 –3.5cm）。

（3）画出臀高线（HL）。

（4）画出中裆线（KL）。

（5）画出前臀围（H/4–1cm）、前中心线、前中撇势 1cm。

（6）画出前腰围（W/4–1cm+ 褶量）、侧缝线的上半段。

（7）画出小裆宽（H/20–1cm）、小裆弯线。

（8）画出前裤中线（也叫作挺缝线或烫迹线）。

（9）画出前裤口（裤口宽 –1cm）、下裆线、侧缝线的下半段。

（10）画出腰褶、袋口、门襟。

2. 后片

（1）延长上平线、臀高线、横裆线、中裆线、下平线，画出后片基准线。

（2）画出后臀围（H/4+1cm）。

（3）画出后裤中线（H/5–2cm）。

（4）画出后翘高 3.5cm。

（5）画出后裆倾斜线、大裆下移线、大裆弯线。

（6）画出后腰围（W/4+1cm+ 省量）、侧缝线的上半段。

（7）画出后裤口（裤口宽 +1cm）、下裆线、侧缝线的下半段。

（8）画出袋口、腰省。

3. 腰头

（1）腰头宽：设计宽度为 3.5cm。

（2）腰长 =W/2+ 门 / 里襟长 +3cm。

第二节　男西裤纸样的绘制方法

　　男西裤的面料毛板共 13 片，包括前片、后片、左腰面、右腰面、过腰、门襟贴边、里襟面、侧缝垫袋布、后袋上嵌线、后袋下嵌线、后袋垫袋布、串带襻、贴脚条。其他纸样参看第三节"男西裤的排料与裁剪"中的"二、辅料裁剪"。

一、裤片毛板

　　根据结构图绘制前、后裤片的毛板（图 8–3）。

二、侧缝袋布、侧缝垫袋布毛板

　　在前片毛板的基础上绘制侧缝斜插袋的袋布、垫袋布，分别将其形状取出，绘制成毛板（图 8–4）。

三、腰头样板

　　根据腰头尺寸绘制左、右腰衬净板，左、右腰面毛板，过腰毛板，腰里按图示尺寸直接打毛板。

　　根据腰头尺寸绘制腰衬净板（图 8–5 ①、②）。在腰衬净板的周围加出缝份，形成左、右腰面毛板（图 8–5 ③、④）。过腰毛板按图示尺寸直接画出（图 8–5 ⑤）。腰里由 A、

B、C、D 及腰里衬组成，按图示尺寸直接打毛板（图 8-5 ⑥、⑦、⑧、⑨、⑩）。

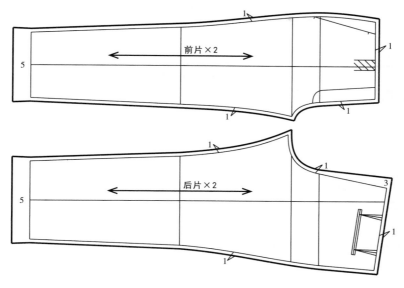

图 8-3 裤片毛板

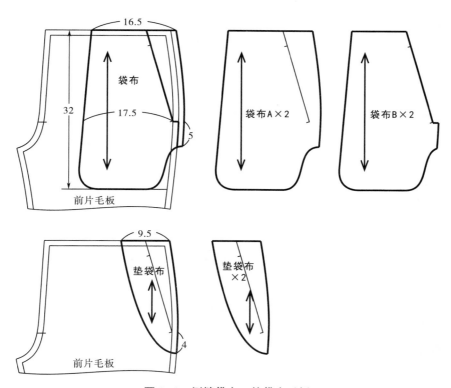

图 8-4 侧缝袋布、垫袋布毛板

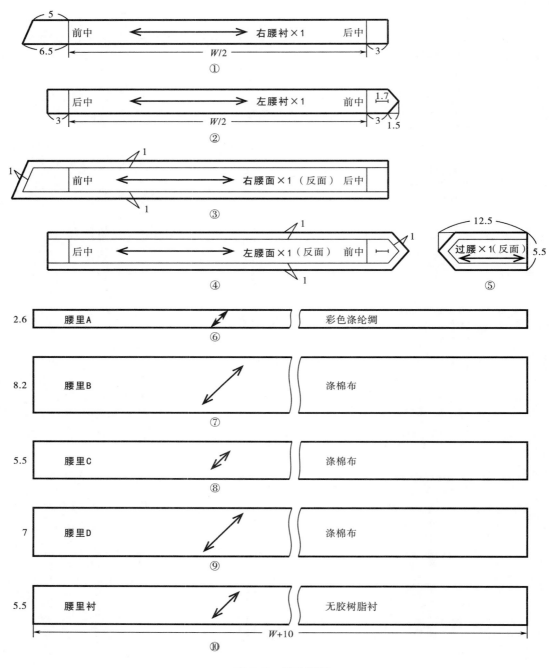

图8-5 腰头样板

四、门襟样板

在男西裤结构图的基础上绘制门襟净板，在门襟净板的基础上绘制门襟贴边毛板、里襟面毛板、里襟里毛板（图8-6）。

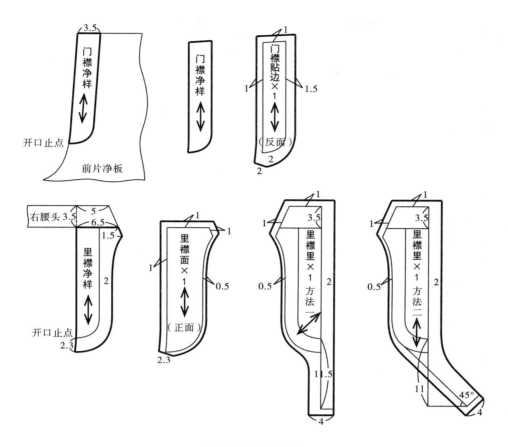

图8-6 门襟样板

五、后袋布、嵌线、垫袋布毛板

在后片毛板的基础上绘制后袋的袋布、垫袋布,分别将其形状取出,绘制成毛板。上、下嵌线按图示尺寸直接打毛板(图8-7)。

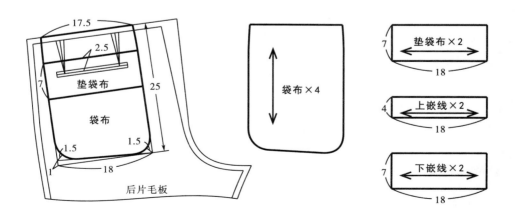

图8-7 后袋布、嵌线、垫袋布毛板

六、串带襻、贴脚条毛板

按图 8-8 所示尺寸制作样板，内轮廓为制作完成之后的尺寸和形状，外轮廓为毛板。

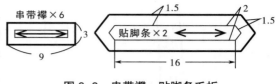

图 8-8　串带襻、贴脚条毛板

七、里料毛板

1. 前片里子毛板

覆在前裤片里面，起到保型的作用。在前片毛板的基础上绘制里子毛板，要注意纱向（图 8-9）。若膝盖绸采用与裤片相同的纱向，洗涤后里料比面料的缩量大，会造成面、里不伏贴的现象。

2. 后片裤底毛板

在后片毛板的基础上绘制裤底毛板，注意要正确地标注纱向符号（图 8-10）。

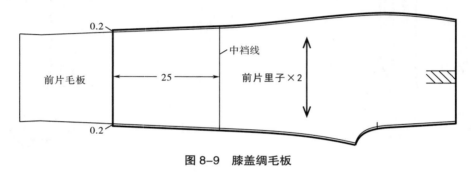

图 8-9　膝盖绸毛板

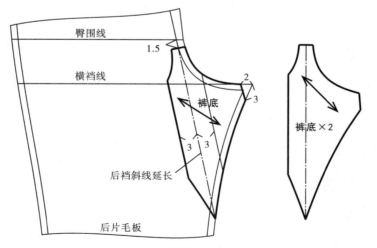

图 8-10　后片裤底毛板

八、黏合衬毛板

使用黏合衬的位置包括：里襟面、门襟贴边、后袋袋口、后袋上嵌线、后袋下嵌线。其中里襟面、门襟贴边衬样板与面料毛板相同，各裁一片，裁剪时要注意黏合衬的正反面；后袋袋口、上、下嵌线的衬板相同，长 18cm，宽 4cm。

九、工艺纸样

工艺纸样包括侧缝垫袋净板和门襟净板。

第三节　男西裤的排料与裁剪

一、面料排料与裁剪

面料的排料方法如图 8-11 所示。

门襟贴边、里襟面和过腰只需裁剪 1 片，将面料对折，裁剪完其他各片后，将面料对折位置打开，再单层裁剪门襟贴边、里襟面和过腰，裁剪时一定要注意门襟贴边和里襟面的方向。

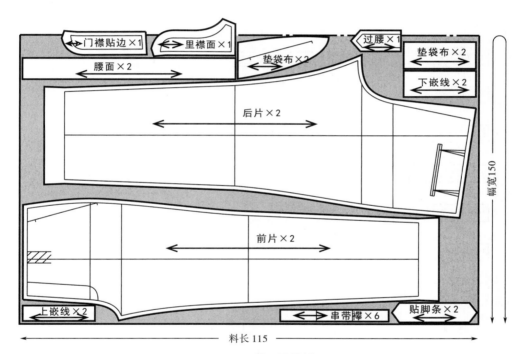

图 8-11　男西裤排料图

二、辅料裁剪

（1）涤纶斜纹绸：裁剪前片里子、后片裤底。

（2）涤棉布：裁剪里襟里、侧缝袋布、后袋布、腰里 B、C、D。

（3）腰头衬：用树脂衬裁剪。

（4）彩色涤纶绸：裁剪腰里 A。

（5）无纺衬：裁剪后袋袋口、后袋上嵌线、后袋下嵌线。

（6）腰里衬：用比腰头衬稍软的树脂衬裁剪。

第四节　男西裤的制作工艺

一、男西裤制作工艺流程（图 8-12）

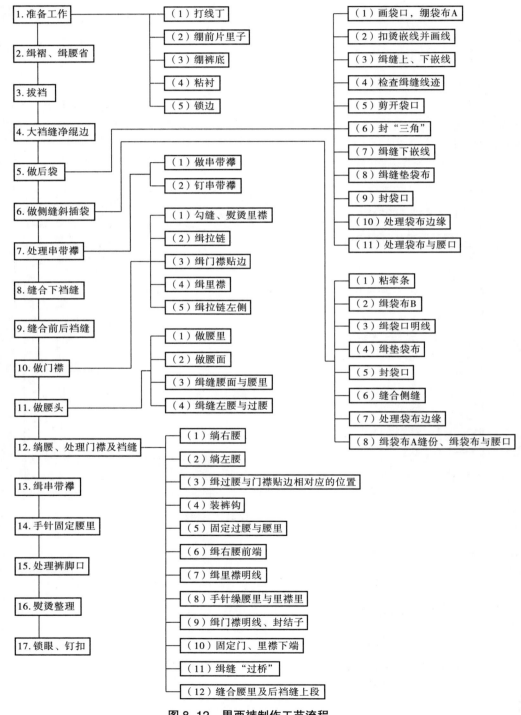

1. 准备工作
- （1）打线丁
- （2）绷前片里子
- （3）绷裤底
- （4）粘衬
- （5）锁边

2. 缉褶、缉腰省

3. 拔裆

4. 大裆缝净绲边

5. 做后袋
- （1）画袋口，绷袋布 A
- （2）扣烫嵌线并画线
- （3）缉缝上、下嵌线
- （4）检查缉缝线迹
- （5）剪开袋口
- （6）封"三角"
- （7）缉缝下嵌线
- （8）缉缝垫袋布
- （9）封袋口
- （10）处理袋布边缘
- （11）处理袋布与腰口

6. 做侧缝斜插袋
- （1）做串带襻
- （2）钉串带襻

7. 处理串带襻
- （1）勾缝、熨烫里襟
- （2）缉拉链
- （3）缉门襟贴边
- （4）缉里襟
- （5）缉拉链左侧

- （1）粘牵条
- （2）缉袋布 B
- （3）缉袋口明线
- （4）缉垫袋布
- （5）封袋口
- （6）缝合侧缝
- （7）处理袋布边缘
- （8）缉袋布 A 缝份、缉袋布与腰口

8. 缝合下裆缝

9. 缝合前后裆缝

10. 做门襟
- （1）做腰里
- （2）做腰面
- （3）缉缝腰面与腰里
- （4）缉缝左腰与过腰

11. 做腰头

12. 绱腰、处理门襟及裆缝
- （1）绱右腰
- （2）绱左腰
- （3）缉过腰与门襟贴边相对应的位置
- （4）装裤钩
- （5）固定过腰与腰里
- （6）缉右腰前端
- （7）缉里襟明线
- （8）手针缲腰里与里襟里
- （9）缉门襟明线、封结子
- （10）固定门、里襟下端
- （11）缉缝"过桥"
- （12）缝合腰里及后裆缝上段

13. 缉串带襻

14. 手针固定腰里

15. 处理裤脚口

16. 熨烫整理

17. 锁眼、钉扣

图 8-12　男西裤制作工艺流程

二、男西裤制作工艺方法

1. 准备工作

（1）打线丁：在前裤片的袋口、褶位、开口止点、裤口折边处打线丁，在后裤片的省道、袋位、后裆缝、裤口折边处打线丁。

（2）绷前片里子：用卷边缝方法缝前片里子的下口；前片里子、前裤片反面相对，前片里子在上，边缘用手针绷缝固定，宽度方向里比面要稍微松一些（图8-13）。

图8-13　绷前片里子

（3）绷裤底：将裤底折叠熨烫后覆在后裤片的反面，边缘用手针绷缝固定（图8-14）。

（4）粘衬：在后袋上嵌线、后袋下嵌线、门襟贴边、里襟面的反面粘贴无纺衬（图8-15）。

（5）锁边：前裤片的侧缝、裤口、下裆缝、前裆缝锁边，但左侧的前裆缝只锁下半段。后裤片的侧缝、裤口、下裆缝锁边。侧缝垫袋布、下嵌线、后袋垫袋布、里襟面的里侧用包缝机锁边（图8-16）。

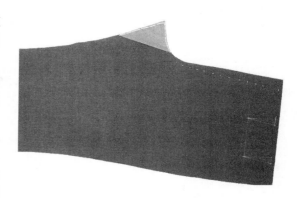

图8-14　绷缝裤底

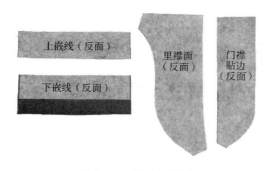

图8-15　粘贴无纺衬

图8-16　包缝机锁边

2. 缉褶、缉省道

缉缝前片褶，缉缝后片省道。

3. 拔裆

推归拔烫裤片，专业术语叫作"拔裆"。通过收省和熨烫可以使平面的裤片变得立体，

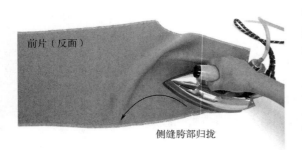

前片（反面）

侧缝胯部归拢

图 8-17　前片侧缝胯部归拢

符合人的体型；另外可以适应人体抬腿、跨步、弯腰等动作，防止做这些动作时裤裆绽线。

（1）前片：在反面，将腰褶向前中心方向烫倒。侧缝胯部归拢熨烫，如图 8-17 所示；将侧缝与下裆缝对齐，拔烫中裆部位，尽量烫成直线，并熨烫挺缝线，如图 8-18 所示；按袋口线丁扣烫袋口。两个前片熨烫效果要一致。

熨烫挺缝线

侧缝与下裆缝对齐，尽量烫成直线

图 8-18　拔烫侧缝与下裆缝

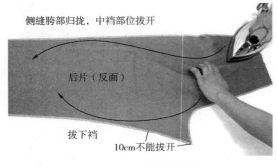

侧缝胯部归拢，中裆部位拔开

后片（反面）

拔下裆

10cm不能拔开

图 8-19　拔烫后裤片

（2）后片：在反面，将腰省向后中心方向烫倒，侧缝胯骨部位归拢，大裆拐弯处要拔开，中裆部位适量拔开，如图 8-19 所示。侧缝与下裆缝对齐，尽量烫成直线。两个后片熨烫效果要一致，然后在袋口处粘贴无纺衬（图 8-20）。

图 8-20　拔烫好的后裤片

4. 大裆缝净绲边

后片大裆缝做净绲边处理（图 8-21），方法参照第一单元第二章第二节。

5. 做后袋

以右侧后袋为例讲解，左侧与其对称制作即可。

（1）画袋口、绷袋布 A：在后裤片的正面用消失划粉画出袋口线（图 8-22）。在反面，将袋布 A 绷缝固定，袋布与袋口的位置关系要准确（图 8-23）。

图 8-21　大裆缝做净绲边

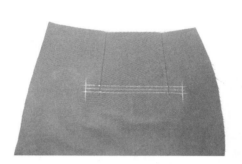

图 8-22　在正面画出袋口位

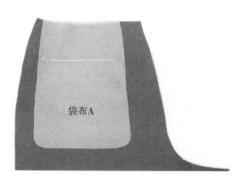

图 8-23　绷缝袋布 A

（2）扣烫嵌线并画线：将上嵌线对折熨烫，下嵌线粘衬的一侧扣烫 2cm（图 8-24）；分别在上、下嵌线布上画好嵌线宽度 0.5cm、袋口 13.5cm（图 8-25）。

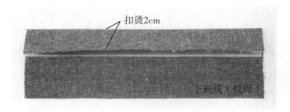

图 8-24　扣烫下嵌线

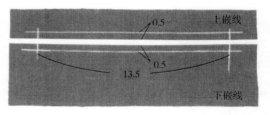

图 8-25　在嵌线布上画线

（3）缉缝上、下嵌线：在后片的正面将上嵌线布上的线对准袋口的上线缉缝（图 8-26①），下嵌线布上的线对准袋口的下线缉缝（图 8-26②），缉线的起始点和终止点务必打倒针缝牢。

（4）检查缉缝线迹：从反面检查两条缉线是否平行，两端是否对齐、是否牢固（图 8-27）。

（5）剪开袋口：掀开上、下嵌线布，在中间把袋口剪开，在距离两端 1cm 处剪成三角状，剪到线的根部，但不能把线剪断（图 8-28）。

（6）封"三角"：将嵌线布翻向后片的反面，熨烫平整，将袋口摆正，掀起裤片和袋布，将"三角"缉住，要缉两至三道线（图 8-29）。

（7）缉缝下嵌线：将下嵌线布缉在袋布 A 上（图 8-30），线要缉在包缝线迹上。

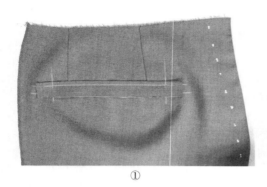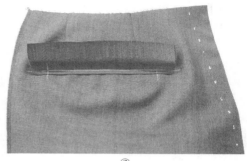

①   ②

图 8-26　缉上、下嵌线

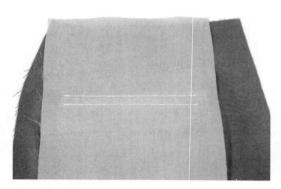

图 8-27　从反面检查缉线

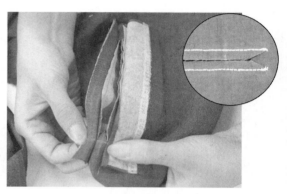

图 8-28　剪开袋口

图 8-29　封"三角"

下嵌线

袋布 A

图 8-30　缉下嵌线

（8）缉缝垫袋布：将袋布 A 与袋布 B 对齐，比好垫袋布的位置，将垫袋布缉在袋布 B 上（图 8-31），线要缉在包缝线迹上。

（9）封袋口：将袋布 B 与袋布 A 对齐，将裤片、袋布摆平顺，从袋口一侧开始、沿"三角"根部缉缝三道线，旋转 90°，缉袋口上端，再旋转 90°，沿"三角"根部缉袋口另一侧，缝三道线（图 8-32）。封好袋口后的效果如图 8-33 所示。

（10）处理袋布边缘：将袋布 B 与袋布 A 按 0.4cm 缝份缉在一起，然后在边缘做净绲边，最后在绲边的旁边缉一圈明线（图 8-34）。

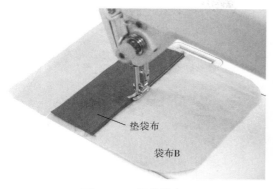

图 8-31　缉垫袋布

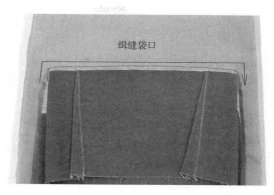

图 8-32　封袋口

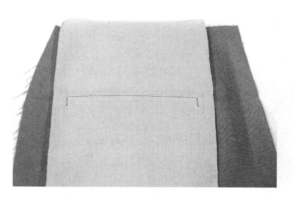

图 8-33　封袋口效果

图 8-34　处理袋布的边缘

（11）处理袋布与腰口：将袋布与腰口缉在一起，剪掉袋布超出腰口的多余部分。

6. 做侧缝斜插袋

以右侧袋为例讲解，左侧与其对称制作即可。

（1）粘牵条：在袋布 B 的袋口处粘上直丝牵条（图 8-35）。

图 8-35　袋口处粘牵条

（2）缉袋布 B：将袋布 B 放在前裤片的下面，这时袋布 B 的边缘与袋口烫痕要对齐。在包缝线迹上，将二者缉缝在一起（图 8-36）。

（3）缉袋口明线：在袋口边缘缉 0.6cm 宽的明线（图 8-37）。

（4）缉垫袋布：将垫袋布缉在袋布 A 上，线要缉在包缝线上，但下面一小段不要缉（图 8-38）。

（5）封袋口：将袋布 A 与袋布 B 对齐、裤片摆顺，封袋口的下端、上端，要缉缝五道线并重叠在一起。袋口上端以上的部分缉 0.1cm 宽的明线（图 8-39）。

（6）缝合侧缝：掀开袋布，将前、后裤片的侧缝对齐，缝合侧缝，在袋布 B 上打剪口（图 8-40）。掀开袋布 B，将前、后裤片的侧缝对齐，继续缝合侧缝（图 8-41）。然后将侧缝劈开烫平，熨烫时胯部要归拢，中裆要适当拔开。

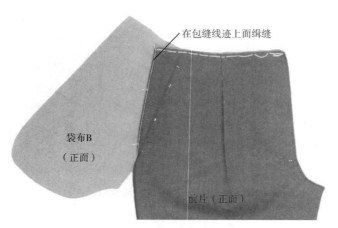

在包缝线迹上面缉缝

袋布B
（正面）

前片（正面）

图 8-36　在包缝线迹上缉袋布 B

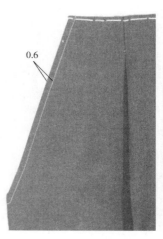

0.6

图 8-37　缉袋口明线

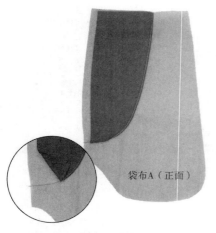

袋布A（正面）

图 8-38　缉侧缝袋布的垫袋布

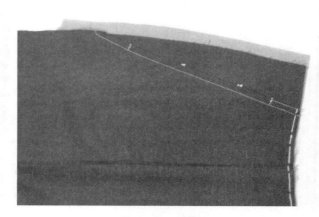

图 8-39　封袋口

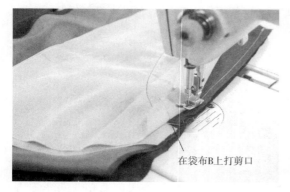

在袋布B上打剪口

图 8-40　缝合侧缝、在袋布 B 上打剪口

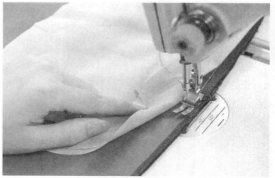

图 8-41　缝合侧缝

（7）处理袋布边缘：按 0.4cm 缝份缉缝袋布边缘，然后做净绲边，最后再缉一圈明线。

（8）缉袋布 A 缝份、缉袋布与腰口：扣折袋布 A 侧缝部位 1cm 缝份，与后片侧缝缝份对齐，并沿边缘缉缝固定；在腰口处将袋布与前片固定在一起，剪掉袋布超出腰口的多余部分。完成后的效果如图 8-42 所示。

7. 处理串带襻

（1）做串带襻：如图 8-43 所示，①把串带襻缉成筒状，②缝份分开烫平，③翻出正面烫平，④两边各缉 0.1cm 宽的明线。做 6 个串带襻，每个毛长 9cm、净宽 1cm。

（2）钉串带襻：将串带襻与腰口边缘对齐缉缝，串带襻的位置：左、右前片褶裥处各 1 个，距后裆缝左、右 3cm 处各 1 个，前、后串带襻之间二分之一处左右各 1 个（图 8-44）。

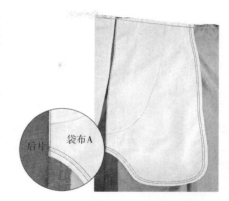

图 8-42　侧缝口袋完成后的效果

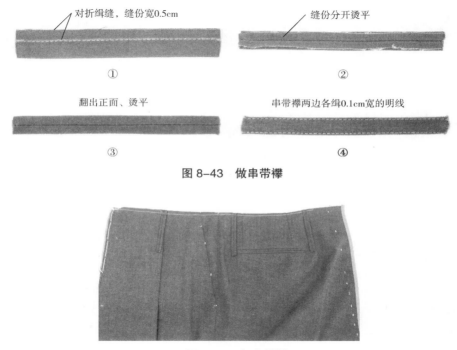

对折缉缝，缝份宽0.5cm

①

缝份分开烫平

②

翻出正面、烫平

③

串带襻两边各缉0.1cm宽的明线

④

图 8-43　做串带襻

图 8-44　钉串带襻

8. 缝合下裆缝

将下裆缝缝合，缝份劈开烫平。翻出裤腿的正面，熨烫后裤中线，后裤中线上部烫至臀围线处，横裆线以上部位要烫出臀围凸势，在横裆线稍下处要归拢熨烫（图 8-45）。

图 8-45　缝合下裆缝、烫裤腿

9. 缝合前后裆缝

将两裤腿正面相对，后裆缝对齐，从后腰口向下5cm处开始，沿着裆缝线丁缝至前片开口止点处，裆底部要重合绲缝两道线。

10. 做门襟

（1）勾缝、熨烫里襟：勾里襟如图8-46①所示，缝份宽0.5cm；勾完之后的效果如图8-46②所示，翻出正面熨烫（图8-46③），里襟里下端两边均扣烫1cm。

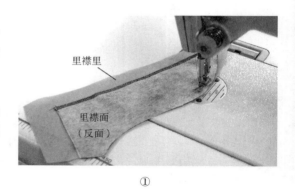

①

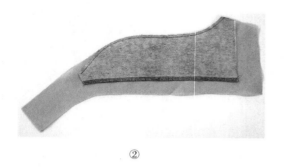

②

③

图8-46　勾缝、熨烫里襟

（2）绲拉链：拉链边缘与里襟面边缘错开0.5cm，将拉链绲在里襟面的正面上（图8-47）。

（3）绲门襟贴边：在门襟贴边的外侧做净绲边（图8-48），将门襟贴边绲在左侧开口处（图8-49），将缝份倒向门襟贴边一侧，压绲0.1cm宽的明线（图8-50）。

图8-47　绲拉链

图8-48　门襟贴边做净绲边

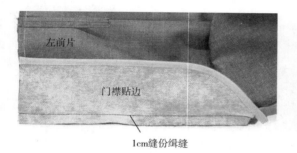

图8-49　绲门襟贴边

图8-50　绲门襟贴边明线

（4）缉里襟：将里襟与裤片正面相对，缉在一起（图 8-51）。

（5）缉拉链左侧：将门襟、里襟摆顺，将拉链的左侧缉在门襟贴边上（图 8-52①），要缉两道明线（图 8-52②）。

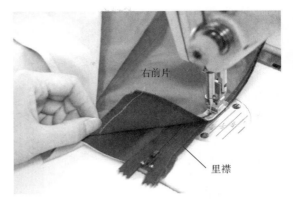

图 8-51　缉里襟

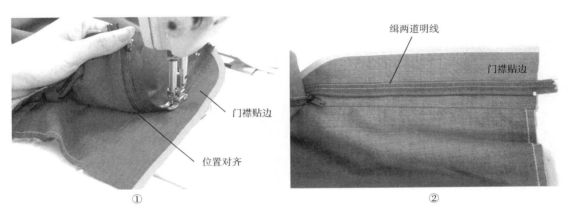

①　　　　　　　　　　②

图 8-52　缉拉链左侧

11. 做腰头

（1）做腰里：将腰里 A、B、D 对折熨烫，再将腰里衬插在腰里 D 中间，然后将腰里 A、B、C、D 毛边对齐，连同腰里衬五部分缉缝在一起（图 8-53）；将腰里 C 向上翻烫，包住腰里衬，扣烫整齐，如图 8-54 所示。

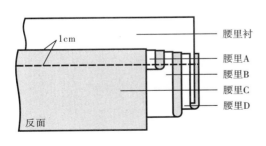

图 8-53　A、B、C、D 及腰里衬缉缝在一起

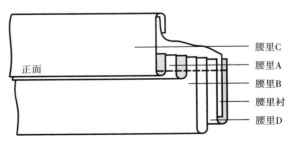

图 8-54　翻烫腰里 C

（2）做腰面：将腰头衬粘在腰面的反面，然后扣烫上口（图8-55）。

（3）缉缝腰面与腰里：将扣烫好的腰面上口的缝份展开，再将做好的腰里压在腰面上口的缝份上沿边缉缝，腰里的边缘距离腰面上口的烫痕0.2cm，明线宽0.1cm（图8-56）。然后将腰面与腰里烫好（图8-57）。

（4）缉缝左腰与过腰：将左腰与过腰勾缉在一起，翻出正面熨烫，过腰不要反吐（图8-58）。

12. 绱腰、处理门襟及裆缝

（1）绱右腰（图8-59）：腰面与裤片正面相对，腰头在上、裤片在下，从后中向前中方向缉缝，缝线要离开腰头衬边缘0.1cm。

（2）绱左腰：将过腰的反面翻出来，将左侧腰头延伸的部分摆好，腰面与裤片正面相对，从前中点开始缉缝，将左腰绱在腰口上。

（3）缉过腰与门襟贴边相对应的位置：将过腰正面与门襟贴边正面相对、前中心点对齐，按1cm缝份缉缝（图8-60），背面效果如图8-61所示。

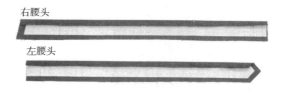

图 8-55　做腰面

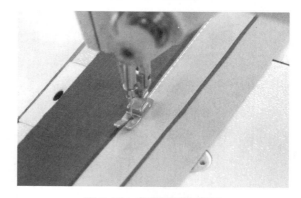

图 8-56　缉缝腰面与腰里

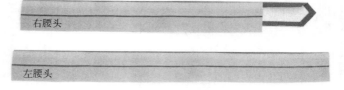

图 8-57　熨烫腰面与腰里

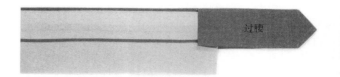

图 8-58　过腰的效果

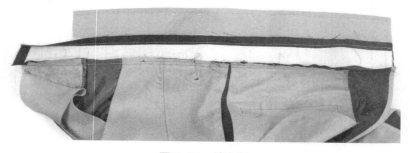

图 8-59　绱右腰

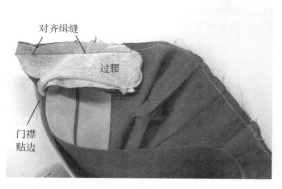

图 8-60　缉过腰与门襟贴边相对应的位置

图 8-61　左腰的背面效果

（4）装裤钩：掀起腰面，将裤钩装在左腰的过腰里侧（图 8-62①）；将裤襻装在右腰上（图 8-62②）。

（5）固定过腰与腰里：将过腰与腰里相接的地方扣净，掀开腰面，缉缝固定（图 8-63）。

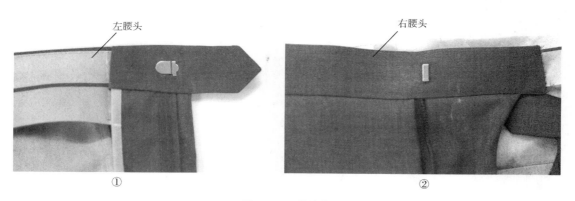

图 8-62　装裤钩

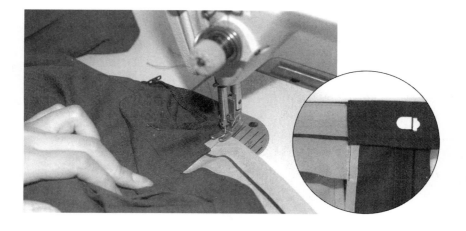

图 8-63　固定过腰与腰里

（6）缉右腰前端：缉右腰的前端
（图8-64），翻出正面烫好。

（7）缉里襟明线（图8-65）：从
拉链下端开始，在里襟周围缉明线。

（8）手针繰腰里与里襟里：将腰
里与里襟里搭在一起的位置用手针繰
好（图8-66）。

（9）缉门襟明线、封结子：将门
襟开口和裆弯处摆放平整，用门襟净
板画出将要缉缝的门襟明线。拉开拉
链，从上向下缉门襟明线，缉到下部
时拉上拉链，将里襟扳向右裤片一侧，
继续缉完门襟明线（图8-67）。拉上拉链，将裆部摆平，在开口下端封结子，要缉五道重
叠在一起的线，也可使用套结机封结子。

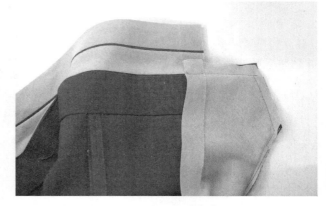

图 8-64　缉右腰前端

图 8-65　缉里襟明线

图 8-66　背面用手针繰好

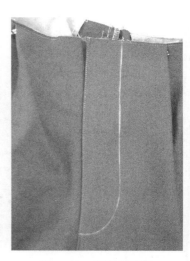

图 8-67　缉门襟明线

（10）固定门、里襟下端：在
里侧将门襟与里襟的下端缉住（图
8-68），要缝五道重叠在一起的线。

（11）缉缝"过桥"："过桥"指
里襟里延伸到裆底的部分，将"过桥"
尾部折回1cm，其左侧与左裤片的裆
弯缝份缉在一起，右侧与右裤片的裆
弯缝份缉在一起（图8-69）。

（12）缝合腰里及后裆缝上段：
缝合腰里及后裆缝上段，劈缝熨烫，
然后将腰里翻好（图8-70）。

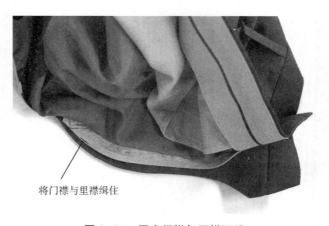

将门襟与里襟缉住

图 8-68　固定门襟与里襟下端

图 8-69　缉缝"过桥"右端

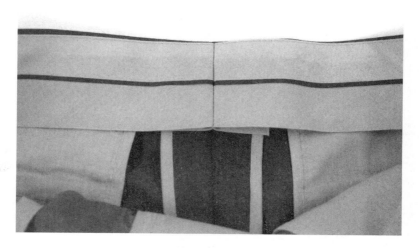

图 8-70　缝合腰里及后裆缝上段

13. 缉串带襻

掀开腰里,将串带襻的下端缉死(图 8-71 ①);比好串带襻的长度,毛茬朝向腰口方向,缉串带襻的上端（图 8-71 ②）;将毛茬扣净,从暗处将串带襻的上端缉死（图 8-71 ③）。

14. 手针固定腰里

每隔 6~7cm,将腰里 B 钉缝固定在口袋布及后中缝份上（图 8-72）。

15. 处理裤脚口

（1）扣烫折边:核对裤长尺寸,参考裤口线丁画出裤口线,扣烫裤口折边。

（2）处理贴脚条:扣烫贴脚条（图 8-73）。

（3）绱贴脚条:贴条遮住裤口烫痕 0.15cm,缉在后片裤口折边的正面上,裤线两边要均等（图 8-74）。

（4）手缝裤口折边:用三角针针法缝裤口折边,缝线不能太紧,正面不可透出线迹。

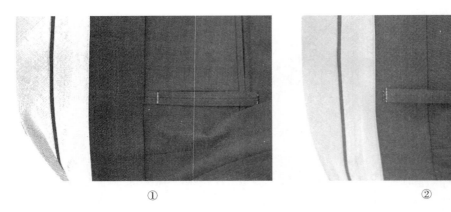

① ②

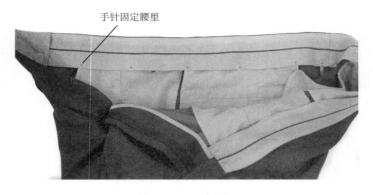

③

图 8-71 缉串带襻

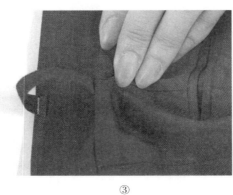

手针固定腰里

图 8-72 固定腰里

图 8-73 扣烫贴脚条

图 8-74 绱贴脚条

16. 熨烫整理

（1）拔掉所有的线丁。

（2）在反面将前后裆缝、侧缝、下裆缝分别熨烫平整，然后翻出正面。

（3）熨烫前、后挺缝线。

（4）烫平腰头。

17. 锁眼、钉扣

在左腰过腰宝剑头处、里襟上、后袋口下面锁扣眼，在与扣眼对应的位置钉纽扣（图8-75）。男西裤的成品效果如图8-76所示。

图 8-75　锁眼、钉扣

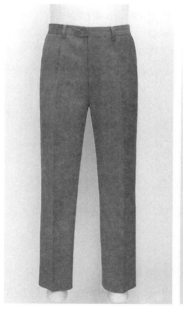

图 8-76　男西裤成品效果

第五节　男西裤成品检验

男西裤外观检验请参照第一单元第一章第五节。

一、规格尺寸检验

（1）裤长：测量侧缝线，由腰口量至裤口，极限误差为 ±1cm。

（2）立裆：由前中垂直向下量至横裆水平线的位置，极限误差为 ±0.5cm。

（3）腰围：系好扣子，水平量，一周的极限误差为 ±1cm。

（4）臀围：把裤子摊平，水平量侧缝袋口下端向上 1cm 的位置，一周的极限误差为 ±2cm。

（5）裤口：一周的极限误差为 ±0.5cm。

二、工艺检验

（1）腰口要圆顺，腰头面、里、衬要平服，腰头宽窄要一致，缉线要顺直。

（2）串带襻长短、宽窄一致，位置准确、对称，松紧适宜，钉缝牢固。

（3）前身褶裥左、右片要对称，后身省道左、右片要对称。

（4）前裤片面与里要服帖、松紧要适当。

（5）门襟与里襟的长短要适宜，门襟不得短于里襟。

（6）拉链松紧要适宜，拉链布带不外露。

（7）前、后裆要圆顺，门襟封口须平服，打结须牢固。

（8）左、右侧缝斜插袋要对称，袋口要顺直平服，打结须牢固。

（9）左、右后袋的大小、进出、高低要对称。

（10）左、右裤腿肥瘦要一致。

（11）裤口折边宽窄要一致，三角针的缝线松紧、针距大小、倾斜角度要适宜，正面不能透出手缝线迹。

（12）纽扣与扣眼的位置要准确。

练习与思考题

1. 测量自己或他人的尺寸，确定成品规格，绘制男西裤的结构图（制图比例 1∶1）。

2. 绘制男西裤的纸样（制图比例 1∶1）。

3. 裁剪、制作一条男西裤。

4. 男西裤的工艺要求有哪些？

5. 编写男西裤的缝制工艺流程。

6. 做好男西裤后袋的关键点有哪些？

7. 侧缝垫袋布与前腰围是什么关系？侧缝垫袋布的宽窄对袋口有什么影响？

8. 绱好门襟拉链的技巧是什么？

9. 你认为学习男西裤的重点和难点有哪些？

理论应用
与实践

第九章　休闲男裤

教学内容： 休闲男裤结构图的绘制方法 /3 课时

休闲男裤纸样的绘制方法 /2 课时

休闲男裤的排料与裁剪 /2 课时

休闲男裤的制作工艺 /20 课时

休闲男裤成品检验 /1 课时

课程时数： 28课时

教学目的： 培养学生动手解决实际问题的能力，提高学生效率意识和规范化管理意识，为今后的款式设计、工艺技术标准的制定、成本核算等打下良好的基础。

教学方法： 集中讲授、分组讲授与操作示范、个性化辅导相结合。

教学要求： 1. 能通过测量人体得到休闲男裤的成品尺寸规格，也能根据款式图或照片给出成品尺寸规格。

2. 在老师的指导下绘制 1∶1 的结构图，独立绘制 1∶1 的全套纸样。

3. 在学习休闲男裤的加工手段、工艺要求、工艺流程、工艺制作方法、成品检验等知识的过程中，需有序操作、独立完成。

4. 完成一份学习报告，记录学习过程，归纳和提炼知识点，编写休闲男裤的制作工艺流程，写课程小结。

教学重点： 1. 休闲男裤结构图的画法

2. 休闲男裤纸样的画法

3. 侧缝弯插袋的制作方法

4. 贴袋的制作方法

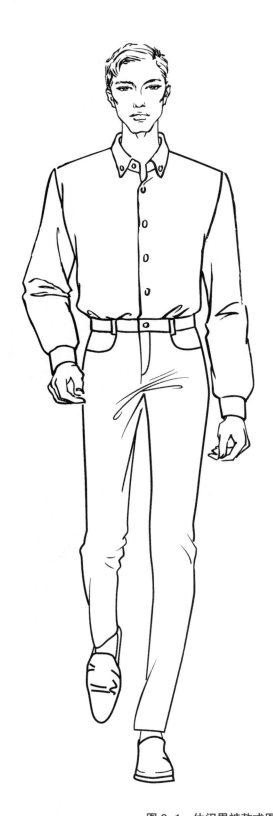

通常的休闲男裤款式类似于西裤，侧缝斜插袋、后身挖袋，前身可设置有褶或无褶。此款休闲男裤款式则参照牛仔裤，前身无褶，有弯插袋，后身有育克，有贴袋，腰、臀部合体，腰头上有六个串带襻，裤腿呈直筒型（图 9-1）。

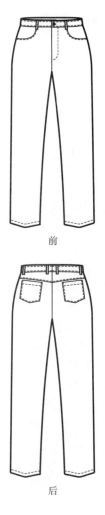

前

后

图 9-1　休闲男裤款式图

适合制作休闲男裤的面料有棉、麻、化纤等织物，此款使用的是纯棉卡其，所有用料如表 9-1 所示。素色面料（幅宽 150cm）的用料计算方法为：裤长 +10cm。幅宽小于 150cm 时，以实际用料为准。臀围较大时，要适当增加料长。使用格子面料时要考虑前、后片对格，侧缝垫袋布与前片对格等的要求，应适当增加料长。

表 9-1 休闲男裤用料

材料名称	用量	材料名称	用量
纯棉卡其	幅宽 150cm，料长 110cm	直丝牵条	1.5cm 宽，少量
涤棉布	幅宽 90cm，料长 30cm	拉链	1 条
腰头衬	长 80cm，宽 4cm	纽扣	24L（直径 15mm），1 个
黏合衬	少量	缝纫线	适量

第一节 休闲男裤结构图的绘制方法

一、休闲男裤成品规格的制定

绘制休闲男裤结构图需要裤长、立裆、腰围、臀围、裤口尺寸，在量体的同时加放适当的松量，直接得到成品尺寸即成品规格（表 9-2）。

表 9-2 休闲男裤成品规格（号型：170/74A） 单位：cm

部位	裤长	立裆	腰围（W）	臀围（H）	裤口
尺寸	100	27	76	98	20

（1）裤长：穿上合适的鞋子，在侧面测量，以腰带的上沿为起点，向下量至所需长度位置。

（2）立裆：在大腿根部系上带子，调至水平。在侧面测量，以腰带的上沿为起点，向下量至带子所在的位置。

（3）腰围：围量系腰带的位置一周，加放松量 2cm，所得尺寸为腰围尺寸。

（4）臀围：围量臀部最丰满处一周，加放松量 8cm。

（5）裤口：根据裤型而定。

二、休闲男裤结构图的绘制过程

休闲男裤结构图采用比例法绘制而成（图 9-2），图中立裆、W、H 等尺寸都是成品尺寸，即已经包含放松量。

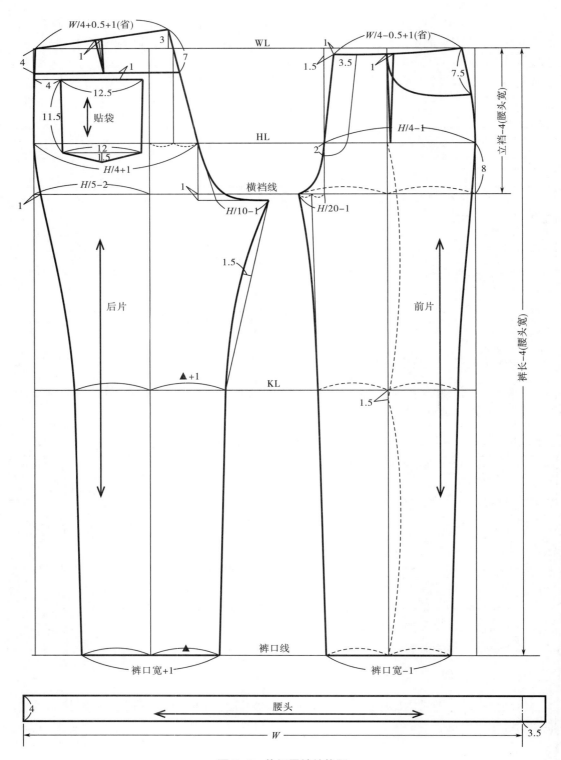

图 9-2　休闲男裤结构图

第二节 休闲男裤纸样的绘制方法

一、面料毛板

前片、后片、腰头毛板如图 9-3 所示，门襟贴边、里襟、侧缝垫袋布、后贴袋、育克、串带襻等零部件毛板如图 9-4 所示。

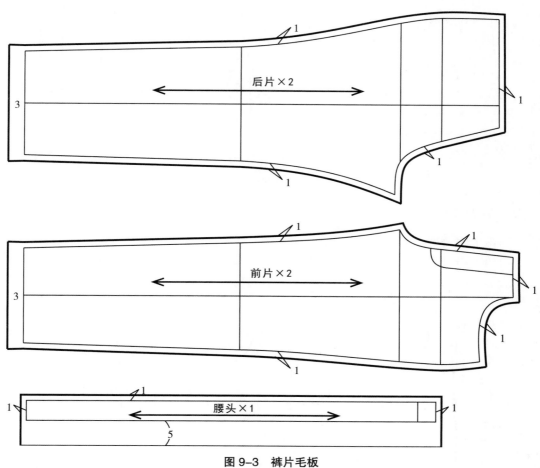

图 9-3 裤片毛板

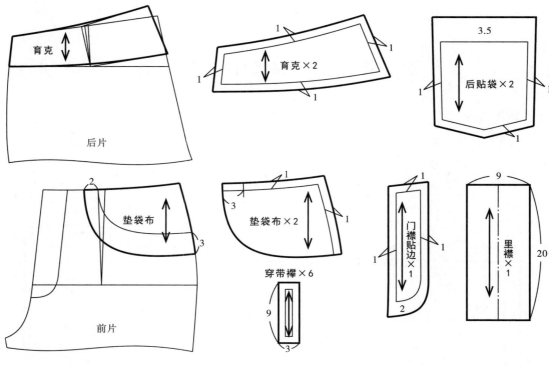

图 9-4　零部件毛板

二、其他样板

1. 侧缝弯袋袋布

在前片的基础上绘制侧缝弯袋的袋布，将袋布形状取出，绘制成毛板（图 9-5）。

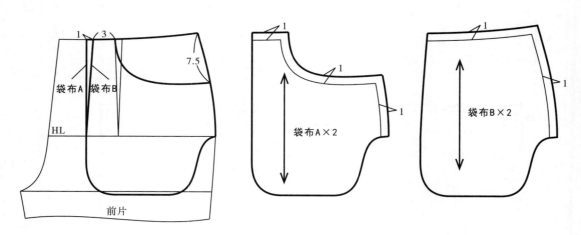

图 9-5　侧缝弯袋袋布毛板

2. 工艺纸样

（1）腰头净板：根据腰头尺寸绘制腰衬净板，并在上面标出串带襻位置。

（2）门襟净板：按照裤子结构图制作门襟净板，用于制作过程中画门襟净线。

（3）贴袋净板：按照裤子结构图制作贴袋净板，用于制作过程中画贴袋净线。

第三节　休闲男裤的排料与裁剪

一、面料排料与裁剪

按照毛板上所标注的纱向及裁剪片数的要求，将其排列在面料之上（图 9-6）。

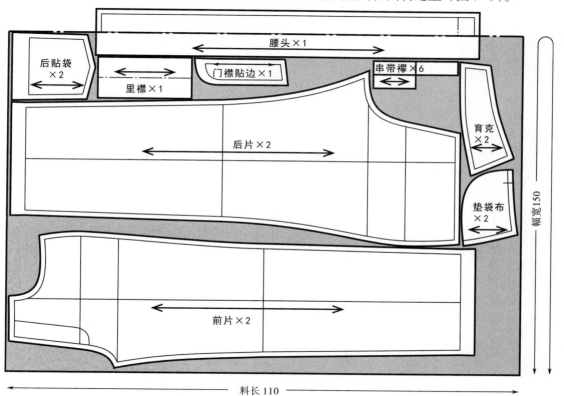

图 9-6　面料排料图

二、辅料裁剪

侧缝弯袋袋布使用涤棉布裁剪。

第四节　休闲男裤的制作工艺

一、休闲男裤的制作工艺流程（图 9-7）

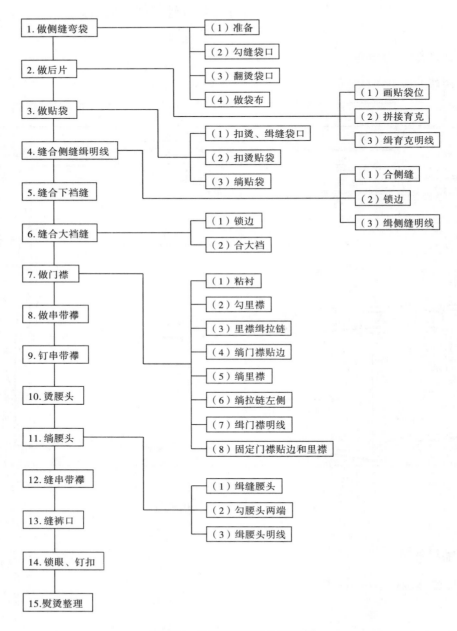

图 9-7　休闲男裤制作工艺流程

二、休闲男裤的制作顺序和方法

1. 做侧缝弯袋

（1）准备：在前裤片上准确画出袋口净线，垫袋布正面在上、边缘锁边，如图 9-8 所示。然后将垫袋布覆在袋布 B 上，腰口和侧缝对齐，在包缝线迹上将垫袋布和袋布 B 缉缝在一起，如图 9-9 所示。

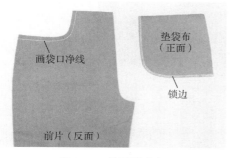

图 9-8　做侧袋准备

图 9-9　缉缝垫袋布和袋布 B

（2）勾缝袋口：将袋布 A 与前裤片正面相对，袋口部位对齐，沿袋口净线勾缝袋口，如图 9-10 所示。

（3）翻烫袋口：将袋口缝份修剪为 0.4cm 宽（图 9-11）；将袋布 A 翻折到前裤片的反面并熨烫平服、圆顺，注意袋布 A 缩进 0.2cm（图 9-12）；从裤片正面缉缝袋口明线，明线宽 0.6cm（图 9-13）。

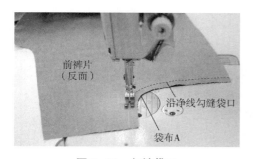

图 9-10　勾缝袋口

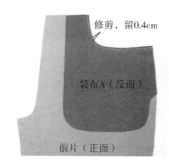

图 9-11　修剪袋口缝份

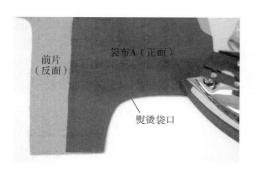

图 9-12　翻烫袋口

图 9-13　缉袋口明线

（4）做袋布：将袋布A和袋布B反面相对，边缘对齐，按照0.4cm宽缝份缉缝（图9-14），注意不要将裤片缉在一起；将袋布反面翻出，边缘熨烫平整，再按照0.5cm宽缝份缉缝袋布边缘（图9-15）；将袋布铺平整，前裤片与垫袋布对位点对齐（图9-16），在腰口和侧缝边缘缉缝固定前裤片与袋布（图9-17）。

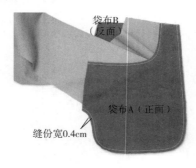

图9-14　缉缝袋布

图9-15　反缉袋布

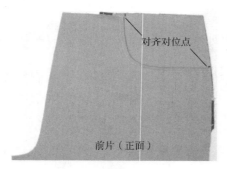

图9-16　对齐对位点

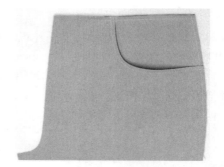

图9-17　固定袋布

2. 做后片

（1）画贴袋位：在后裤片上画出贴袋位置。

（2）拼接育克：将育克与后片正面相对，按照净线缉缝，如图9-18所示。然后裤片朝上锁边。

（3）缉育克明线：将育克缝份向育克方向烫倒，从正面缉缝0.6cm宽明线，如图9-19所示。

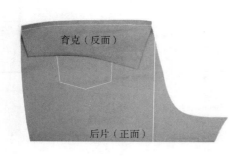

图9-18　拼接育克

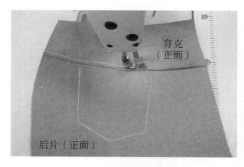

图9-19　缉育克明线

3. 做贴袋

（1）扣烫、缉缝袋口：袋口贴边向反面先扣烫 1cm，再扣烫 2.5cm，然后沿边缉缝 0.1cm 明线，如图 9-20 所示。

（2）扣烫贴袋：按照贴袋净样板将贴袋两侧、袋底扣烫整齐，如图 9-21 所示。

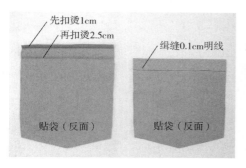

图 9-20　扣烫、缉缝袋口

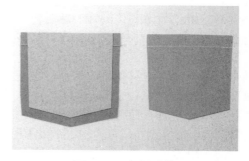

图 9-21　扣烫贴袋

（3）缭贴袋：将扣烫好的贴袋对齐后裤片上画好的袋位，缉双明线将贴袋固定在后片上，两条明线距离贴袋边缘分别是 0.1cm 和 0.7cm，注意贴袋布不要完全平铺在后片上，要稍微留有松度以适合臀部弧度的松量要求。缭好的贴袋效果如图 9-22 所示。

4. 缝合侧缝、缉明线

（1）合侧缝：前、后裤片正面相对，侧缝对齐缝合。起始和结尾要打倒针，以防缝合不结实而开线。

（2）锁边：前片朝上、后片朝下，用包缝机锁边。

（3）缉侧缝明线：将侧缝的缝份倒向后裤片，在正面缉 0.1cm 宽的明线（图 9-23）。

图 9-22　缭贴袋

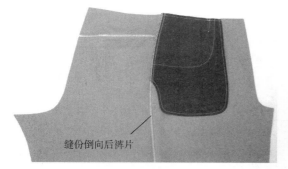

图 9-23　缝合侧缝、缉明线

5. 缝合下裆缝

将前、后片的下裆缝对齐缝合，然后前片朝上、后片朝下，用包缝锁边，再将下裆缝的缝份倒向后裤片、烫平。

6. 缝合大裆缝

（1）锁边：将右前片裆缝自腰口线至开口止点用包缝机锁边。

（2）合大裆：将左右两裤片的大裆缝对齐，从后腰中心开始缝至前裆弯的开口止点，起始和结尾要打倒针。然后将开口止点至后裆部分两层一起锁边（图9-24）。

7. 做门襟

（1）粘衬：在门襟贴边的反面粘有纺衬，正面朝上锁边（图9-25）。

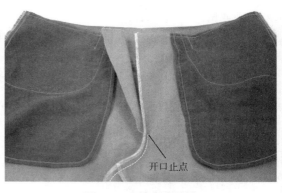

图9-24　缝合大裆缝

（2）勾里襟：将里襟正面向里对折，勾缉下端，翻出正面，背面朝上、边缘用包缝机锁边（图9-25）。

（3）里襟缉拉链：将拉链的右边布带缉在里襟正面上（图9-26），拉链边缘可与里襟边缘错开0.3~0.5cm。

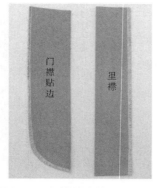

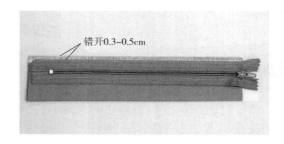

图9-25　门襟贴边粘衬、勾里襟

图9-26　里襟缉拉链

（4）缉门襟贴边：将门襟贴边缉在左前片前中位置（图9-27），贴边折到里面、烫平，在门襟边缘压0.1cm明线，前片裆底和后裆缝份倒向左侧，沿边缉缝0.1cm明线（图9-28）。

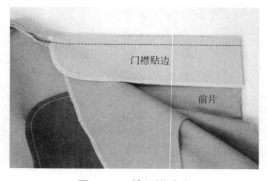

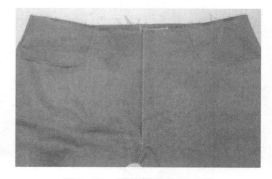

图9-27　缉门襟贴边

图9-28　缉门襟及大裆明线

（5）缉里襟：扣折右片前中缝份，把缉好拉链的里襟放在右片开口处，压缉0.1cm宽的明线（图9-29）。

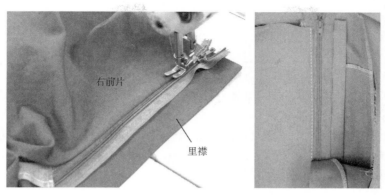

图 9-29　绱里襟

（6）绱拉链左侧：将拉链左侧缉在门襟贴边上（图 9-30），先距拉链边缘 0.1cm 缉一条线，再距此线 0.5cm 缉一条线。

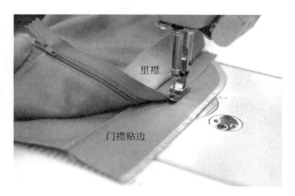

图 9-30　缉拉链左侧

（7）缉门襟明线：将门襟开口和裆弯处摆放平整，用门襟净板画出将要缉缝的门襟明线。拉开拉链，从上向下缉门襟明线（图 9-31）。

（8）固定门襟贴边和里襟：拉好拉链，铺平门襟，将门襟贴边和里襟下端缉缝固定，如图 9-32 所示。

图 9-31　缉门襟明线

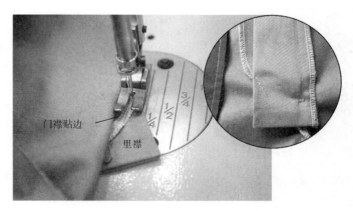

图 9-32　固定门襟贴边和里襟

8. 做串带襻

制作方法同第三单元第八章。

9. 钉串带襻

将串带襻与腰口边缘对齐缉缝，串带襻的位置：左、右前片的袋口处各1个，距后裆缝左、右3cm处各1个，前、后串带襻之间二分之一处左、右各1个。

10. 烫腰头

在腰头的反面粘腰头衬，对折熨烫，并将上、下沿的缝份扣净、烫平（图9-33）。

11. 绱腰头

（1）缉缝腰头：将腰头的正面与裤片的反面相对，未粘腰头衬一侧的缝份与腰口缝份对齐，腰头两端净线位置与门襻、里襻边缘对齐，腰头在上，裤片在下，沿净线缉缝绱腰头（图9-34）。

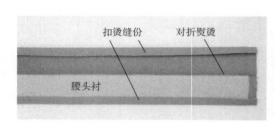

图9-33　烫腰头

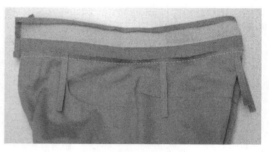

图9-34　缉缝腰头

（2）勾腰头两端：对折腰头，沿腰衬边缘、离开0.1cm处勾腰头两端（图9-35）；然后翻出腰头的正面，将腰头两端整理方正。

（3）缉腰头明线：将腰面、腰里摆顺，从左侧开始缉腰头下口明线，注意腰里不能拧，明线要缉住腰里。缉完腰头下口明线之后，继续将腰头一周都缉上明线。

12. 缝串带襻

（1）下端：距腰头下口1cm将串带襻下端缉缝固定（图9-36）。

（2）上端：向上折转串带襻，量出串带襻的净长并与腰头上口比齐，串带襻长出的部分再向里扣折，与腰头上口对齐，缉缝固定在腰头上边缘处，至少要缉5道线（图9-37）。

图9-35　勾腰头两端

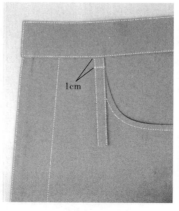

图9-36　缝串带襻下端

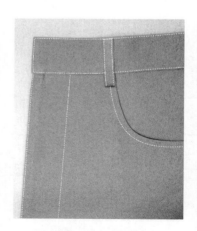

图9-37　缝串带襻上端

13.**缝裤口**

翻出裤子的正面，将两条裤腿的下裆缝对齐，叠好裤子，量出裤长，烫好裤口折边，先折 1cm、再折 2.5cm，用卷边缝的方法缉裤脚口，从正面看明线距底边 2.5cm 宽。

14.**锁眼、钉扣**

在腰头左端锁一个扣眼，里襟一侧相应的位置钉纽扣。

15.**熨烫整理**

清剪所有的线头，把褶皱的地方烫平。休闲男裤的成品效果如图 9-38 所示。

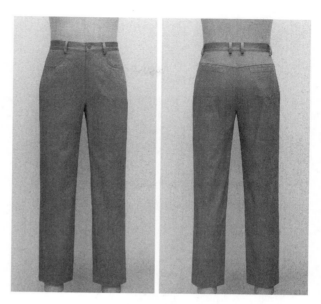

图 9-38　休闲男裤成品效果

三、口袋制作方法拓展：单嵌线挖袋的制作方法

单嵌线挖袋也是男裤后袋经常采用的样式，参照男西裤准备好后片、嵌线、垫袋布、袋布。其制作方法如下：

（1）在裤片的反面袋口位置粘贴无纺衬。

（2）在裤片的正面画出袋口线（图 9-39），单嵌线宽 1cm。

（3）将袋布 A 绷在后裤片的反面，方法同男西裤，袋布的左右、高低位置要恰当。

（4）在嵌线布的反面粘衬（图 9-40①），扣烫 2cm（图 9-40②），翻至正面，画嵌线宽度 1cm（图 9-40③）。

（5）在垫袋布的反面画出袋口标记（图 9-41）。

（6）将嵌线布上画的线对准袋口的下线缉缝，起始点和终止点务必打倒针缉牢（图 9-42）。

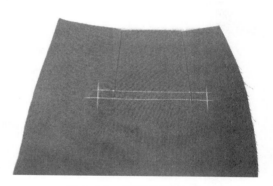

图 9-39　正面画出袋口位

①

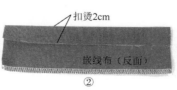

②

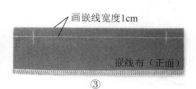

③

图 9-40　处理嵌线布

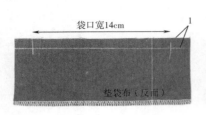

图9-41　在垫袋布上画袋口线

图9-42　缉缝嵌线布

（7）掀开嵌线，将垫袋布上画的线对准袋口的上线缉缝，起始点和终止点务必打倒针缉牢（图9-43）。

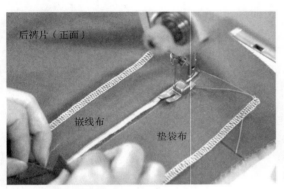

图9-43　缉缝垫袋布

（8）从反面检查两条缉线是否平行，两端是否对齐、是否牢固（图9-44）。

（9）掀开嵌线布与垫袋布，在中间把袋口剪开，距离两端1cm处剪成三角状，要剪到线的根部，但不能把线剪断（图9-45）。

图9-44　从反面进行检查

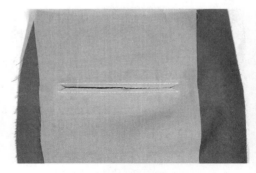

图9-45　剪开袋口

（10）将嵌线布和垫袋布翻向反面，"三角"也翻向反面，并将袋口调整到方方正正，掀开袋布 A，在"三角"的根部重叠缉缝 2 次（图 9-46）。

（11）修剪垫袋布，使其两端略窄于袋布的宽度。折叠裤片（图 9-47），将袋布 B 与袋布 A 对齐（图 9-48），按 0.4cm 的缝份将两层袋布缉缝在一起，底角缉成圆弧状（图 9-49），然后修剪缝份毛茬，再将袋布的正面翻出。

图 9-46 封"三角"

①

②

图 9-47 折叠裤片

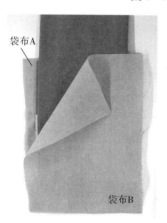

袋布 A

袋布 B

图 9-48 袋布 B 与袋布 A 对齐

图 9-49 缉袋布

（12）封袋口（图 9-50）：将裤片、袋布摆平顺，从袋口一侧开始，沿"三角"根部缉缝三道线，旋转 90°，缉袋口上端，再旋转 90°，沿"三角"根部缉袋口另一侧，缉缝三道线。封好袋口之后的效果如图 9-51 所示。

（13）缉垫袋布：掀着袋口，将垫袋布缉在袋布 B 上（图 9-52），缉完垫袋布之后的效果如图 9-53 所示。

（14）缉袋布明线：在袋布边缘缉 0.5cm 宽的明线（图 9-54）。

缉缝袋口

图 9-50 封袋口

图 9-51　封袋口效果

图 9-52　缉垫袋布

图 9-53　缉垫袋布效果

图 9-54　缉袋布明线

（15）将袋布与腰口缉在一起，剪掉袋布超出腰口的多余部分。

第五节　休闲男裤成品检验

休闲男裤的外观检验请参照第一单元第一章第五节。

一、规格尺寸检验

（1）裤长：测量侧缝线，由腰口量至裤口，极限误差为 ±1cm。

（2）立裆：由前中垂直向下量至横裆水平线的位置，极限误差为 ±1cm。

（3）腰围：系好纽扣，水平量，一周的极限误差为 ±1cm。

（4）臀围：把裤子摊平，水平量侧缝袋口下端向上1cm的位置，一周的极限误差为 ±2cm。

（5）裤口：一周的极限误差为 ±0.5cm。

二、工艺检验

（1）腰口要圆顺，腰头面、里、衬要平服，腰头宽窄要一致，缉线要顺直，明线宽窄要一致，明线不可有接线。

（2）串带襻长短、宽窄一致，位置准确、对称，松紧适宜，钉缝牢固。

（3）门襟与里襟的长短要适宜，门襟不得短于里襟。

（4）拉链松紧要适宜，拉链布带不外露。

（5）前、后裆要圆顺，门襟封口须平服，打结须牢固。

（6）左、右侧缝弯插袋要对称，袋口要顺直平服，打结须牢固。

（7）左、右片育克要对称。

（8）左、右后袋的大小、进出、高低要对称。

（9）左、右裤腿肥瘦要一致。

（10）裤口折边宽窄要一致，明线要符合要求。

（11）纽扣与扣眼的位置要准确。

练习与思考题

1.测量自己或他人的尺寸，确定成品规格，绘制休闲男裤的结构图（制图比例1∶1）。

2.绘制休闲男裤的毛板（制图比例1∶1）。

3.裁剪、制作一条休闲男裤。

4.休闲男裤的工艺要求有哪些？

5.编写休闲男裤的缝制工艺流程。

6.制作休闲男裤后片的关键点有哪些？

7.侧缝垫袋布与前腰围是什么关系？侧缝垫袋布的宽窄对袋口有什么影响？

8.绱门襟拉链的技巧是什么？

9.你认为学习休闲男裤的重点和难点有哪些？

第十章　连腰女裤

教学内容： 连腰女裤结构图的绘制方法 /2 课时
连腰女裤纸样的绘制方法 /2 课时
连腰女裤的排料与裁剪 /2 课时
连腰女裤的制作工艺 /20 课程

课程时数： 26 课时

教学目的： 培养学生动手解决实际问题的能力，提高学生效率意识
和规范化管理意识，为今后的款式设计、工艺技术标准
的制定、成本核算等打下良好的基础。

教学方法： 集中讲授、分组讲授与操作示范、个性化辅导相结合。

教学要求： 1. 能通过测量人体得到连腰女裤的成品尺寸规格，也能
根据款式图或照片给出成品尺寸规格。

2. 在老师的指导下绘制 1∶1 的结构图，独立绘制 1∶1
的全套纸样。

3. 在学习连腰女裤的加工手段、工艺要求、工艺流程、
工艺制作方法等知识的过程中，需有序操作、独立完
成。

4. 完成一份学习报告，记录学习过程，归纳和提炼知识
点，编写连腰女裤的制作工艺流程，写课程小结。

教学重点： 1. 连腰女裤结构图的画法

2. 连腰女裤纸样的画法

3. 拔裆的方法

4. 连腰女裤侧缝口袋的制作方法

5. 连腰女裤门襟与腰头的制作方法

此款连腰女裤，开口在前面，右侧是门襟，左侧是里襟。侧缝有直插袋，腰、臀部合体，裤腿呈直筒状（图10-1）。

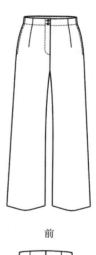

前

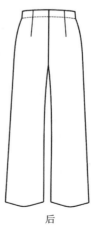

后

图 10-1　连腰女裤款式图

适合制作连腰女裤的面料有纯毛、化纤、毛混纺等织物，此款使用的是纯毛织物，所有用料如表 10-1 所示。双幅素色面料的用料计算方法为：裤长 +10~15cm。使用格子面料时要考虑前片与后片对格，要适当增加面料的用料量，一般会增加 1~2 个格长。

表 10-1　连腰女裤用料

材料名称	用量	材料名称	用量
纯毛织物	幅宽 150cm，料长 115cm	缝纫线	适量
涤棉布	幅宽 150cm，料长 35cm	直丝牵条	宽度 1.5cm，少量
黏合衬	少量	纽扣	24L（直径 15mm），2 粒
拉链	1 条		

第一节　连腰女裤结构图的绘制方法

一、连腰女裤成品规格的制定

绘制连腰女裤结构图需要裤长、立裆、腰围、臀围、裤口尺寸，在量体的同时加放适当的松量，直接得到成品尺寸即成品规格（表 10-2）。

（1）裤长：穿上合适的鞋子，把橡筋带套在腰部最细处，从侧面测量，以橡筋带上方 4cm 的位置为起点，向下量至地面以上 3cm。

（2）立裆：在大腿根部系上带子，调至水平。从侧面测量，以橡筋带上方 4cm 的位置为起点，向下量至带子所在的位置。

（3）腰围：水平围量腰部最细处一周，在皮尺能够自然转动的前提下，加放松量 2cm 所得尺寸。

（4）臀围：水平围量臀部最丰满处一周，在皮尺能够自然转动的前提下，加放松量 8cm 左右所得尺寸。

（5）裤口：根据裤型要求而定。

表 10-2　连腰女裤成品规格（号型：160/68A）　　　　　　　　单位：cm

部位	裤长	立裆	腰围（W）	臀围（H）	裤口围
尺寸	102	29	70	98	52

二、连腰女裤结构图的绘制过程

连腰女裤结构图采用比例法绘制而成，图中的立裆、W、H 等尺寸都是成品尺寸，即已经包含放松量（图 10-2）。

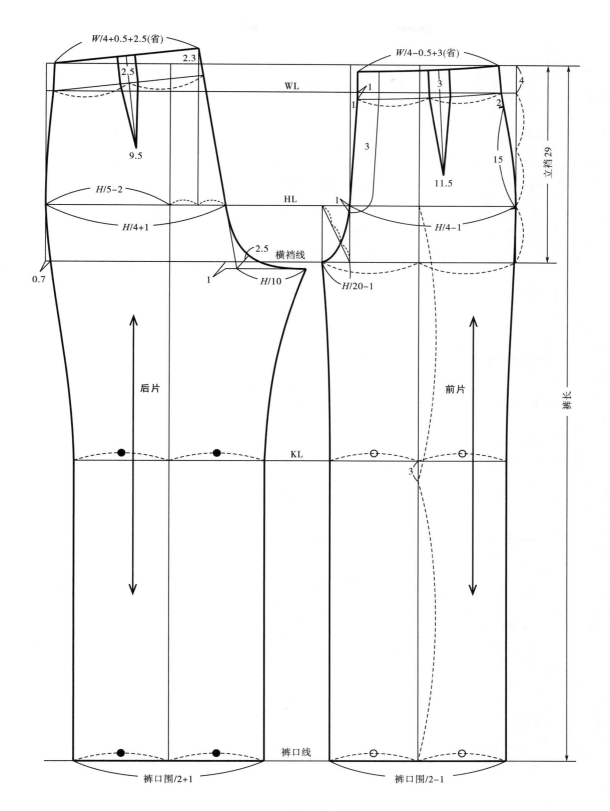

图 10-2　连腰女裤结构图

第二节　连腰女裤纸样的绘制方法

一、面料毛板

面料毛板包括前片、后片、前腰贴边、后腰贴边、门襟贴边、里襟、侧缝垫袋布，图中的内轮廓线是裤片的净板，外轮廓线表示的是面料的毛板。

1. 前片、后片毛板（图 10-3）

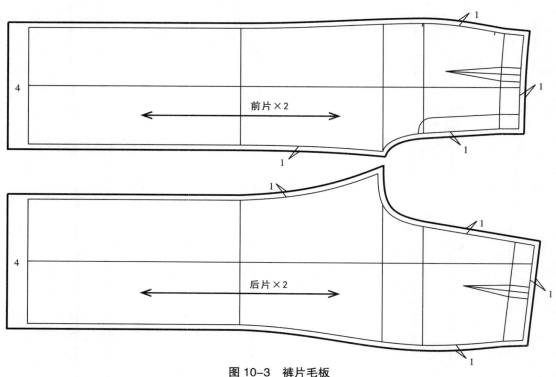

图 10-3　裤片毛板

2. 腰贴边毛板

如图 10-4 所示，从结构图中分别取出后腰、前腰，合并腰省，做出腰贴边毛板。腰贴边毛板也可在绱好省道、熨烫好裤片之后，按照腰口的形状来制作。

3. 门襟、里襟毛板（图 10-5）

在前片净板的基础上画出门襟贴边的缝份，分别取出门襟净板和门襟贴边毛板；里襟按数据直接打毛板。

4. 垫袋布毛板（图 10-6）

垫袋布毛板在前片净板上画出。

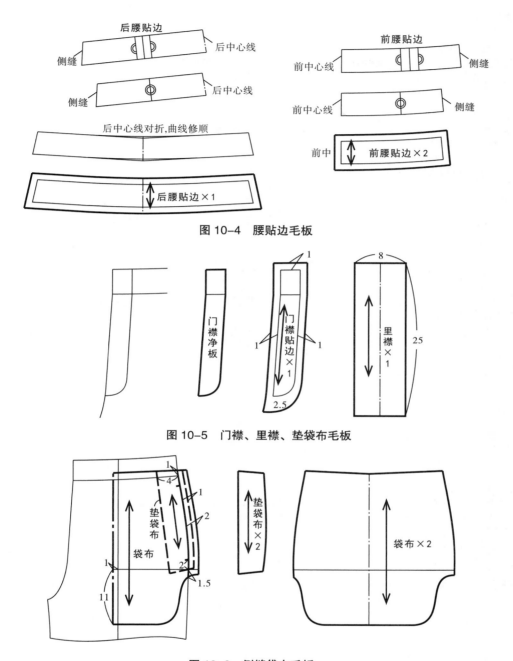

图 10-4 腰贴边毛板

图 10-5 门襟、里襟、垫袋布毛板

图 10-6 侧缝袋布毛板

二、辅料毛板

1. 侧缝袋布毛板

在前片净板的基础上绘制侧缝直插袋的袋布及垫袋布，分别将袋布和垫袋布的形状取出，绘制成毛板（图 10-6），袋布用涤棉布裁剪。

2. 黏合衬毛板

腰衬毛板、门襟贴边衬毛板分别与腰里毛板、门襟贴边毛板相同，单件裁剪时不需要打板。袋口衬不需要打板，采用 1.5cm 宽的直丝牵条即可。

三、工艺纸样

在制作过程中使用到的工艺纸样是门襟净板，参照图 10-5 所示。

第三节 连腰女裤的排料与裁剪

一、面料的排料与裁剪

面料的排料方法如图 10-7 所示。

本款女裤采用格子面料制作，铺料时，首先要将上、下两层面料的格子对齐，摆放纸样时还应注意：

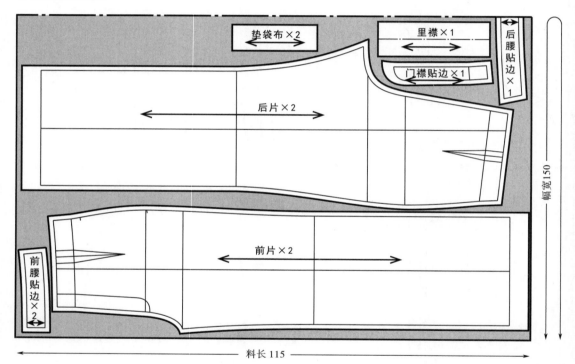

图 10-7 连腰女裤排料图

（1）左、右裤片要条格对称，前、后裤片的裤中线应与格子的正中央相对应。

（2）前、后裤片的外侧缝要对格，下裆缝要对格。

（3）侧缝直插袋垫袋布与裤片要对格。

用条格面料裁剪时，因对条格要求，用料量比单色面料稍多。

二、其他辅料的裁剪

（1）腰里衬：使用无纺衬，按照腰里的形状裁剪。

（2）门襟贴边衬：使用无纺衬，按照门襟贴边的形状裁剪。

（3）直丝牵条：宽 1.5cm、长 20cm，2 根，用于侧缝袋口。

第四节　连腰女裤的制作工艺

一、连腰女裤的制作工艺流程（图 10-8）

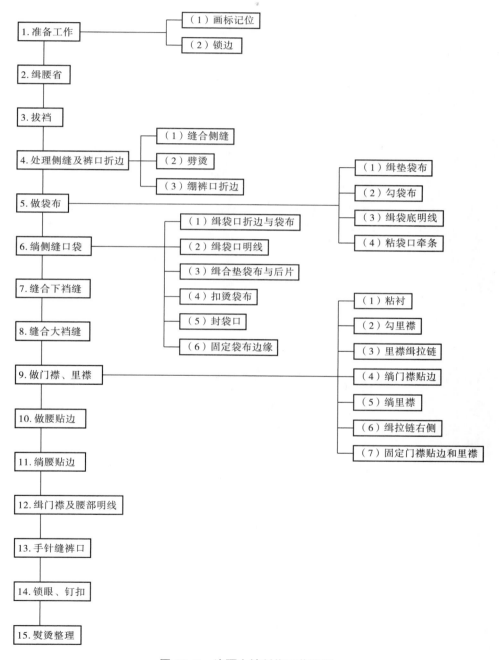

图 10-8　连腰女裤制作工艺流程

二、连腰女裤的制作工艺方法

1. 准备工作

（1）画标记位：在前片腰省、后片腰省、开口止点、袋口、裤口处用划粉画出标记位。

（2）锁边：前裤片、后裤片用包缝机锁边（腰口除外），垫袋布锁边，操作时正面朝上。

2. 缉腰省

按标记缉前片腰省、后片腰省。

3. 拔裆

（1）前片：将腰省向前中心方向烫倒，外侧缝胯部归拢（图 10-9），两个前片熨烫效果要一致。

（2）后片：将省道向后中心方向烫倒，侧缝胯骨部位归拢；大裆拐弯处拔开（图 10-10）；侧缝与下裆缝对齐，尽量烫成直线（图 10-11），两个后片熨烫效果要一致。

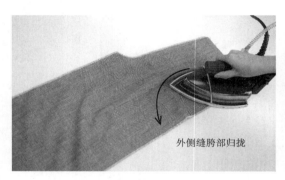

图 10-9　拔裆——前片

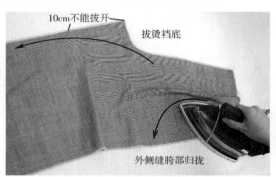

图 10-10　拔裆——后片

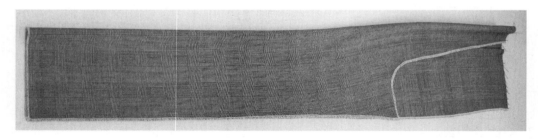

图 10-11　烫好的后裤片

4. 处理侧缝及裤口折边

（1）缝合侧缝：前、后裤片正面相对，按净缝线缝合侧缝，要留出袋口位置（图 10-12）。缝线的起始和结尾处都要打倒针，尤其是袋口两端的倒针一定要牢固。

（2）劈烫：将侧缝劈开熨烫，劈烫时胯骨部位要归拢、中裆部位要适当拔开。

（3）绷裤口折边：熨烫裤口折边，可绷缝，起临时固定的作用（图 10-13）。

5. 做袋布

以右侧袋为例，左侧袋与之对称制作。

（1）缉垫袋布：将垫袋布放在袋布的上面，边缘错开 1cm，将垫袋布缉在袋布上，缉缝线压在包缝线迹上（图 10-14 ①）。

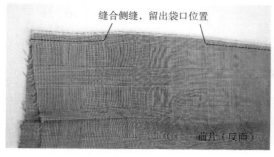 

图 10-12　缝合侧缝　　　　　　　　图 10-13　绷裤口折边

（2）勾袋布：将正面朝外，垫袋布露在外面 2cm，对折袋布，开口下端留出 3cm，按 0.4cm 宽的缝份缉缝袋布的下部（图 10-14②）。

（3）缉袋底明线：翻出袋布反面，缉 0.5cm 袋底明线（图 10-14③）。

（4）粘袋口牵条：将袋布铺平，在袋口处粘贴直丝牵条（图 10-14④）。

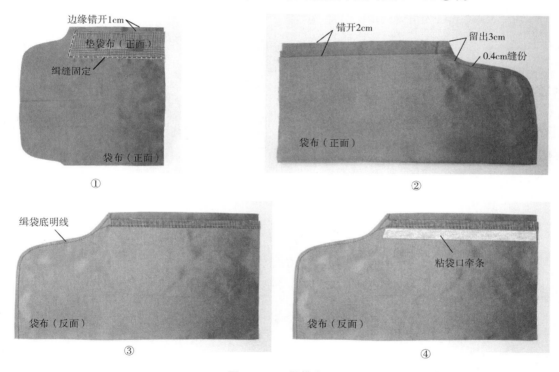

图 10-14　做袋布

6. 绱侧缝口袋

（1）缉袋口折边与袋布：将袋布放在前片袋口的缝份下面缉缝，袋布的边缘要靠住袋口的折痕，线要缉在包缝线迹里面（图 10-15①），图 10-15②所示为缝完之后的效果。

（2）缉袋口明线：在前片袋口处按款式要求缉 0.6cm 宽的明线（图 10-16）。注意缉缝时要将袋布下层翻开，不要缉住袋布的下层。

（3）缉合垫袋布与后片：将前、后裤片沿侧缝对折铺平，袋布摆平，后片侧缝缝份展开（图 10-17），掀开袋布下层，将垫袋布与后片缝份沿净线缉缝（图 10-18）。

（4）扣烫袋布：将袋布下层边缘宽出的 1cm 向里卷折，与后片侧缝缝份对齐、扣烫平整（图 10-19）。

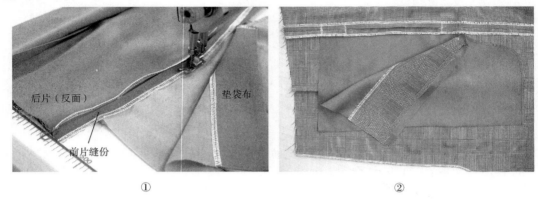

图 10-15　缉袋布

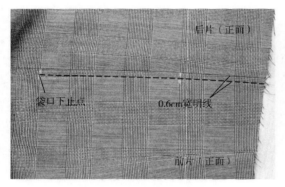

图 10-16　前片袋口处缉明线

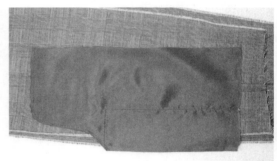

图 10-17　铺平裤片和袋布

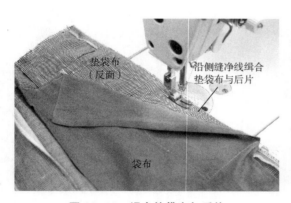

图 10-18　缉合垫袋布与后片

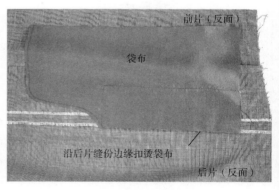

图 10-19　扣烫袋布

（5）封袋口：先封袋口上端、缉三道线，转弯后缉 0.1cm 宽的明线，再转弯封袋口下端、缉三道线（图 10-20）。

（6）固定袋布边缘：将前、后裤片沿侧缝对折铺平，后片侧缝缝份展开，将袋布下层扣烫好的边缘与后片侧缝缝份缉 0.1cm 宽明线固定（图 10-21）。

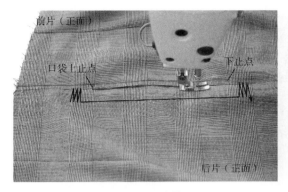

图 10-20　封袋口　　　　　　　图 10-21　固定袋布边缘

做好的口袋正、反面效果如图 10-22 所示。

图 10-22　侧缝直插袋正、反面效果

7. 缝合下裆缝

将前、后片正面相对，下裆缝对齐，两片缝合在一起。然后将下裆缝分开烫平，拔裆时后片归拢的地方此时不能拉开、中裆可适当拉开。顺便整理、熨烫裤口折边。

8. 缝合大裆缝

将左、右两裤片正面相对，大裆缝对齐，从后腰中心开始缉缝，缝至前裆弯的开口止点，裆底部重叠缉两道线，然后放在铁凳上分开烫平。

9. 做门襟、里襟

（1）粘衬：在门襟贴边的反面粘有纺衬，正面朝上锁边（图 10-23）。

（2）勾里襟：将里襟正面向里对折，勾缉上、下两端，翻出正面、背面朝上、边缘用包缝机锁边（图 10-24）。

图 10-23　门襟贴边粘衬、锁边　　　　　图 10-24　勾里襟

（3）里襟缉拉链：将拉链的左侧布带缉在里襟正面上（图 10-25），拉链边缘可错开里襟边缘 0.3~0.5cm，拉链上端距里襟上端 4cm，拉链上端的布边要扣好。

（4）缉门襟贴边：将门襟贴边缉在右前片前中位置，将缝份倒向门襟贴边一侧，在门襟贴边上压 0.1cm 明线（图 10-26），然后将门襟贴边向裤片反面熨烫。

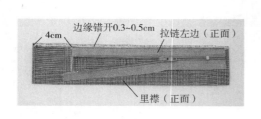

图 10-25　里襟缉拉链　　　　　　　　　　图 10-26　缉门襟贴边

（5）缉里襟：将缉好拉链的里襟缉在左前片前中位置（图 10-27）。

（6）缉拉链右侧：将门襟、里襟放平顺，再将拉链的右侧布带缉在右片的门襟贴边上，缉两道平行的线（图 10-28），拉链上端的布边要扣好。

（7）固定门襟贴边和里襟：拉链拉好，门襟铺平整，门襟贴边和里襟在下端缉缝固定。

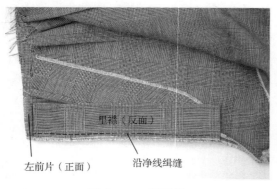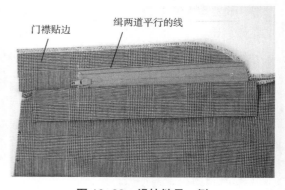

图 10-27　缉里襟　　　　　　　　　　　　图 10-28　缉拉链另一侧

10. 做腰贴边

在腰里的反面粘贴有纺衬。将前、后腰贴边在侧缝处缉缝拼接，缝口处分开烫平，然后将腰里的下口用包缝机锁边。方法同第二单元第四章图 4-10。

11. 缉腰贴边

（1）右侧：将腰贴边与门襟贴边缉在一起（图 10-29①）。

（2）缉腰贴边：将腰贴边与裤片的腰口对齐、侧缝对齐，按净线缉缝在一起，门襟、里襟两端的效果分别如图 10-29②和图 10-29③所示。

（3）修剪、熨烫：将腰贴边的缝份修剪掉一半，翻出正面，将腰口熨烫圆顺、平服。腰口缝份倒向腰贴边一侧，沿边缉 0.1cm 明线。

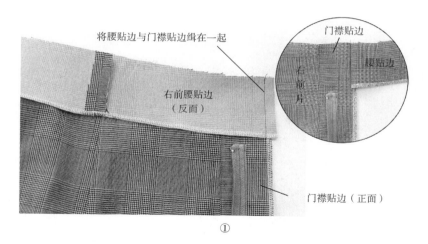

将腰贴边与门襟贴边绱在一起

右前腰贴边
（反面）

门襟贴边

右前片

门襟贴边

腰贴边

门襟贴边（正面）

①

绱缝腰口

右前腰贴边
（反面）

门襟贴边

右前片
（正面）

②

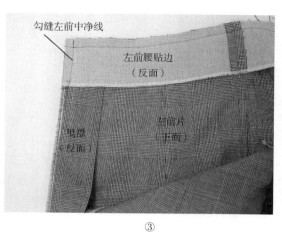

勾缝左前中净线

左前腰贴边
（反面）

里襟
（反面）

垫前片
（正面）

③

图 10-29　绱腰贴边

12. 缉门襟及腰部明线

用门襟工艺样板在右前片上画出门襟
形状，按所画线迹缉好门襟明线，再在开
口下端封结子，缉 3~5 道线；翻到里侧，
固定门襟贴边与里襟的下端；最后缉腰部
的明线（图 10-30）。

13. 手针缝裤口

用三角针缝裤口折边。

14. 锁眼、钉扣

在腰头门襟一侧锁扣眼，里襟一侧相
应的位置钉纽扣。

15. 熨烫整理

图 10-30　缉门襟及腰部明线

在反面将前、后裆缝，侧缝，下裆缝分别熨烫平整。整烫正面时要垫水布，先将裤子
上部的腰省、袋口等烫好，再将裤腿摊平，熨烫平整。完成之后的效果如图 10-31 所示。

图 10-31　连腰女裤成品效果

三、裤口变化拓展——裤口外翻边

外翻边是裤口常见的变化样式，效果如图 10-32 所示。

1. 裤口外翻边的纸样制作

裤口外翻边在进行纸样制作时，在裤口净线的基础上加放 3 倍的翻边效果。如外翻边宽度为 3.5cm，裁剪纸样裤口处的加放方法如图 10-33 所示。

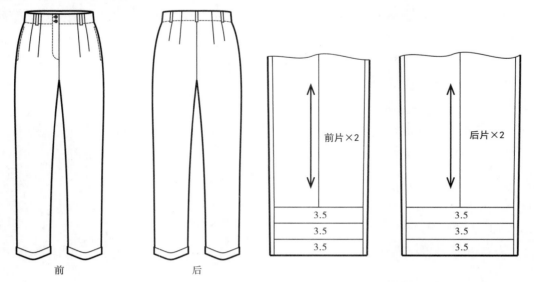

图 10-32　裤口外翻边款式　　　　　　图 10-33　裤口外翻边纸样加放方法

2. 外翻边裤口的工艺处理

（1）固定裤口折边：将烫好的裤口折边打开，分别在侧缝、下裆缝内灌缝固定（图 10-34）。

（2）手针缝裤口：将外翻边折好，最下边的折边折到裤口里面，用三角针固定裤口折边（图10-35）。

图10-34 灌缝固定裤口折边

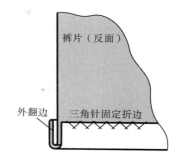

图10-35 三角针固定裤口折边

练习与思考题

1. 测量自己或他人的尺寸，确定成品规格，绘制连腰女裤的结构图（制图比例1:1）。
2. 绘制连腰女裤的全套纸样（制图比例1:1）。
3. 裁剪、制作一条连腰女裤。
4. 连腰女裤的工艺要求有哪些？
5. 编写连腰女裤的缝制工艺流程。
6. 做好连腰女裤侧袋的关键点有哪些？
7. 绱连腰女裤门襟拉链与普通西裤有哪些不同？
8. 做好连腰女裤门襟、腰部的关键有哪些？
9. 你认为学习连腰女裤的重点和难点有哪些？
10. 尝试低腰、不单独绱腰头而改为腰里贴边的女裤的制板和制作方法。

本单元小结

■本单元学习了男西裤、休闲男裤、连腰女裤结构图的绘制方法、毛板的绘制方法、排料与裁剪的方法，梳理了各款式的制作工艺流程，详细介绍了制作顺序和方法。

■通过本单元的学习，要求学生能够绘制裤子的结构图及打板，掌握裤子的制作方法，能够编写制作工艺流程、制定工艺标准、根据不同款式制定检验细则。

■通过本单元的学习，要求学生抓住制作中的重点，掌握以下制作工艺：

1. 纯毛裤子"拔裆"的方法。
2. 单嵌线男裤后袋的制作方法。
3. 双嵌线男裤后袋的制作方法。
4. 裤子侧缝斜插袋的制作方法。
5. 裤子侧缝直插袋的制作方法。
6. 门襟开口拉链的安装方法。
7. 男西裤腰部的制作方法。

第四单元

衬 衫

　　本单元主要学习常规男衬衫，翻领类型、披肩领类型、立领类型女衬衫的纸样设计与制作工艺。通过本单元教学，学生应该掌握常规男衬衫，翻领、披肩领、立领女衬衫的设计方法，学会纸样的绘制方法，会计算用料量，会编写制作工艺流程、工艺标准、成品检验标准，掌握每款衬衫的制作方法。还要将知识点贯通，将所学的知识和技术灵活运用到新的款式设计中。

　　本单元女衬衫的结构图是在日本文化式女子原型的基础上绘制而成的，原型的制图方法请参考附录。

第十一章　男衬衫

教学内容： 男衬衫结构图的绘制方法 /2 课时

　　　　　　男衬衫纸样的绘制方法 /2 课时

　　　　　　男衬衫的排料与裁剪 /2 课时

　　　　　　男衬衫的制作工艺 /13 课时

　　　　　　男衬衫成品检验 /1 课时

课程时数： 20 课时

教学目的： 引导学生有序工作，培养学生的动手能力。

教学方法： 集中讲授、分组讲授与操作示范、个性化辅导相结合。

教学要求： 1. 能通过测量人体得到男衬衫的成品尺寸规格，也能根据款式图或照片给出成品尺寸规格。

　　　　　　2. 在老师的指导下绘制 1 ∶ 1 的结构图，独立绘制 1 ∶ 1 的纸样。

　　　　　　3. 在男衬衫的制作过程中，需有序操作、独立完成。

　　　　　　4. 完成一份学习报告，记录学习过程，归纳和提炼知识点，编写男衬衫的制作工艺流程，写课程小结。

教学重点： 1. 男衬衫结构图的画法

　　　　　　2. 男衬衫纸样的画法

　　　　　　3. 男衬衫门襟的制作方法

　　　　　　4. 男衬衫贴袋的制作方法

　　　　　　5. 男衬衫过肩的制作方法

　　　　　　6. 男衬衫领子的制作方法

　　　　　　7. 男衬衫袖开衩的制作方法

此款为常规男衬衫,立翻领,左侧门襟单加明贴边，左胸有贴袋，双层过肩，一片袖、袖口有开衩（图 11-1）。

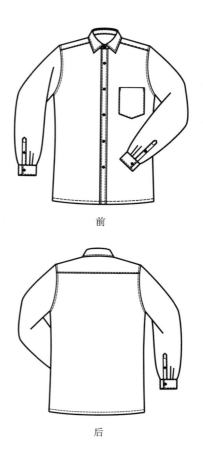

前

后

图 11-1　男衬衫款式图

日常穿着一般可选用吸湿性好、耐洗涤、耐磨损的纯棉面料，也可选用洗后易干、不易出褶的涤纶或其他化纤织物。此款男衬衫采用涤棉混纺织物，所有用料如表 11-1 所示。单幅面料（幅宽 110cm）的用料计算方法为：衣长 ×2+ 袖长 – 袖头宽，格子面料（幅宽 110cm）的用料计算方法为：衣长 ×2+ 袖长 – 袖头宽 + 格子长度 ×3。

表 11-1　男衬衫用料

材料名称	用量
涤棉混纺织物	幅宽 110cm，料长 180cm
门襟贴边衬	少量
底领、袖头衬	少量
翻领衬	少量
领角插片	2 个
纽扣	16L（直径 10mm）10 粒
缝纫线	适量

第一节　男衬衫结构图的绘制方法

一、男衬衫成品规格的制定

根据国家号型中男装的中间标准体 170/88A 的主要控制部位尺寸，确定男衬衫的成品规格尺寸（表 11-2）。

表 11-2　男衬衫成品规格（号型：170/88A）　　　　　　　　单位：cm

部位	领围（N）	胸围（B）	前衣长	肩宽（S）	袖长（SL）	袖口
尺寸	39	110	74	46	59.5	26

二、男衬衫结构图的绘制过程

这件男衬衫的结构图采用比例法绘制而成，图中的胸围（B）采用的是成品尺寸，即已经包括放松量。主要的作图步骤如下：

1. 前身结构（图 11-2）

（1）画出上平线、前中线（前衣长 74cm）、下平线。

（2）画出袖窿深线（$B/5+2.5cm$）。

（3）量前领深（$N/5+0.5cm$）、前领宽（$N/5-0.5cm$），画前领口弧线。

（4）量前落肩（$B/20-1cm$）、前肩宽（肩宽 /2），画前肩斜线。

（5）从前肩点水平收进 2.5cm，画前宽线。

（6）量前胸围（$B/4-1cm$），画侧缝线和前袖窿弧线。

（7）画搭门宽线（1.75cm）、底边线。

（8）画出门襟贴边，宽度 3.5cm。

（9）画出前过肩，宽度 3cm。

（10）画出贴袋。

（11）画出扣眼位。

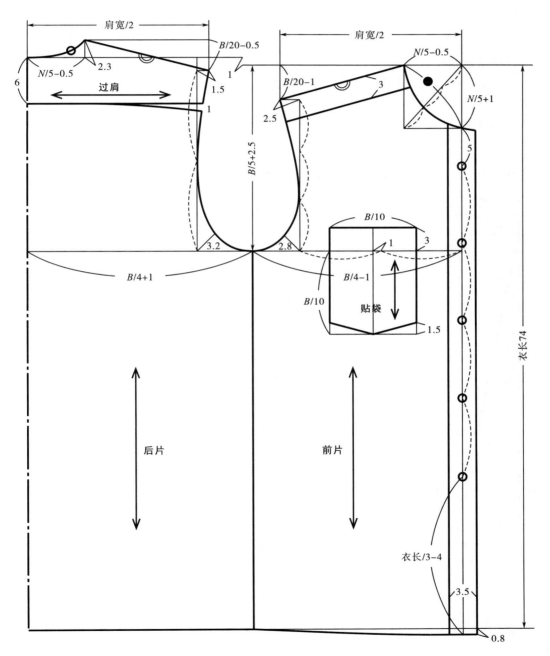

图 11-2　衣身结构图

2. 后身结构图（图 11-2）

（1）画出上平线（比前身上平线高出 1cm）。

（2）延长袖窿深线，画出后胸围（B/4+1cm）、后中线。

（3）量后领翘高（2.3cm）、后领宽（N/5-0.5cm），画后领口弧线。

（4）量后落肩高（B/20-0.5）、后肩宽（S/2），画后肩斜线。

（5）从后肩点水平收进 1.5cm 画后背宽线、后袖窿弧线。

（6）画出后过肩，宽度 6cm。

（7）画出肩胛骨省，1cm。

（8）画出底边线。

3. 袖子结构图（图 11-3）

（1）量出衣身袖窿弧线的长度（AH），备用。

（2）画出上平线、袖长线（袖长 -6cm）、下平线。

（3）画出袖深线（B/10-2cm）。

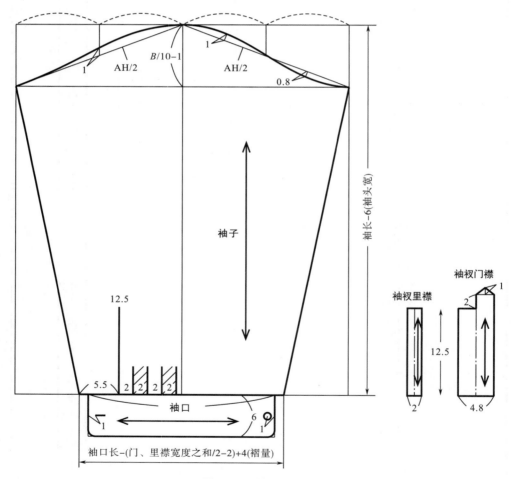

图 11-3　袖子结构图

（4）画出前袖山斜线（AH/2）、后袖山斜线（AH/2）、袖山弧线。

（5）画出袖口线，长度 = 袖口长 –（门、里襟宽度之和 /2–2 ）+ 褶量。

（6）画出前袖缝线、后袖缝线。

（7）画出袖开衩线、袖褶线。

（8）画出袖头。

（9）按图示数据画出袖衩门襟、里襟。

4. 领子结构图（图 11–4）

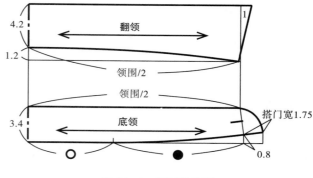

图 11–4　领子结构图

第二节　男衬衫纸样的绘制方法

一、面料毛板

面料毛板共 12 块，包括左前片、右前片、后片、贴袋、门襟贴边、过肩、翻领、底领、袖子、袖头、袖衩门襟、袖衩里襟（图 11–5）。过肩纸样由前、后衣身分割肩部、合并肩缝得到。图中的内轮廓线是各衣片的净板，外轮廓线表示的是毛板。

二、辅料纸样与工艺纸样

1. 衬板

衬板共四块，包括门襟贴边衬、翻领衬、底领衬、袖头衬，门襟贴边衬保留领口缝份和底边折边量（图 11–6），翻领衬、底领衬按净板裁剪，袖头衬按袖头毛板裁剪 。

2. 工艺纸样

在制作过程中要使用到的工艺纸样共五块，包括贴袋净板、门襟贴边净板、翻领净板、底领净板、袖头净板，门襟贴边净板上要标注扣眼和纽扣位置。

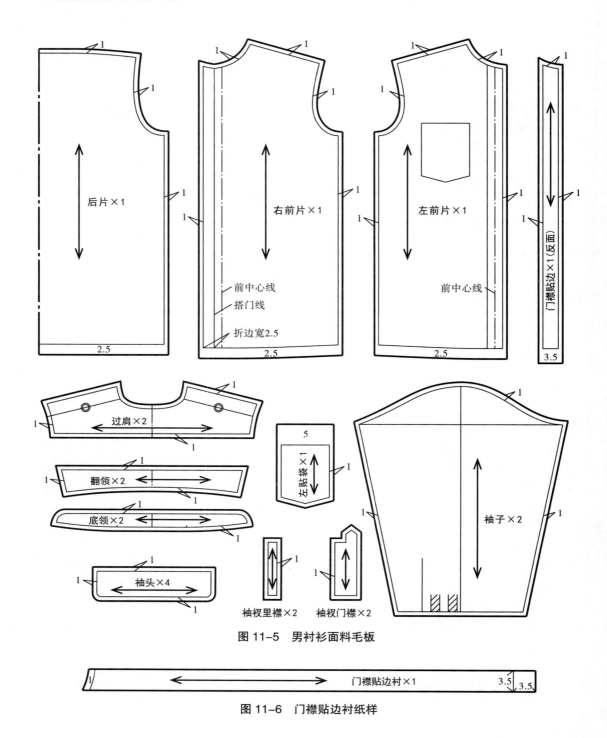

图 11-5　男衬衫面料毛板

图 11-6　门襟贴边衬纸样

第三节　男衬衫的排料与裁剪

一、面料的排料与裁剪方法

男衬衫有些衣片为单片，可采用单层裁剪方式，即将布料展开，反面向上，按照毛板上所标注的纱向及裁剪片数的要求，将其排列在面料之上（图11-7）。这时要特别注意衣片的方向和数量。如果是条格面料，并且条格是对称的话，则要求左、右前

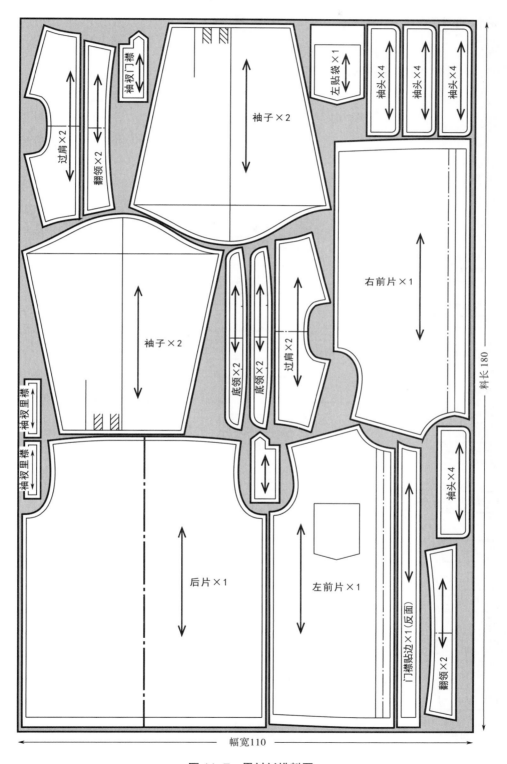

图 11-7　男衬衫排料图

身要对称，侧缝的水平方向要对格，前片、后片的中心线与条格的中央线要对齐，左右领尖、袖子、袖头、袖开衩要对称，门襟与前身、贴袋与前身要对条格。

二、辅料的裁剪

底领衬、翻领衬、门襟贴边衬和袖头衬，要采用不同硬度的树脂黏合衬来裁剪，底领衬最硬、翻领衬次之、门襟贴边衬和袖头衬较软。

第四节　男衬衫的制作工艺

一、男衬衫的制作工艺流程（图 11-8）

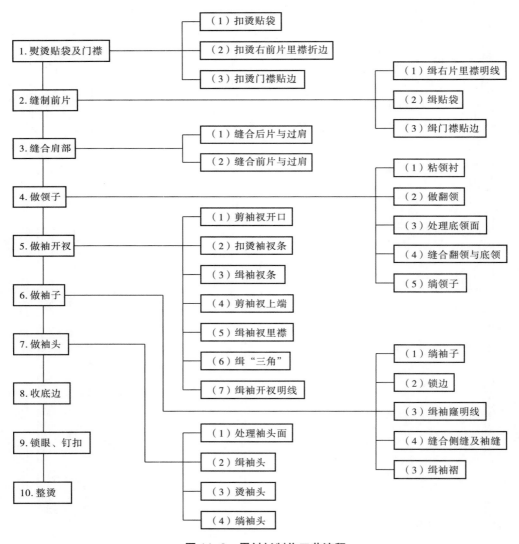

图 11-8　男衬衫制作工艺流程

二、男衬衫的制作顺序和方法

1. 熨烫贴袋及门襟

（1）扣烫贴袋：贴袋的袋口按 2.5cm 宽扣烫两次，贴袋边缘按 1cm 缝份扣烫（图 11-9）。

（2）扣烫右前片里襟折边：先扣烫 1cm 缝份、再烫出 2.5cm 折边宽度（图 11-10）。

（3）熨烫门襟贴边：将门襟贴边衬粘在门襟贴边反面，两边按净线扣烫（图 11-11）。

图 11-9　扣烫贴袋图

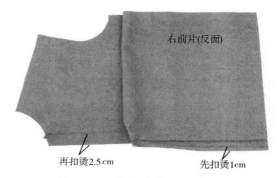

右前片(反面)

再扣烫2.5cm　　先扣烫1cm

图 11-10　扣烫右前片里襟折边

图 11-11　熨烫门襟贴边

2. 缝制前片

（1）缉右片里襟明线：沿扣烫好的折边边缘缉 0.1cm 宽明线（图 11-12）。

（2）缉贴袋：在左片正面画出贴袋位置（图 11-13），将扣烫好的贴袋缉在该位置上（图 11-14），明线宽 0.1cm，袋口要缉牢固。

沿扣烫好的贴边边缘缝0.1cm明线

右前片（反面）

图 11-12　缉右片里襟明线

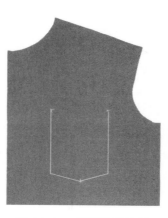

图 11-13　画出贴袋位置

图 11-14　缉贴袋

（3）缉门襟贴边：

①门襟贴边的正面与左前片的反面相对，沿门襟止口净线缉缝（图 11-15）。

②将门襟贴边翻向正面烫好，在正面两边各缉 0.5cm 宽的明线。

3. 缝合肩部

（1）缝合后片与过肩：

①将后片夹在两层过肩之间，三层缝合在一起（图 11-16）。

②将过肩的外层向上翻，正面在上，缉 0.1cm 宽的明线（图 11-17）。

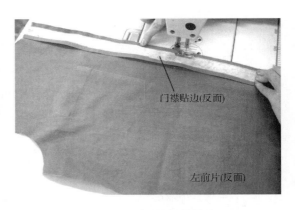

图 11-15　缉门襟贴边

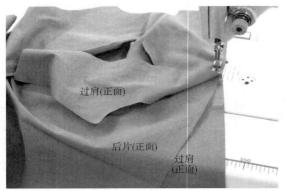

图 11-16　缝合后片与过肩

图 11-17　缉后过肩明线

（2）缝合前片与过肩：先缝合一侧，把前片夹在两层过肩之间，三层缝合在一起（图 11-18）；再缝合另一侧，之后在正面缉 0.1cm 宽的明线（图 11-19）。

图 11-18　缝合前片与过肩

图 11-19　缉前过肩明线

4.做领子

（1）粘领衬：在翻领面的反面按领子净样粘一层树脂衬，在底领面的反面按净样粘一层树脂衬（图11-20）。

图 11-20　粘领衬

（2）做翻领：

①缉翻领，翻领面在上，翻领里在下，两层正面相对，翻领里外周比翻领面外周小0.2cm，沿领衬边缘将两层缉在一起，翻领面多出的量吃进，线迹距树脂衬0.1cm（图11-21）。

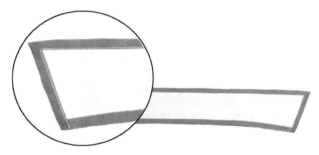

图 11-21　缉翻领

②适当修剪领外口缝份，扣烫缝份，将领角插片放置在领角处（图11-22）。

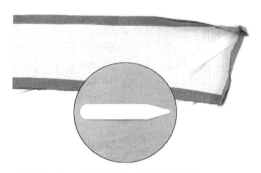

图 11-22　修剪领外口缝份及放领角插片

③翻出领面熨烫，领里不能反吐。在正面缉0.5cm宽的明线（图11-23）。

图 11-23　在翻领外围缉明线

④领面在下卷折翻领，使领面留有松量，离开翻领衬 0.2cm 缉缝固定（图 11–24）。

翻领里(正面)

图 11–24　固定翻领面的松量

（3）处理底领面：在底领面的反面粘衬，扣烫领下口缝份并在缝份上缉 0.6cm 宽的明线（图 11–25）。

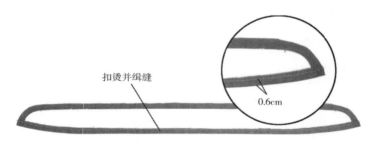

扣烫并缉缝

0.6cm

图 11–25　扣烫底领面下口并缉明线

（4）缝合翻领与底领：把翻领夹在两层底领之间（注意：翻领面的正面要与底领面的正面相对），三层缝合在一起（图 11–26），注意前、后领中要严格对位。翻领与底领缝合之后的效果如图 11–27 所示，翻出正面之后的效果如图 11–28 所示。

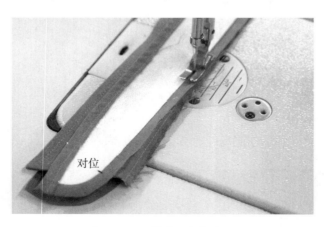

对位

图 11–26　缝合翻领与底领

图 11-27　翻领与底领缝合后的效果

图 11-28　翻出正面的效果

（5）绱领子：

①将底领里的下口与衣身的领口缝合在一起（图 11-29），缝合后的效果如图 11-30 所示。

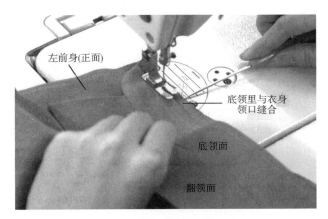

图 11-29　底领里下口与衣身领口缝合

图 11-30　底领里与衣身缝合

②将领口缝份折好，沿底领外围缉 0.15cm 宽的明线（图 11-31），缉完明线的效果如图 11-32 所示。

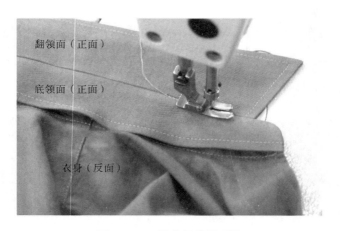

图 11-31　缉底领外围明线

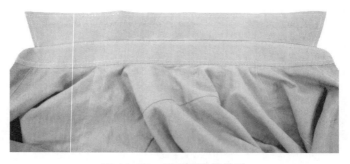

图 11-32　缉完明线的效果

5. 做袖开衩

（1）剪袖衩开口：将位于袖子后侧的袖衩开口剪开（图 11-33），剪开长度为 12.5cm（包括缝份）。

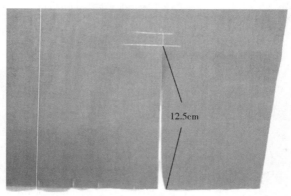

图 11-33　剪开袖衩开口

（2）扣烫袖衩条（图 11-34）：袖衩门襟、里襟沿净缝线扣烫好。

（3）缉袖衩条：将袖衩条缉在袖衩开口处。注意：袖衩条的正面与袖子的反面相对，袖衩里襟放在后袖一侧，袖衩门襟放在前袖一侧（图 11-35）。缉袖衩条背面效果如图 11-36 所示。

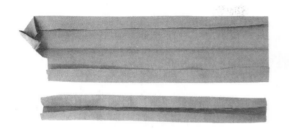

图 11-34　扣烫袖衩条

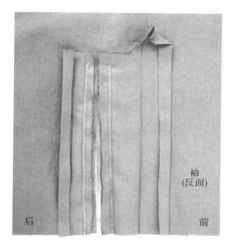

图 11-35　缉袖衩条

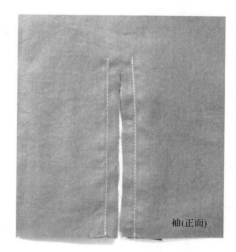

图 11-36　缉袖衩条背面效果

（4）剪袖衩上端：将袖衩的上端剪开呈"Y"字形（图 11-37）。

（5）缉袖衩里襟：将袖衩里襟卷折包住缝份，沿边缉 0.1cm 明线（图 11-38）。

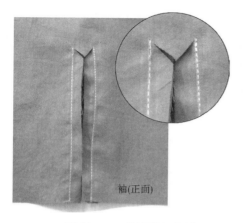

图 11-37　剪开袖衩上端

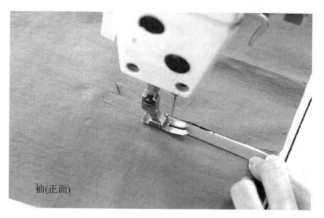

图 11-38　缉袖衩里襟

（6）缉"三角"：将袖子折回、袖衩部位摆顺，在反面将"三角"缉住（图 11-39）。缉完"三角"后将袖子展平，缉"三角"后的背面效果如图 11-40 所示。

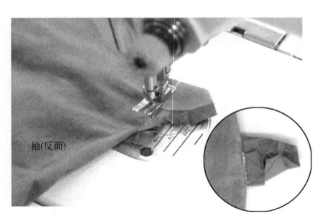

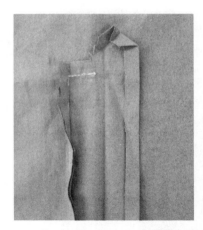

图 11-39 缉缝固定"三角"　　　　　　图 11-40 固定"三角"后的背面效果

（7）缉袖开衩明线：

①掀开袖衩门襟，在袖衩里襟边上缉 0.1cm 宽的明线，从袖子反面看到的效果如图 11-41 所示。

图 11-41 袖衩里襟缉明线　　　　　　图 11-42 袖衩门襟缉明线

②将袖衩摆平，在袖衩门襟上缉明线（图 11-42）。

6. 做袖子

（1）绱袖子：将衣身与袖子正面相对，袖子放在上层，衣身放在下层，缝合衣身与袖子的袖窿，缝合时袖子要适量吃缝（图 11-43）。

（2）锁边：袖窿用包缝机锁边，锁边时袖子放在上层，衣身放在下层。

（3）缉袖窿明线：将袖窿缝份倒向衣身一侧，看着正面在衣身上缉 0.4cm 宽的袖窿明线（图 11-44）。

（4）缝合侧缝及袖缝：用内包缝的方法缝合衣身的侧缝及袖子的袖缝，缝合之后从正面看后身压前身（图 11-45）。

（5）缉袖褶：将袖口上的两个活褶折叠、倒向袖开衩一侧，缉缝固定（图 11-46）。

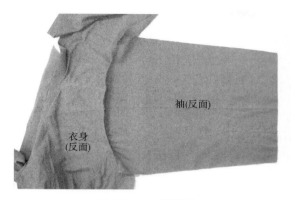

图 11-43　绱袖子

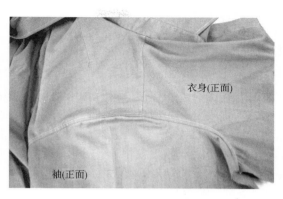

图 11-44　缉袖窿明线

图 11-45　缝合侧缝及袖缝

图 11-46　缉缝固定袖褶

7. 做袖头

（1）处理袖头面：在袖头面的反面粘一层较硬的无纺衬，用袖头净板画线，沿袖口净缝线扣烫袖口缝份，在缝份上缉 0.6cm 宽的明线（图 11-47）。

（2）勾袖头：修剪袖头面、里的缝份，袖头面比袖头里多出 0.2cm；袖头面与袖头里正面相对，边缘对齐，沿净缝线缉缝，缉缝时要将袖头面多出的量吃进去。

图 11-47　处理袖头面

（3）翻烫袖头：翻出袖头正面，先熨烫周围，注意袖头里不能反吐，再沿着袖头面扣烫袖头里的缝份（图 11-48）。

（4）绱袖头：将袖子夹在袖头面与袖头里之间（袖头面朝上），缉 0.15cm 宽的明线，然后沿袖头外周缉 0.5cm 宽的明线（图 11-49）。

图 11-48　翻烫袖头

图 11-49　绱袖头

8. 收底边

沿衣长净缝线卷折底边，再将其中的 1cm 折进，缉 0.1cm 宽的明线。

9. 锁眼、钉扣

按照结构图中的扣眼位置，在左前身领子上锁一个横向扣眼，在门襟上锁五个竖向扣眼，在右前身的相应位置钉纽扣。袖头上的纽扣与扣眼要区分好门襟与里襟，上面的是门襟，锁扣眼；下面的是里襟，钉纽扣。

10. 整烫

将制作完成的男衬衫检查一遍，清剪线头。将领子、衣身、底边、袖子、袖头等熨烫平整，完成后的效果如图 11-50 所示。

图 11-50 男衬衫成品效果

三、男衬衫法式袖头

1. 法式袖头的结构图与纸样（图 11-51）

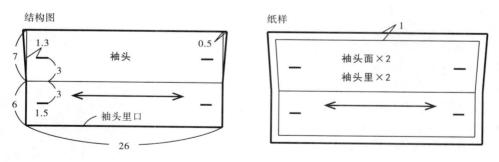

图 11-51 法式袖头的结构图与纸样

2. 法式袖头的制作工艺

（1）处理袖头面：在袖头面的反面粘一层硬度合适的树脂衬，扣烫袖头里口缝份、烫出袖头的翻折线（图 11-52）。

袖头面与袖头里正面相对，修剪缝份，袖头面比袖头里多出 0.2cm。

（2）勾袖头：在袖头里口处用袖头里的缝份包住袖头面的缝份，在树脂衬旁边缉缝袖头外口一周（图 11-53）。

（3）烫袖头：翻出袖头的正面熨烫，注意袖头里不能反吐。

（4）缉袖头：将袖子夹在袖头面与袖头里之间（袖头面朝上），缉 0.1cm 宽的明线，然后沿袖头外口缉 0.1cm 宽的明线（图 11-54）。

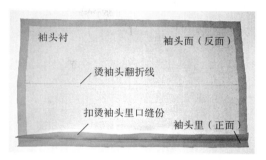

图 11-52　处理袖头面

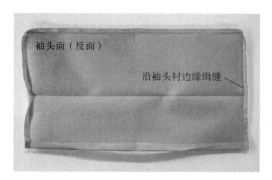

图 11-53　勾袖头

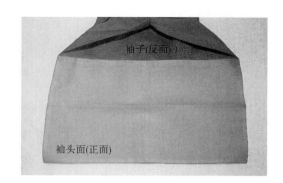

图 11-54　缉袖头

（5）锁扣眼、装袖扣

按照结构图中的扣眼位置在袖头上锁出四个扣眼。袖头向外翻折，两端对齐，将装饰袖扣穿过四个扣眼扣好（图 11-55）。

图 11-55　锁扣眼、装袖扣

第五节　男衬衫成品检验

男衬衫外观检验请参照第一单元第一章第五节。

一、规格尺寸检验

（1）领围：将领子对折，测量从扣位至后领中的距离，极限误差为±0.5cm。
（2）胸围：系好纽扣，水平量，一周的极限误差为±2cm。
（3）前衣长：在前身量，由颈侧点垂直量至底边，极限误差为±1cm。
（4）肩宽：在后身量，由左肩点量至右肩点，极限误差为±0.6cm。
（5）袖长：由袖山顶点量至袖口，极限误差为±1cm。
（6）袖口：一周的极限误差为±0.5cm。

二、工艺检验

（1）翻领与净板的形状要一致，左右要对称，领面松紧要适宜，领子不反翘。
（2）底领与净板的形状要一致，左右要对称。
（3）翻领与底领要伏贴，领窝要圆顺。
（4）贴袋与净板的形状要一致，位置要正确、袋口要牢固。
（5）过肩的左、右肩要相等。
（6）门襟与里襟的长短要适宜。
（7）底边折边宽窄要一致。
（8）左右袖长、袖衩、袖口大小、袖头宽窄要一致。
（9）扣眼与纽扣的位置要准确，纽扣钉缝要牢固。

练习与思考题

1.测量其他人的尺寸，确定成品规格，绘制男衬衫结构图（制图比例1:1）。
2.绘制男衬衫毛板（制图比例1:1）。
3.裁剪一件男衬衫。用格子面料裁剪时哪些部位要对格？
4.男衬衫的工艺要求有哪些？
5.男衬衫的缝制工艺流程是如何编排的？
6.总结制作男衬衫领子的工艺技巧有哪些。
7.尝试袖开衩的其他制作方法。
8.整烫时要熨烫哪些部位？
9.你认为学习男衬衫的重点和难点有哪些？

理论应用
与实践

第十二章　翻领女衬衫

教学内容： 翻领女衬衫结构图的绘制方法 /2 课时

翻领女衬衫纸样的绘制方法 /0.5 课时

翻领女衬衫的排料与裁剪 /0.5 课时

翻领女衬衫的制作工艺 /6 课时

翻领女衬衫成品检验 /1 课时

课程时数： 10 课时

教学目的： 引导学生有序工作，培养学生的动手能力。

教学方法： 集中讲授、分组讲授与操作示范、个性化辅导相结合。

教学要求： 1. 能够通过测量人体或根据原型得到翻领女衬衫的成品
尺寸，也能够根据款式图或照片给出成品尺寸。

2. 在老师的指导下绘制 1∶1 的结构图，独立绘制 1∶1
的纸样。

3. 独立、有序地制作完成翻领女衬衫。掌握翻领的制作
方法，并能够举一反三。

4. 完成一份学习报告，记录学习过程，归纳和提炼知识
点，编写翻领女衬衫的制作工艺流程，写课程小结。

教学重点： 1. 翻领女衬衫结构图及纸样的画法

2. 正确排料与裁剪

3. 衬衫类翻领的制作方法

此款女衬衫合体，衣身是简单的四开身结构；领子为关门翻领，是有代表性的一种领型；袖子为普通短袖，是最基本的一片袖（图 12-1）。

前

后

图 12-1　翻领女衬衫款式图

此款女衬衫使用的面料为纯棉斜纹布，所有用料如表 12-1 所示。面料幅宽 150cm，用料计算方法为：衣长 + 袖长 +20~25cm，遇到缩水率较高的面料时还应加上缩水量。

表 12-1　翻领女衬衫用料

材料名称	用量	材料名称	用量
纯棉斜纹布	幅宽 150cm，料长 100cm	纽扣	16L（直径 10mm），5 粒
有纺衬	少量	缝纫线	适量

第一节　翻领女衬衫结构图的绘制方法

一、翻领女衬衫成品规格的制定

根据国家号型中女装的中间标准体 160/84A 的主要控制部位尺寸，确定翻领女衬衫的成品规格尺寸（表 12-2）。

（1）后衣长：从后颈点向下量至臀围线以下 3cm 处。

（2）肩宽：在净肩宽的基础上加 1~2cm 松量。

（3）胸围：在 84cm 胸围的基础上加放 10cm 的松量。

（4）臀围：比成品胸围多 2cm。

（5）袖长：根据款式设定。

表 12-2　翻领女衬衫成品规格（号型：160/84A）　　　　单位：cm

部位	后衣长	肩宽（S）	胸围（B）	臀围（H）	袖长（SL）
尺寸	59	39	94	96	19

二、翻领女衬衫结构图的绘制过程

使用净胸围 84cm、背长 38cm 的原型（图 12-2），在其基础上完成翻领女衬衫结构图的绘制。作图的主要过程如下。

1. 调整原型上的省道

（1）后片：忽略肩省和腰省。

（2）前片：将袖窿省的 2/3 转移为腋下省，其余的 1/3 留在原处做松量，忽略腰省（图 12-3）。

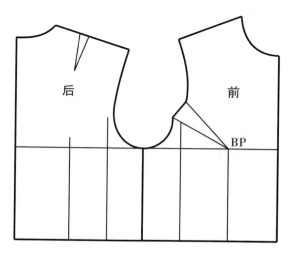

图 12-2　使用原型

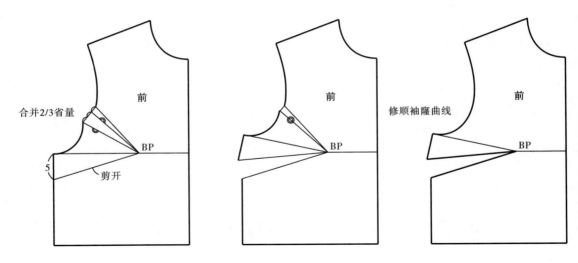

图 12-3　调整原型前片上的省道

2. 绘制衣身结构图（图 12-4）

（1）量出后衣长 59cm，画下平线、前中线、搭门宽 1.5cm，延长原型的侧缝线至下平线。

（2）从腰围线（WL）向下 18cm 画出臀围线（HL）。

（3）调整前、后领口宽，在原型领口上领宽加大 0.5cm，前领深加深 1cm；画出领口弧线。

（4）过原型后肩点作水平线，取肩宽 /2 画出后肩，前肩比后肩长度少 0.3cm。

（5）量出前、后胸围尺寸。

（6）量出前、后腰省（包括侧缝收腰量）。

（7）画出前、后臀围尺寸。

（8）画出前、后侧缝轮廓线。

（9）画出前、后底边轮廓线。

（10）画出扣眼位（右片锁眼、左片钉扣）。

3. 绘制领子结构图（图 12-4）

（1）画出垂直基准线即后领中心线，画出水平基准线。

（2）画出后领宽。

（3）画出绱领线的基准线（注意前领口弧线的长度不包括搭门宽），画出绱领弧线。

（4）画出领外口轮廓线，画出领折线。

4. 绘制袖子结构图（图 12-4）

（1）确定袖山高：

①将前片的腋下省合并，前、后片的侧缝线对齐，前后袖窿线画圆顺。

②参照附录"日本文化式原型的制图方法"画袖山高。

（2）画出前、后袖山斜线，画出袖肥。

（3）画出袖山弧线、袖下线、袖口线。

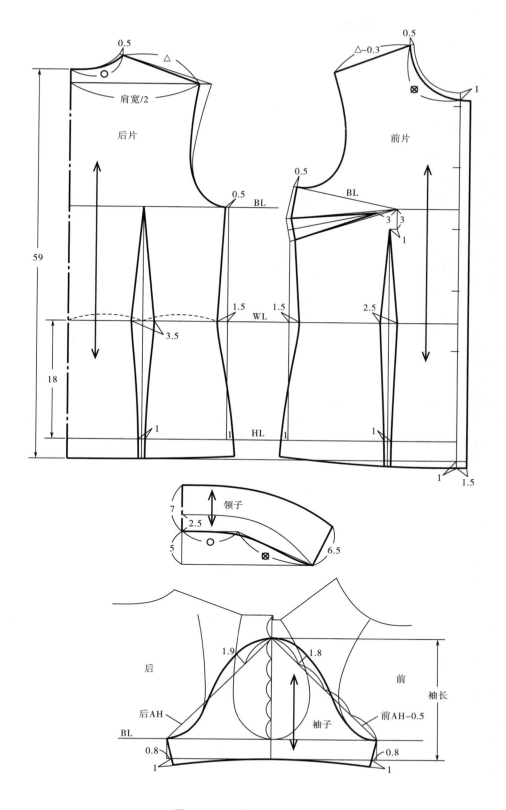

图 12-4 翻领女衬衫结构图

第二节　翻领女衬衫纸样的绘制方法

一、翻领女衬衫毛板的制作方法

　　毛板共四块，包括后片、前片、领子、袖子。袖窿条无须打板，按图 12-5 所示数据直接裁剪即可。毛板的制作方法如下：

　　从结构图中取出后片、前片、领子、袖子。

　　后片：后中对折、底边加出 3cm 的折边，其余位置加出 1cm 宽的缝份。

　　前片：前中加出门襟折边 7.5cm，底边加出 3cm 的折边，其余位置加出 1cm 宽的缝份。

　　领子：四周加出 1cm 宽的缝份。

　　袖子：袖口加出 3cm 的折边，其余位置加出 1cm 宽的缝份。

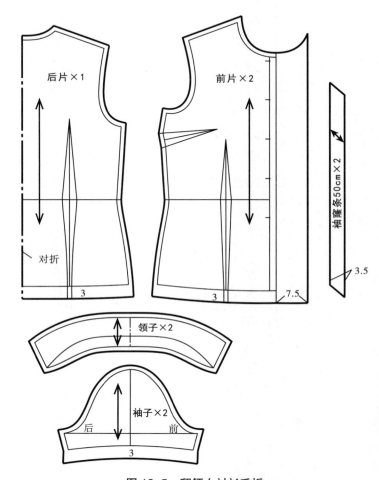

图 12-5　翻领女衬衫毛板

二、工艺纸样

　　工艺纸样是领子净板，要标出绱领对位点，包括左、右肩缝点和领子的中点（图 12-6）。

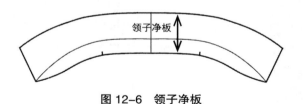

图 12-6　领子净板

第三节　翻领女衬衫的排料与裁剪

一、面料的排料与裁剪方法

将面料对折，按照毛板上的标注要求将前片、后片、领子、袖子的纸样排列在面料上；袖窿条插空放置（图12-7），袖窿条不够长时可以拼接。

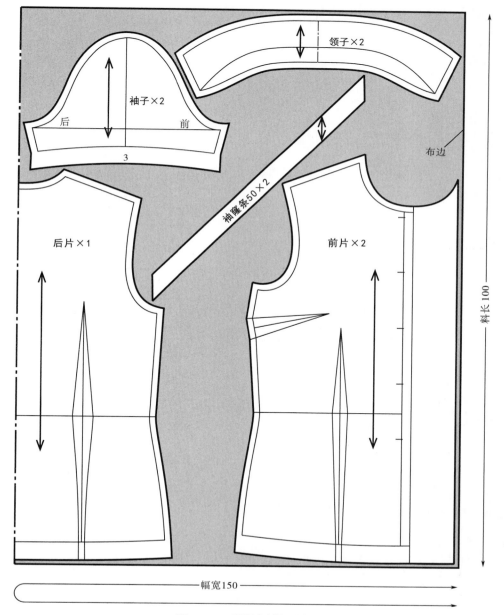

图12-7　翻领女衬衫排料图

二、辅料的裁剪

领衬 1 片，使用薄厚适宜的有纺衬，按照领子毛板裁剪。

第四节 翻领女衬衫的制作工艺

一、翻领女衬衫的制作工艺流程（图 12-8）

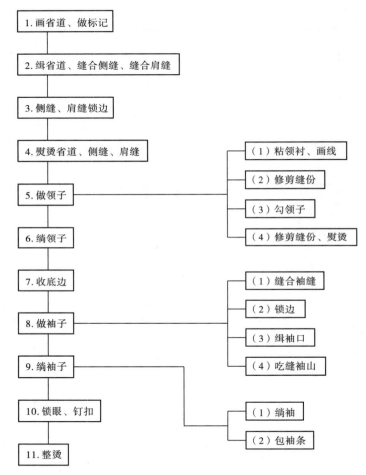

图 12-8 翻领女衬衫制作工艺流程

二、翻领女衬衫的制作顺序和方法

1. 画省道、做标记（图 12-9）

（1）前片：在前片反面画出腋下省、腰省，左、右两片都要画；在领口处打前中心线及搭门的剪口，在底边处打门襟止口的剪口。

（2）后片：在后片反面画出腰省，左、右两侧都要画。

（3）袖子：在袖山顶点做标记。

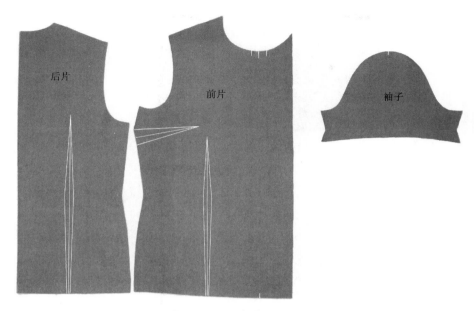

图 12-9 画省道、做标记

2. 缉省道、缝合侧缝、缝合肩缝

缉省道时，腰省的上端省尖、腋下省的省尖都不打倒针，要留出足够的线头，打结。缝合侧缝时腋下省向上倒，前、后肩缝对齐缝合。

3. 侧缝、肩缝锁边

用包缝机锁边时，前片放在上面，后片放在下面。

4. 熨烫省道、侧缝、肩缝

在衣片反面熨烫，前身的腋下省向上烫倒，腰省向前中方向烫倒，后身的腰省向后中方向烫倒，侧缝、肩缝向后身方向烫倒。

5. 做领子

（1）粘领衬、画线：将领衬粘在领底反面，用净板画出轮廓线，同时画出后中及肩缝的对位点（图 12-10）。

图 12-10 粘领衬、画线并做标记

（2）修剪缝份：修剪领底与领面的缝份，领面比领底周围多出 0.2cm（图 12-11）。

（3）勾领子：领底在上、领面在下，外口边缘对齐，沿着所画线迹缉缝的同时要将领面的松量吃缝进去（图 12-12）。

（4）修剪缝份、熨烫：先修剪缝份，保留 0.5cm。然后翻出正面熨烫，领底不能反吐（图12-13）。

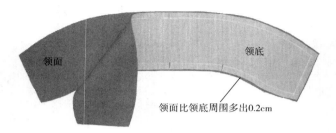

领面

领底

领面比领底周围多出0.2cm

图 12-11　修剪领子缝份

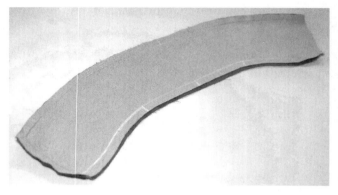

图 12-12　勾领子

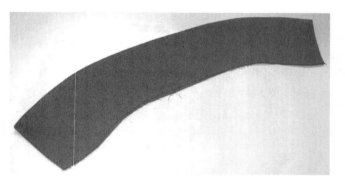

图 12-13　熨烫后的领子

6. 绱领子

从左侧开始。

（1）第一步（图 12-14）：①沿门襟止口线翻折门襟贴边，将前中线的剪口对齐，缉缝搭门。②将领子夹在门襟折边与衣片之间继续缉缝。③缉至距门襟折边的边缘 2cm 处停下，抬起压脚，在门襟折边与领面的缝份上打剪口。④掀开门襟折边与领面，放下压脚，继续缝合领底与衣身，肩缝对位点要对齐、后中对位点要对齐。至此左侧完成，右侧与之对称即可。

（2）第二步（图 12-15）：①在领底与衣身上打剪口（与上一步打剪口的位置相同）。②翻出门襟折边的正面，将领口缝份倒向领子一侧。③折好领面的缝份。④缉 0.1cm 宽的明线。然后将门襟熨烫平整。

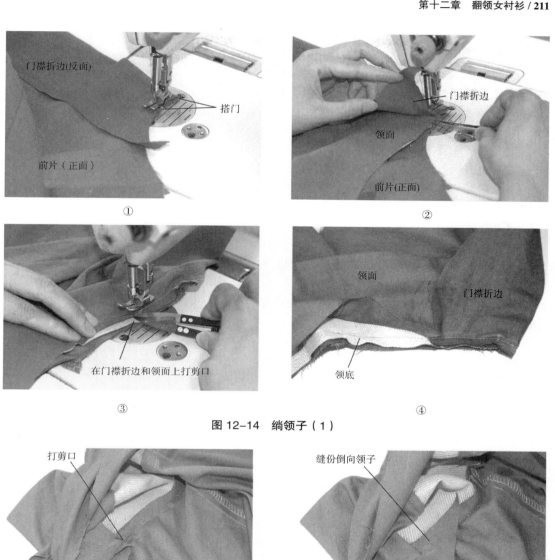

图 12-14 绱领子（1）

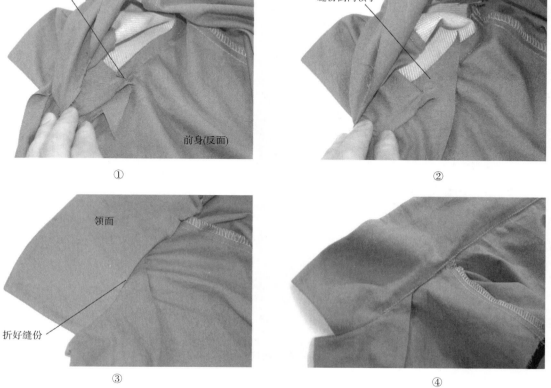

图 12-15 绱领子（2）

7. 收底边

用卷边缝处理底边：沿着衣长净线卷折底边 3cm 并熨烫，再将其中的 1.4cm 向里折，看着衬衫的反面绱线，绱线距折边 0.1cm 宽，从正面看明线距底边 1.5cm。

8. 做袖子（图 12-16）

（1）缝合袖缝：缝合前、后袖缝。

（2）锁边：前袖在上、后袖在下，用包缝机锁边。

（3）绱袖口：袖缝倒向后袖一侧，与收底边的方法相同绱袖口折边。

（4）吃缝袖山。

9. 绱袖子

（1）绱袖：袖子与袖窿正面相对，袖山顶点对准肩缝、袖缝对准侧缝，按 1cm 缝份缝合一周。

（2）包袖条：用 45° 正斜丝布条在绱袖缝份上做一圈净绲边（图 12-17）。

10. 锁眼、钉扣

按照结构图中的扣眼位置，在右前身锁扣眼，左前身钉纽扣。

11. 整烫

将制作完成的女衬衫检查一遍，清剪线头，将领子、衣身、底边、袖子等熨烫平整，翻领女衬衫的成品效果如图 12-18 所示。

图 12-16 做袖子

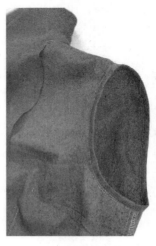

图 12-17 绱袖子、包袖条

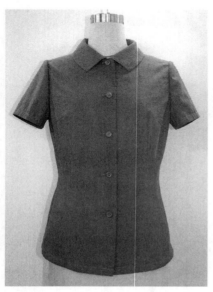
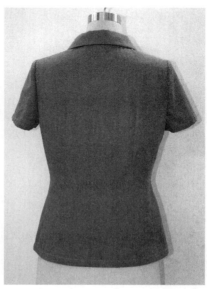

图 12-18 翻领女衬衫成品效果

第五节 翻领女衬衫成品检验

翻领女衬衫外观检验请参照第一单元第一章第五节。

一、规格尺寸检验

（1）后中衣长：由后颈点垂直量至底边，极限误差为 ±1cm。

（2）胸围：系好纽扣，水平量，一周的极限误差为 ±2cm。

（3）肩宽：在后身量，由左肩点量至右肩点，极限误差为 ±0.5cm。

（4）袖长：由袖山顶点量至袖口，极限误差为 ±0.5cm。

二、工艺检验

（1）领子与净板的形状要一致，领面松紧要适宜，领窝要圆顺。

（2）左、右前身要对称。

（3）门襟与里襟的长短要适宜。

（4）底边折边宽窄要一致。

（5）左右袖长、袖口大小要一致。

（6）纽扣钉缝要牢固。

练习与思考题

1. 测量自己或他人的尺寸,确定成品规格,绘制翻领女衬衫结构图（制图比例 1：1）。

2. 绘制翻领女衬衫毛板（制图比例 1：1）。

3. 裁剪一件翻领女衬衫。用格子面料裁剪时哪些部位要对格?

4. 翻领女衬衫工艺要求有哪些?

5. 翻领女衬衫缝制工艺流程是如何编排的?

6. 总结并记住翻领的制作方法,且能够举一反三。

第十三章 海军领长衬衫

教学内容： 海军领长衬衫结构图的绘制方法 /2 课时
海军领长衬衫纸样的绘制方法 /0.5 课时
海军领长衬衫的排料与裁剪 /0.5 课时
海军领长衬衫的制作工艺 /7 课时

课程时数： 10 课时

教学目的： 引导学生有序工作，培养学生的动手能力。

教学方法： 集中讲授、分组讲授与操作示范、个性化辅导相结合。

教学要求： 1. 能够通过测量人体或根据原型得到海军领长衬衫的成品尺寸，也能够根据款式图或照片给出成品尺寸。

2. 在老师的指导下绘制 1：1 的结构图，独立绘制 1：1 的纸样。

3. 独立、有序地制作完成海军领长衬衫。掌握海军领的制作方法，并能够举一反三。

4. 完成一份学习报告，记录学习过程，归纳和提炼知识点，编写海军领长衬衫的制作工艺流程，写课程小结。

教学重点： 1. 海军领长衬衫结构图及纸样的画法

2. 披肩领的制作方法

3. 泡泡袖的制作方法

此款海军领长衬衫是在翻领女衬衫的基础上变化而成的，衣身是简单的四开身结构，领子为披肩领类型中的海军领，袖子在普通短袖的基础上变化为泡泡袖，袖口处缉橡筋线（图13-1）。

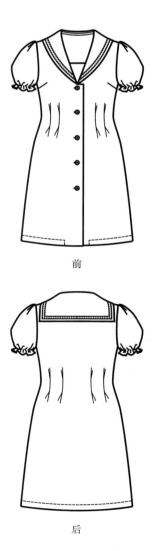

前

后

图 13-1　海军领长衬衫款式图

此款海军领长衬衫的所有用料如表13-1所示。面料幅宽150cm，用料计算方法为：衣长 + 袖长 +40~45cm，遇到缩水率较高的面料时还应加上缩水量。

表 13-1　海军领长衬衫用料

材料名称	用量
涤棉平纹布	幅宽150cm，料长145cm
胸挡布	少量
装饰丝带	少量
纽扣	28L（直径18mm），5粒
缝纫线	适量

第一节　海军领长衬衫结构图的绘制方法

一、海军领长衬衫成品规格的制定

根据国家号型中女装的中间标准体 160/84A 的主要控制部位尺寸，确定海军领长衬衫的成品规格尺寸（表13-2）。

（1）后衣长：在腰围线以下取 44cm。

（2）胸围：在84cm胸围的基础上加放12cm的松量，与84cm原型纸样的胸围尺寸相同。

（3）臀围：比成品胸围多 2cm。

（4）袖长：20cm 左右。

表 13-2　海军领长衬衫成品规格（号型：160/84A）　　　　　　单位：cm

部位	后衣长	胸围（B）	臀围（H）	袖长（SL）
尺寸	82	96	98	21

二、海军领长衬衫结构图的绘制过程

使用净胸围 84cm、背长 38cm 的原型，调整原型省道的步骤与翻领女衬衫相同，此处不再赘述。作图的主要过程如下：

1. 衣身结构图（图13-2）

（1）画出后衣长82cm，画出下平线、前中线、搭门宽 2cm、侧缝基准线。

（2）画出臀围线（HL），距腰围线（WL）18cm。

（3）调整前、后领口宽，在原型领口上领宽各加大 0.5cm，前领深在胸围线（BL）以下 3cm 处；画出领口弧线。

（4）画出前肩宽，肩端一侧收窄 1.5cm。

（5）画出后肩宽，过原型的后肩点作一水平线，根据前肩尺寸画出后肩宽。

（6）画出前、后腰褶和侧缝收腰量。

（7）画出前、后臀围尺寸。

（8）画出前、后侧缝轮廓线，画出前身的腋下省。

（9）画出前、后底边轮廓线。

（10）画出扣眼位（右片锁眼、左片钉扣）。

（11）画出胸挡布。

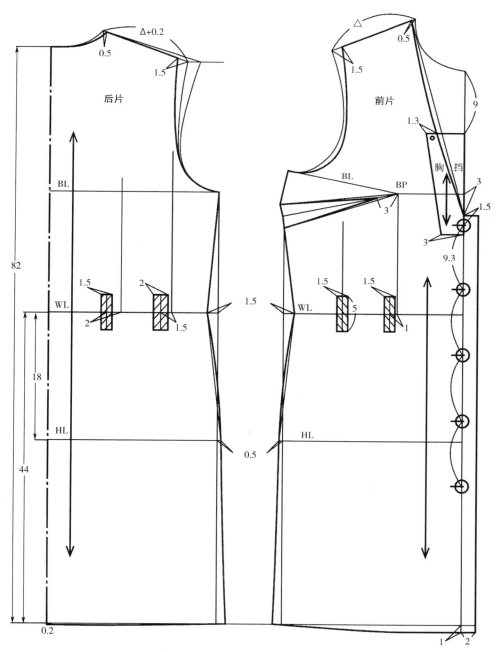

图 13-2　海军领长衬衫衣身结构图

2. 领子结构图（图 13-3）

（1）前、后衣片的颈侧点对齐，肩端一侧前、后肩线重叠 3cm。

（2）后领口弧线抬高 0.5cm，画顺前、后领口弧线。

（3）画出后领的纵向宽度 15cm。

（4）画出后领的横向宽度 16.2cm。

（5）画顺领外口弧线。

（6）画出装饰条。

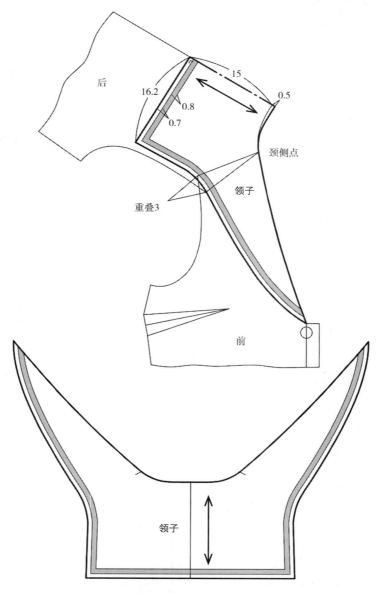

图 13-3　海军领长衬衫领子结构图

3. 袖子结构图（图 13-4）

图 13-4①：与翻领女衬衫画袖子的方法相同，画出袖子。

图 13-4②：从结构图中取出袖子，标出剪开线。

图 13-4③：将袖子展开。

图 13-4④：在袖山上标出袖褶，在袖口处标出缉橡筋线的位置。

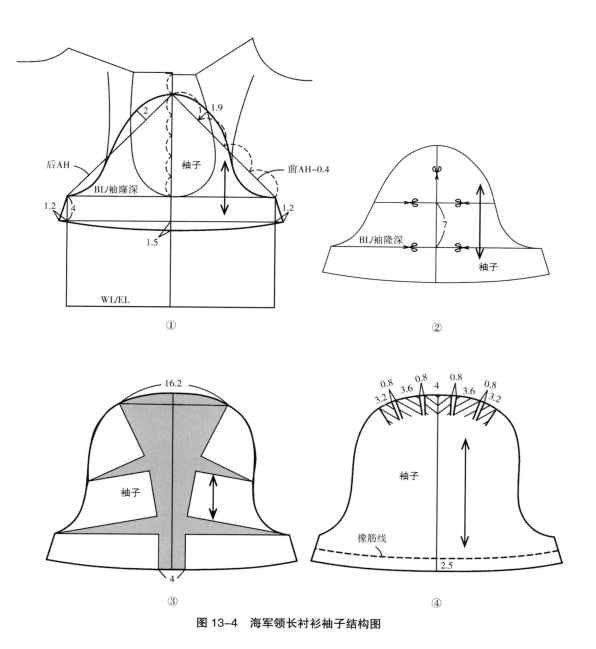

图 13-4　海军领长衬衫袖子结构图

第二节　海军领长衬衫纸样的绘制方法

一、海军领长衬衫毛板的制作方法

　　海军领长衬衫毛板共五块，包括后片、前片、胸挡、领子、袖子。领口条无须打板，按图 13-5 所示数据直接裁剪即可。毛板的制作方法如下：

　　从结构图中取出后片、前片、领子、胸挡、袖子。

　　后片：后中对折、底边加放 3cm 折边，其余位置加放 1cm 宽的缝份。

　　前片：前中加放门襟折边 7cm，底边加放 3cm 折边，其余位置加放 1cm 宽的缝份。

　　袖子：袖口加放 0.7cm 折边，其余位置加放 1cm 宽的缝份。

　　领子、胸挡：周围加放 1cm 宽的缝份。

　　领口条：按图中数据打毛板。

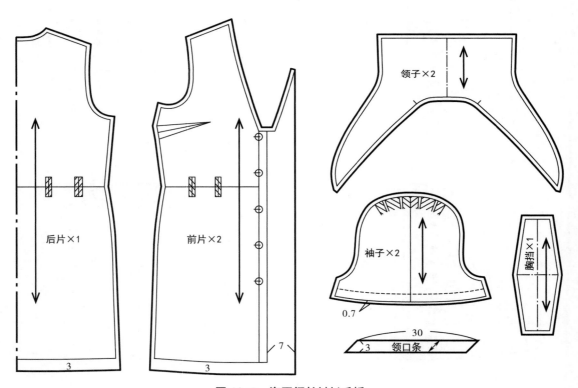

图 13-5　海军领长衬衫毛板

二、工艺纸样

工艺纸样是领子的净板，在领子的净板上一定
要标出颈侧对位点和后中对位点（图13-6）。

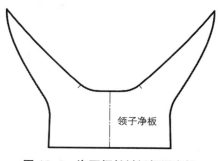

图 13-6 海军领长衬衫领子净板

第三节 海军领长衬衫的排料与裁剪

一、面料的排料与裁剪方法

将面料对折，按照毛板上的标注要
求将前片、后片、领子、袖子的纸样排
列在面料上，领口条插空放置（图13-
7），领口条不够长时可以拼接。

二、胸挡布的裁剪

胸挡采用其他颜色的布裁剪。

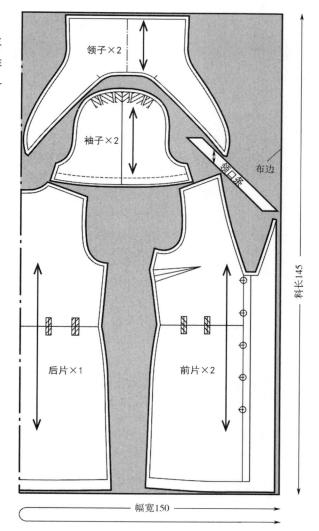

图 13-7 海军领长衬衫排料图

第四节　海军领长衬衫的制作工艺

一、海军领长衬衫的制作工艺流程（图 13-8）

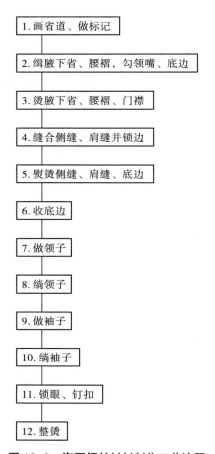

图 13-8　海军领长衬衫制作工艺流程

二、海军领长衬衫的制作顺序和方法

1. 画省道、做标记（图 13-9）

（1）前片：在反面画出腋下省、腰褶，左、右两片都要画；在止口线处画线或打剪口。

（2）后片：在反面画出腰褶，左、右两片都要画。

（3）袖片：在袖山上做泡泡袖褶的标记，在橡筋线处画线。

2. 缉腋下省、腰褶，勾领嘴、底边（图 13-10）

3. 熨烫腋下省、腰褶、门襟

腋下省向上烫倒，腰褶向中心方向烫倒，翻出门襟的正面，熨烫门襟止口（图 13-11）。

图 13-9 画省道、做标记

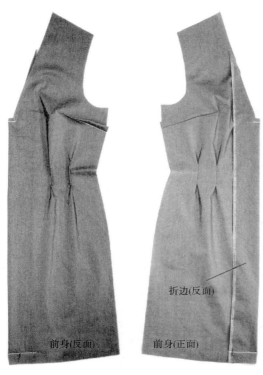

折边(反面)

前身(反面) 前身(正面)

图 13-10 缉腋下省、腰褶，勾领嘴、底边

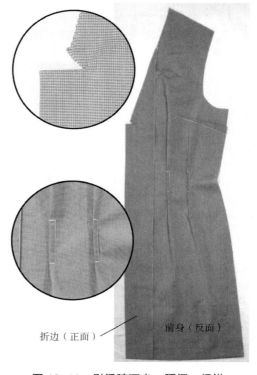

折边（正面） 前身（反面）

图 13-11 熨烫腋下省、腰褶、门襟

4. 缝合侧缝、肩缝并用包缝机锁边

5. 熨烫侧缝、肩缝、底边

6. 收底边（图 13-12）

从衣身的左侧开始收底边。看着反面，先沿着衣长净缝线卷折底边 3cm 宽，再将其中的 0.9cm 折进。从门襟折边处开始缉底边明线，缉至底边折痕处将衣身转动 90°，沿着折边缉 0.1cm 宽的明线，缉至右侧门襟折边时再将衣身转动 90°，继续垂直向下缉缝。从正面看明线距底边 2cm 宽。

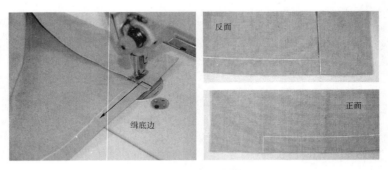

图 13-12　缉底边明线

7. 做领子

（1）修剪缝份：修剪领底与领面的缝份，领面比领底周围大出 0.2cm。

（2）勾领子：领底在上、领面在下，沿着净缝线缉缝的同时要将领面的松量吃缝进去。

（3）修剪、熨烫：修剪缝份，保留 0.5cm。翻出正面熨烫，领底不能反吐。

（4）缉装饰条：在领面上缉装饰条（图 13-13）。

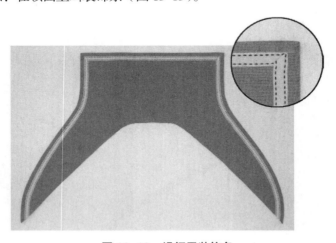

图 13-13　缉领子装饰条

8. 绱领子

从左侧开始。

（1）缉缝领子：将领子夹在门襟折边与衣片之间缉缝，缉至距门襟折边的边缘 2cm 处停下，抬起压脚，放上领口条，放下压脚，继续缉缝，肩缝对位点要对齐、后中对位点要对齐（图13-14）。至此左侧完成，右侧与之对称即可。

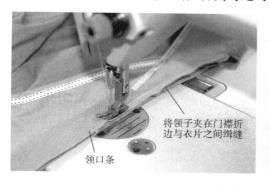

图 13-14　绱领子

（2）包领口：翻出门襟折边的正面，将领口缝份倒向衣身一侧，折好领口条并包住领口缝份，缉 0.1cm 宽的明线（图 13-15）。

9. 做袖子

（1）缉袖山褶：看着袖子的正面进行缉缝，前、后袖褶都向袖山顶点方向折叠（图 13-16）。

（2）缉袖口褶：将缝纫底线换成橡筋线，并将梭壳上面的螺丝适当调松，看着袖子正面所画的线迹缉缝（图 13-17）。

图 13-15　包领口

图 13-16　缉袖山褶　　　　　　　　图 13-17　缉袖口褶

（3）缝合袖缝：将前、后袖缝缝合，袖子缝成筒状。

（4）锁边：用包缝机锁袖缝，锁边时前袖在上、后袖在下。

（5）处理袖口折边：将袖缝份倒向后袖一侧，用卷边缝处理袖口折边，卷折 0.3cm 两次。

（6）缉袖山：缉袖山吃缝量。

10. 绱袖子

袖子与袖窿正面相对，袖山顶点对准肩缝，袖缝对准侧缝，按 1cm 缝份缝合一周。

11. 锁眼、钉扣

按照结构图中的扣眼位置，在右前身锁扣眼，左前身钉纽扣。

12. 整烫

将制作完成的海军领长衬衫检查一遍，清剪线头，将领子、衣身、底边等熨烫平整。海军领长衬衫的成品效果如图 13-18 所示。

图 13-18　海军领长衬衫成品效果

练习与思考题

1. 测量自己或他人的尺寸，确定成品规格，绘制海军领长衬衫结构图（制图比例 1:1）。

2. 绘制海军领长衬衫毛板（制图比例 1:1）。

3. 裁剪一件海军领长衬衫。

4. 海军领长衬衫工艺要求有哪些？

5. 海军领长衬衫缝制工艺流程是如何编排的？

6. 总结并记住披肩领的制作方法，且能够举一反三。

理论应用
与实践

第十四章　宽松女衬衫

教学内容： 宽松女衬衫结构图的绘制方法 /2 课时
宽松女衬衫纸样的绘制方法 /2 课时
宽松女衬衫的排料与裁剪 /2 课时
宽松女衬衫的制作工艺 /11 课时
宽松女衬衫成品检验 /1 课时

课程时数： 18课时

教学目的： 引导学生有序工作，培养学生的动手能力。

教学方法： 集中讲授、分组讲授与操作示范、个性化辅导相结合。

教学要求： 1.能通过测量人体得到宽松女衬衫的成品尺寸规格，也
　　　　　能根据款式图或照片给出成品尺寸规格。

　　　　　2.在老师的指导下绘制 1：1 的结构图，独立绘制 1：1
　　　　　的纸样。

　　　　　3.在宽松女衬衫的制作过程中，需有序操作、独立完成。

　　　　　4.完成一份学习报告，记录学习过程，归纳和提炼知识
　　　　　点，编写宽松女衬衫的制作工艺流程，写课程小结。

教学重点： 1.宽松女衬衫结构图的画法

　　　　　2.宽松女衬衫纸样的画法

　　　　　3.褶裥与抽褶的不同

　　　　　4.女衬衫袖开衩的制作方法

此款宽松女衬衫为套头长款，四开身，立领，泡泡袖，前、后身有分割线和抽褶，立领的外口有荷叶边，半开外翻门襟贴边，一片袖、袖口有开衩（图 14-1）。

前

后

图 14-1　宽松女衬衫款式图

此款宽松女衬衫使用的面料为纯棉斜纹布，所有用料如表 14-1 所示。幅宽 150cm，用料计算方法为：衣长 + 袖长 +15~20cm。

表 14-1　宽松女衬衫用料

材料名称	用量
纯棉斜纹布	幅宽 150cm，料长 115cm
无纺衬	少量
纽扣	16L（直径 10mm），5 粒
缝纫线	适量

第一节　宽松女衬衫结构图的绘制方法

一、宽松女衬衫成品规格的制定

根据国家号型中女装的中间标准体 160/84A 的主要控制部位尺寸，确定宽松女衬衫的成品规格尺寸（表 14-2）。

表 14-2　宽松女衬衫成品规格（号型：160/84A）　　　　单位：cm

部位	后衣长	胸围（B）	总肩宽（S）	袖长（SL）	袖口
尺寸	73	100	36	26.5	30

二、宽松女衬衫结构图的绘制过程

此款宽松女衬衫的结构图使用净胸围 84cm、背长 38cm 的原型绘制而成，作图的主要过程如下：

1.衣身结构图（图 14-2）

（1）参照图 12-3 所示的原理，将原型前片胸省的 2/3 省量转移至胸围线处。

（2）画出后衣长 73cm，从胸围线（BL）向下 1cm 画出前、后袖窿底线。

（3）调整前、后领口，画出领口弧线，量取肩宽画肩线。

（4）在原型侧缝线的基础上平行加出 1cm，画出前、后侧缝基础线。画出前、后侧缝的收腰量 1cm。前、后下摆在侧缝基础线的基础上向外加放 1cm，画前、后身的底边线。

（5）画出后身水平方向的分割线，在后片 B 上画出肩胛省 0.8cm、后中褶量 3cm。

（6）画出前身分割线，在前片 A 上画出搭门宽 1cm 及扣眼位（右片锁眼、左片钉扣），前片 B 前中加放 7cm 褶量。

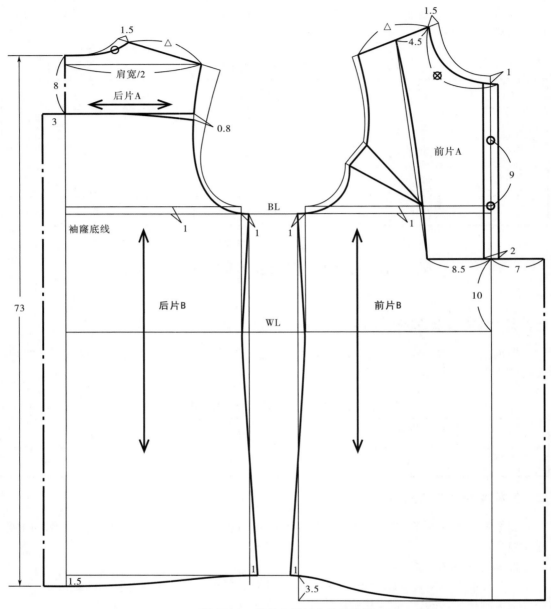

图 14-2　宽松女衬衫衣身结构图

2. 袖子结构图（图 14-3）

袖子的画法可参照翻领女衬衫，注意前、后袖窿弧长要减掉后袖窿省和胸省量，袖头的画法按图中的数据画即可。

3. 领子结构图（图 14-4）

（1）画出垂直基准线即后领中心线，画出水平基准线。

（2）画出后领宽 2.5cm。

（3）画出缬领线的基准线（注意前领口弧线的长度包括搭门宽），画出缬领弧线。

（4）画出立领上口轮廓线。

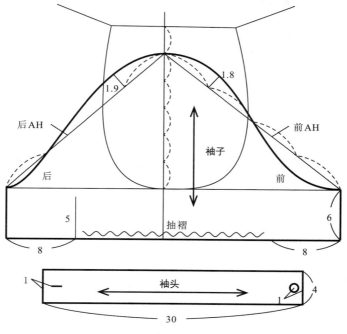

图 14-3　宽松女衬衫袖子结构图

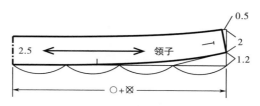

图 14-4　宽松女衬衫领子结构图

第二节　宽松女衬衫纸样的绘制方法

一、面料纸样

1. 前身（图 14-5）

从结构图中取出前身，在前片 A 上标出褶位并展开褶量；将前片 B 的胸省合并。分别将切展后的前片 A、前片 B 和门襟贴边加放缝份及底边折边 1cm。

2. 后身（图 14-6）

从后身结构图中分别取出后片 A、后片 B，在后片 B 上明确标出抽褶的位置，然后加放缝份及底边折边 1cm。

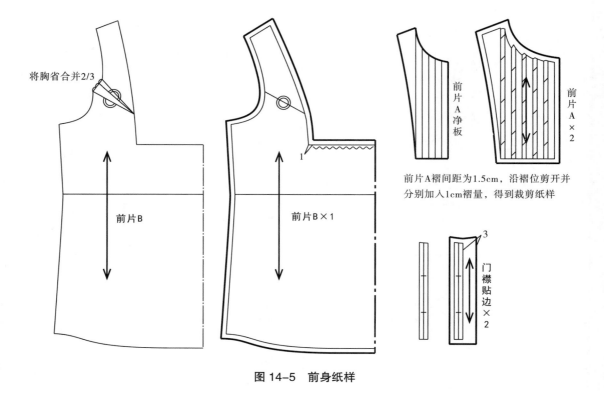

将胸省合并2/3

前片B

前片B×1

前片A净板

前片A×2

前片A褶间距为1.5cm，沿褶位剪开并分别加入1cm褶量，得到裁剪纸样

门襟贴边×2

图 14-5　前身纸样

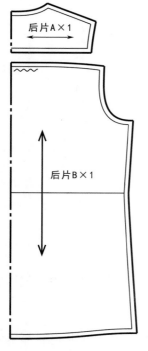

后片A×1

后片B×1

图 14-6　后身纸样

3. **袖子**（图 14-7）

从结构图中取出袖子，在袖子上标出将展开的位置（图 14-7①）；将袖山部分展开,袖山曲线修圆顺（图 14-7②）；在袖子上明确标出抽褶的位置，加放 1cm 缝份得到袖子纸样（图 14-7③）。

4. **袖头、领子**（图 14-8）

从结构图中取出袖头，加对折量和缝份，领子加缝份。

二、辅料及工艺纸样

1. **辅料纸样**

辅料纸样包括：门襟贴边衬、领面衬、领里衬、袖头衬。其中门襟贴边衬、领里衬与面料的毛板相同，领面衬与领子的净板相同，袖头衬与袖头毛板相同（将袖头毛板对折即可）。

2. **工艺纸样**

工艺纸样包括：前片 A 净板、领子净板。

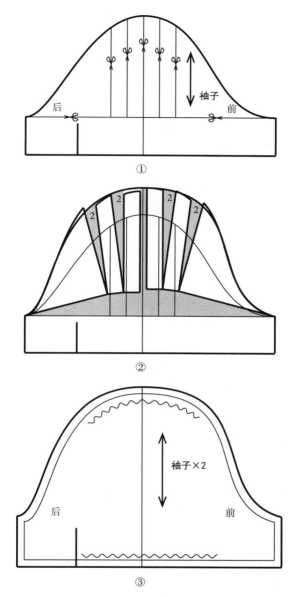

图 14-7　袖子纸样

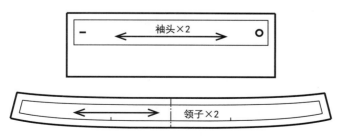

图 14-8　袖子、领子纸样

第三节　宽松女衬衫的排料与裁剪

一、面料的排料与裁剪方法

　　此款衬衫采用单层裁剪方式，按照毛板上的标注要求将纸样排列在面料上（图 14-9），要注意衣片的方向和数量。袖衩条和荷叶边采用 45° 斜丝布条，宽度 2.5cm，长度按实际要求而定。

　　特别注意：在裁剪前片 A 时要多留出一些缝份，以备缉褶裥之后有足够的可以修剪的余量。

二、辅料的裁剪

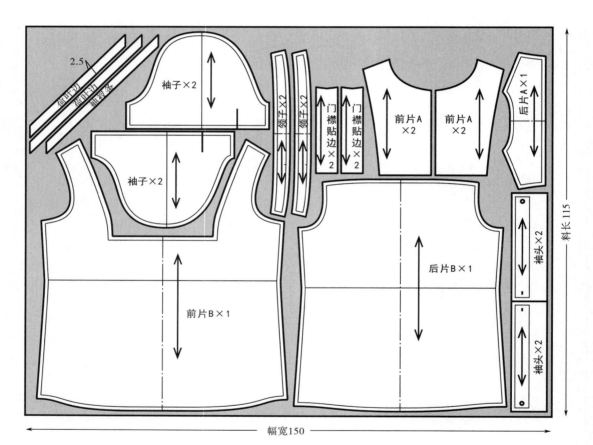

图 14-9　宽松女衬衫面料排料图

　　（1）门襟贴边衬 2 片：使用无纺衬，按照门襟贴边毛板裁剪。
　　（2）领面衬 1 片：使用无纺衬，按照领子净板裁剪。
　　（3）领里衬 1 片：使用无纺衬，按照领子毛板裁剪。
　　（4）袖头衬 2 片：使用无纺衬，先按照袖头毛板裁剪只裁一片，再对折裁开即可。

第四节　宽松女衬衫的制作工艺

一、宽松女衬衫的制作工艺流程（图 14-10）

二、宽松女衬衫的制作顺序和方法

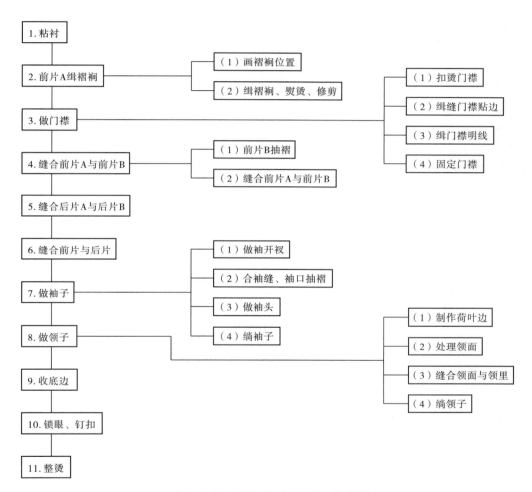

图 14-10　宽松女衬衫制作工艺流程

1. 粘衬

在门襟贴边、领面、领里、袖头的反面粘衬（图 14-11）。

2. 前片 A 缉褶裥

（1）画褶裥位置：将前片 A 的毛板放在相应裁片的正面上，画出褶裥位置（图 14-12）。

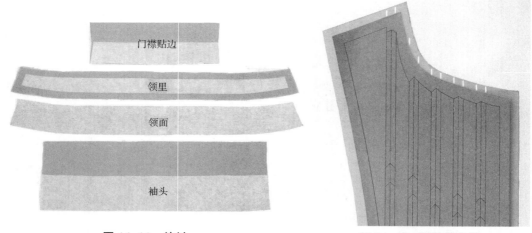

图 14-11　粘衬

图 14-12　画褶裥位置

（2）缉褶裥、熨烫、修剪：将前片 A 上的褶裥在正面缉好，并向侧缝方向烫倒，用净板核对褶裥位置并画出轮廓线，修剪周围缝份，留出 1cm（图 14-13）。

3. 做门襟

（1）扣烫门襟：对折熨烫门襟贴边，将上面一层的缝份扣烫整齐。

（2）缉缝门襟贴边：将门襟贴边未扣烫缝份的一侧正面与前片 A 的反面相对，按 1cm 缝份缉缝。

（3）缉门襟明线：将门襟贴边翻到前片 A 的正面，扣烫好缝份的一侧压住门襟缉缝线，沿边缉 0.1cm 宽的明线。

做好的门襟效果如图 14-14 所示。

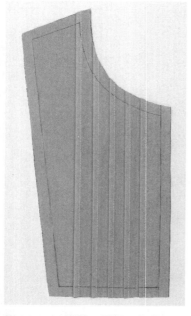

图 14-13　缉缝、熨烫、修剪褶裥

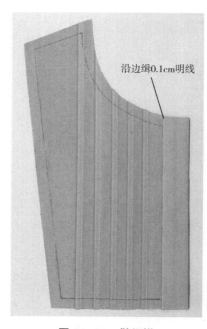

沿边缉0.1cm明线

图 14-14　做门襟

（4）固定门襟：将做好门襟的两前片 A 的门襟处重叠，右片在上、左片在下，缉缝固定下端（图 14-15）。

4. 缝合前片

（1）前片 B 抽褶：在前片 B 抽褶部位的缝份上大针脚缉线，并抽碎褶（图 14-16）。

（2）缝合前片 A 与前片 B：将前片 A 与前片 B 正面相对，边缘对齐缝合在一起；缝份用包缝机锁边，锁边时前片 A 在上、前片 B 在下；然后将缝份倒向前片 B 烫好。做好的前身正面效果如图 14-17 所示。

5. 缝合后片

缉后片 B 上端的碎褶，然后与后片 A 缝合在一起，缝份向上倒，用包缝机锁边。锁边时后片 B 在上、后片 A 在下，最后在正面缉 0.1cm 宽的明线（图 14-18）。

图 14-15　固定门襟

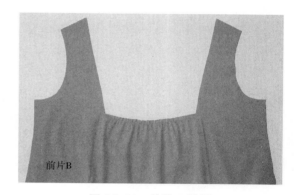

图 14-16　前片 B 抽褶

图 14-17　前身正面效果

图 14-18　缝合后片 A 与后片 B

6. 缝合前片与后片

前片与后片正面相对，按 1cm 缝份缝合肩缝、侧缝；然后肩缝、侧缝用包缝机锁边。锁边时前片在上、后片在下。分别将肩缝、侧缝向后身方向烫倒。

图 14-19　扣烫袖衩条

7. 做袖子

（1）做袖开衩：

①将袖衩位置剪开，将袖衩条扣烫好（图 14-19）。

②用扣烫好的袖衩条夹住袖子上的开口，在袖衩条的边缘缉 0.1cm 宽的明线（图 14-20）。

③袖片反面朝外，将袖衩对折摆平，在袖衩根部打结，结的方向为 45°（图 14-21）。

④将袖子摆平，烫倒袖开衩。从反面看将袖衩条倒向前袖窿一侧，从正面看袖开衩处为前袖压后袖（图 14-22）。

（2）合袖缝、袖口抽褶（图 14-23）：缝合袖缝，用包缝机锁边。锁边时前袖在上、后袖在下。然后抽好袖口的碎褶。

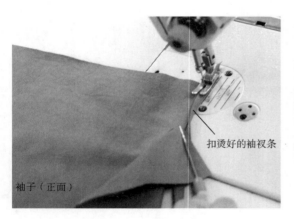

图 14-20　缉袖衩条

图 14-21　袖衩根部打结

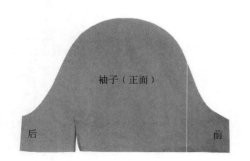

图 14-22　烫倒袖开衩

图 14-23　合袖缝、袖口抽褶

（3）做袖头：

①烫袖头：将袖头的反面朝里对折、熨烫；再将袖头展平，按1cm宽度扣烫粘有黏合衬一侧的缝份；重新按对折的烫痕摆平袖头，用没粘黏合衬的那一侧包裹住已经扣烫好的一侧，将缝份烫好（图14-24①）；将对折的袖头打开，其效果如图14-24②所示。

图14-24 烫袖头

②勾袖头：将扣烫好的袖头正面相对、反面朝外，在两端绱1cm宽的缝份（图14-25）。

图14-25 勾袖头

③翻、烫袖头：翻出袖头正面并熨烫好。

④绱袖头：区分好袖头的面与里，用袖头夹住抽好碎褶的袖口，看着表面绱0.1cm宽的明线（图14-26）。

（4）绱袖子：

①抽袖山碎褶：将缝纫机的针距调到最大一档，按照袖子纸样上标注的抽褶位置，在距袖山边缘0.3cm处绱线。绱线时，起始和结尾都不打倒针，要留出一段缝纫线，以便抽出袖山处的碎褶（图14-27）。

图14-26 绱袖头

图14-27 抽袖山碎褶

②绱袖：袖山顶点对准肩缝，袖子与袖窿正面相对，按1cm缝份缝合一周。

③锁边：袖子在上、衣身在下，看着袖子用包缝机将袖窿一周锁边。

8. 做领子

（1）制作荷叶边：

①将 45° 正斜丝布条的边缘向反面扣折 0.2cm，缉 0.1cm 的线；再次向反面扣折 0.2cm，再次缉 0.1cm 的线。这样缉缝的斜丝布边不易变形，正面有一道缝线，反面有两道缝线（图14-28）。

②画出荷叶边的宽度 1.5cm，将缝纫机的面线调紧，沿所画线痕缉缝，然后拉动面线均匀抽褶（图14-29）。

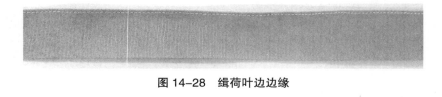

图 14-28　缉荷叶边边缘

图 14-29　荷叶边抽褶

（2）处理领面：

①将领面的领口缝份按净缝线扣烫整齐。

②将领面与荷叶边缝合在一起（图14-30），注意两端的荷叶边要逐渐变窄，然后适当修剪两端的缝份（图14-31）。

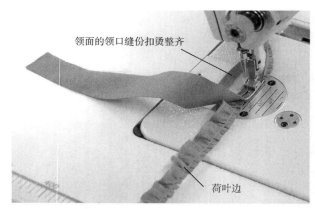

领面的领口缝份扣烫整齐

荷叶边

图 14-30　缝合领面与荷叶边

图 14-31　荷叶边两端的缝法

（3）缝合领面与领里：

①领面与领里正面相对，领里在上、领面在下，修剪领子，使领子的领面外口大于领里 0.2cm。

②距净领衬 0.1cm 缉领子的外口，同时将领面多出的 0.2cm 吃缝进去（图 14-32）。

③修剪缝份，剩余 0.3cm，然后沿缉缝线迹扣烫缝份，最后翻出领子的正面熨烫平整。做好后的领子效果如图 14-33 所示。

图 14-32　勾领子

图 14-33　做好的领子

（4）绱领子：

①绱领里：将领里的正面与衣身的反面相对，从右前身开始按 1cm 缝份缉缝领口一周，至左前身，领子的后中点与衣身的后中点要对齐（图 14-34）。要求右侧与左侧完全对称。

图 14-34　绱领里

②绱领面：将领口的缝份折进去，用领面遮住上一步的缝线，看着领面缉领口明线 0.1cm（图 14-35）。

9. 收底边

沿着衣长净缝线卷折底边 1cm 宽，再将其中的 0.4cm 折进，看着反面缉 0.1cm 宽的明线，从正面看明线距底边 0.5cm 宽。

10. 锁眼、钉扣

按照结构图中的扣眼位置，在右前身锁扣眼，左前身钉纽扣。袖子上的纽扣与扣眼要正确区分门襟与里襟，上面的是门襟，锁扣眼；下面的是里襟，钉纽扣。

图 14-35　绱领面

11. 整烫

　　将制作完成的宽松女衬衫检查一遍，清剪线头，将领子、衣身、底边、袖子等熨烫平整。宽松女衬衫的成品效果如图 14-36 所示。

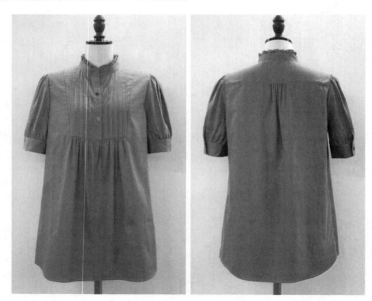

图 14-36　宽松女衬衫成品效果

第五节　宽松女衬衫成品检验

　　宽松女衬衫外观检验请参照第一单元第一章第五节。

一、规格尺寸检验

　　（1）后衣长：由后颈点垂直量至底边，极限误差为 ±1cm。

　　（2）胸围：系好纽扣，在袖窿深位置水平量，一周的极限误差为 ±2cm。

　　（3）总肩宽：在后身量，由左肩点量至右肩点，极限误差为 ±0.5cm。

（4）袖长：由袖山顶点量至袖口，极限误差为 ±0.5cm。

（5）袖口：一周的极限误差为 ±0.5cm。

二、工艺检验

（1）领子与净板的形状要一致，领面松紧要适宜，领窝要圆顺，荷叶边抽褶要均匀。

（2）左、右前身要对称，前片 A 上的褶裥要顺直，褶与褶要平行，前片 B 上的碎褶要美观。

（3）门襟与里襟的长短要适宜。

（4）底边折边宽窄要一致。

（5）后片 B 上的碎褶要居中、美观。

（6）左右袖长、袖衩、袖口大小、袖头宽窄要一致，泡泡袖的抽褶要匀称、美观。

（7）扣眼与纽扣的位置要正确，纽扣钉缝要牢固。

练习与思考题

1. 测量自己或他人的尺寸，确定成品规格，绘制宽松女衬衫结构图（制图比例 1:1）。

2. 绘制宽松女衬衫毛板（制图比例 1:1）。

3. 裁剪一件宽松女衬衫。此款式适合用格子面料来裁剪吗？

4. 宽松女衬衫工艺要求有哪些？

5. 宽松女衬衫缝制工艺流程是如何编排的？

6. 总结制作宽松女衬衫褶裥与抽褶的工艺技巧有什么不同？

7. 你认为学习宽松女衬衫的重点和难点有哪些？

8. 请参照省道转移知识，在此款宽松女衬衫的基础上变化出外形相似、内部结构不同的系列宽松女衬衫。

本单元小结

■本单元学习了常规男衬衫、翻领女衬衫、海军领长衬衫、宽松女衬衫结构图的绘制方法、纸样的绘制方法、排料与裁剪的方法，梳理了各款式的制作工艺流程，详细介绍了制作顺序与方法。

■通过本单元的学习，要求学生能够绘制衬衫的结构图及打板，学会编写工艺制作流程，能根据不同款式制定检验细则。

■通过本单元的学习，要求学生抓住制作中的重点，掌握以下制作工艺：

1. 男衬衫门襟、过肩、衣领、袖开衩、袖头的制作方法。

2. 女衬衫省道、侧缝、肩缝熨烫的倒向规律。

3. 衬衫类翻领的制作方法。

4. 衬衫类披肩领的制作方法。

5. 褶裥与抽褶的不同处理。

6. 抽褶型泡泡袖与褶裥型泡泡袖的不同处理方法。

第五单元

女上装

　　本单元主要介绍平驳头刀背线女西服、青果领公主线女西服、插肩袖女外衣和双面呢大衣的纸样设计与制作工艺，补充介绍女西服衣身款式变化方面的知识。通过本单元教学，学生应该掌握女上装的款式变化与胸省转换之间的关系，能够达到"扒板"和自行设计的水平。

第十五章　平驳头刀背线女西服

教学内容： 平驳头刀背线女西服结构图的绘制方法 /8 课时

平驳头刀背线女西服纸样的绘制方法 /4 课时

平驳头刀背线女西服的排料与裁剪 /4 课时

平驳头刀背线女西服的制作工艺 /39 课时

平驳头刀背线女西服成品检验 /1 课时

课程时数： 56 课时

教学目的： 培养学生动手解决实际问题的能力，提高学生效率意识和规范化管理意识，为今后的款式设计、工艺技术标准的制定、成本核算等打下良好的基础。

教学方法： 集中讲授、分组讲授与操作示范、个性化辅导相结合。

教学要求： 1. 能通过测量人体得出女西服的成品尺寸规格，也能根据款式图或照片给出成品尺寸规格。

2. 在老师的指导下绘制 1：1 的结构图，独立绘制 1：1 的全套纸样。

3. 在学习平驳头刀背线女西服的加工手段、工艺要求、工艺流程、工艺制作方法、成品检验等知识的过程中，需有序操作、独立完成服装的制作。

4. 完成一份学习报告，记录学习过程，归纳和提炼知识点，编写平驳头刀背线女西服的制作工艺流程，写课程小结。

教学重点： 1. 平驳头刀背线女西服结构图的画法

2. 平驳头刀背线女西服纸样的画法

3. 推归拔烫的方法

4. 有袋盖的单嵌线挖袋的制作方法

5. 平驳头西服领的制作方法

6. 女西服袖子的制作方法

此款女西服为典型的四开身结构，合体，前、后身分别有刀背线，门襟单排1粒扣，直下摆，平驳头领，单嵌线有袋盖挖袋，两片袖，袖口有开衩，左、右袖各钉2粒小纽扣（图15-1）。

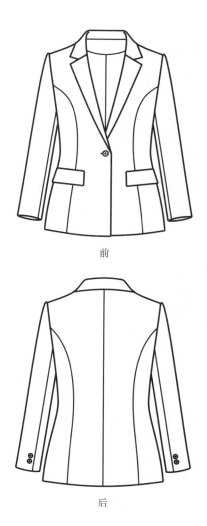

前

后

图 15-1　平驳头刀背线女西服款式图

面料可采用中等厚度的羊毛或混纺织物，所有用料如表 15-1 所示。单色双幅面料的计算方法为：衣长 + 袖长 +20cm 左右。条格面料的计算方法为：衣长 + 袖长 +20cm+ 格长 ×2。双幅里料的计算方法为：衣长 + 袖长。

表 15-1　平驳头刀背线女西服用料

材料名称	用量
纯毛织物	幅宽 150cm，料长 120cm
醋酯纤维绸	幅宽 150cm，料长 115cm
有纺衬	幅宽 90cm，料长 85cm
直丝牵条	宽度 1.5cm，长度 140cm
直丝牵条	宽度 1cm，长度 200cm
垫肩	1 副
纽扣	32L（直径 20mm）1 粒，24L（直径 15mm）4 粒
缝纫线	适量

第一节　平驳头刀背线女西服结构图的绘制方法

一、平驳头刀背线女西服成品规格的制定

根据国家号型标准中的中间标准体 160/84A 的主要控制部位尺寸，确定成品规格尺寸如表 15-2 所示。

表 15-2　平驳头刀背线女西服成品规格（号型：160/84A）　　　　　　　单位：cm

部位	后衣长	胸围（B）	腰围（W）	臀围（H）	总肩宽（S）	袖长（SL）	袖口
尺寸	61	94	76	96	40	56	12.5

（1）后衣长：从第七颈椎点量至设计需要的长度。
（2）胸围：可在净胸围 84cm 的基础上加放 10cm 的松量。
（3）腰围：可在净腰围的基础上加放 6~8cm 的松量。
（4）臀围：可在净臀围的基础上加放 6~8cm 的松量，成品臀围尺寸也可在成品胸围尺寸的基础上加放 2~3cm。
（5）总肩宽：可在人体肩宽尺寸的基础上加放 0.5~1cm 的松量。
（6）袖长：从肩端点量至腕骨以下 2~3cm。
（7）袖口：一般在 12~13cm。

二、平驳头刀背线女西服结构图的绘制过程

此款女西服的结构图借助日本文化式女子原型绘制而成，图中的 B、W、H 采用的都

是成品尺寸，即包括放松量。作图的主要过程如下：

1. 原型调整（图 15-2）

（1）后身：忽略原型上的所有省道。

（2）前身：将原型袖窿省的一部分转移为前中心的撇胸 0.7cm，为了便于在制图过程中绘制完整的袖窿曲线，可将剩余省量的 2/3 转至腋下，画顺前袖窿，腰省忽略。

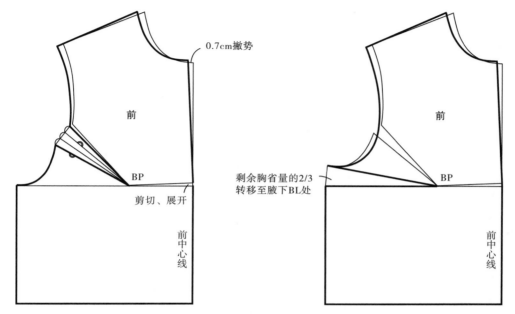

图 15-2　原型调整

2. 衣身结构图（图 15-3）

（1）量出后衣长 61cm，画出下平线。

（2）画出臀围线（HL），距腰围线（WL）18cm。

（3）画出袖窿深线，在胸围线（BL）基础上向下 1cm。

（4）前中加放面料厚度 0.5cm、搭门 2cm。

（5）画出后中分割线。

（6）调整前、后领口宽，在原型领口上加大 0.5~1cm。

（7）画出后肩宽，过原型的后肩点作一水平线，从后中心线向此线量取总肩宽 /2+0.5cm。

（8）画出前肩宽，用后肩斜线的长度 − 0.7cm。

（9）画出后胸围、后侧缝直线，画出前胸围、前侧缝直线。

（10）画出后臀围、前臀围。

（11）画出后身的刀背线、腰省、侧缝收腰量、侧缝曲线、底边线、袖窿。

（12）画出前身的刀背线、腰省、侧缝收腰量、侧缝曲线、底边线、袖窿。

（13）画出扣眼位、口袋。

3. 领子结构图（图 15-3）

（1）前肩线反向延长 2cm，确定翻折点，画驳口线。

（2）过西服的颈侧点画驳口线的平行线，其长度为后领口弧线长。

（3）倒伏量 2.5cm。

（4）过西服的颈侧点与倒伏点连线，再取后领口弧线长。

（5）设计驳头、驳领形状，以驳口线为对称轴翻转驳头、驳领。

（6）画出领里口。

（7）画出后领中线、底领宽、翻领宽、领外口。

4. 过面、领托结构图

在前身上画出过面，在后身上画出领托（图 15-3）。

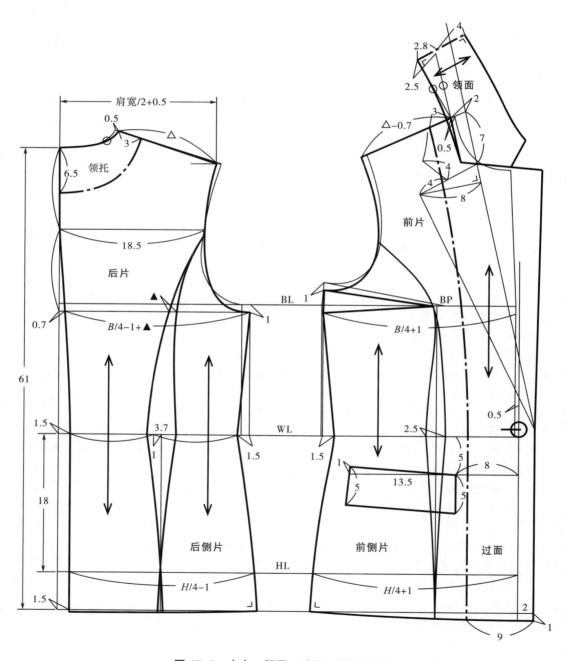

图 15-3　衣身、领子、过面、领托结构图

5. 袖子结构图

（1）确定袖山高（图 15-4）：①将衣身的侧缝线对齐，前身的袖窿省合并，前、后袖窿线画圆顺，袖窿弧线长度符号为 AH。②将侧缝线向上延长，分别过后肩点、前肩点作侧缝延长线的垂线，将两条垂线之间夹着的侧缝延长线二等分。③从这个等分点至袖窿深线之间六等分，下六分之五是袖山高。

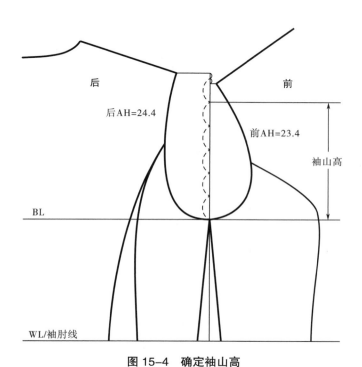

图 15-4 确定袖山高

（2）画出袖子的框架（图 15-5）：①从袖山顶点 *A* 向袖窿深线分别画出前 *AH*、后 *AH*+0.5cm，形成前袖山斜线 *AC*、后袖山斜线 *AB*，从 *B* 到 *C* 的距离是总袖根肥。②从侧缝线向前身方向平移 1cm，画出袖中线并量出袖长。袖中线与袖窿深线的交点 *D* 将总袖根肥分为前袖根肥 *CD* 和后袖根肥 *DB*。③分别将前、后袖根肥二等分，分别过这两个等分点 *E*、*F* 向下画垂线，画至袖长线上，线段 *FG* 叫作前偏袖基准线，线段 *EH* 叫作后偏袖基准线。

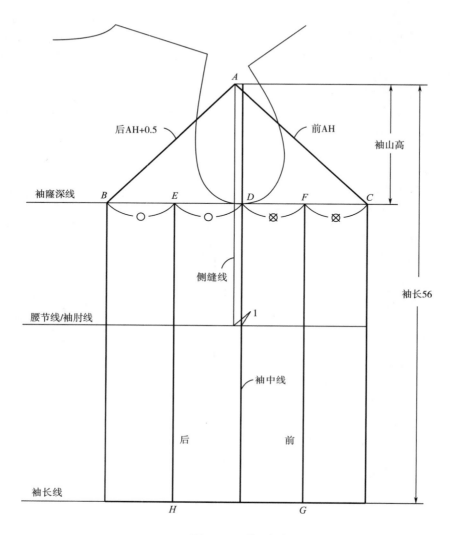

图 15-5　袖子框架

（3）画出袖子的轮廓（图 15-6）：①以 *FG* 为对称轴画出前袖窿弧线的镜像线，以 *EH* 为对称轴画出后袖窿弧线的镜像线。②参照镜像线画出袖窿底部，参照图中的标注画出袖山。③以线段 *FG* 为基础画前偏袖，先用虚线画出前偏袖的基准线，再分别画出大、小袖的前袖线。④画出袖口。⑤用直线连接 *E* 点与袖口，用虚线画出后偏袖的基准线，再分别画出大、小袖的后袖线。⑥画出袖开衩。⑦画出小袖袖窿底部的弧线。

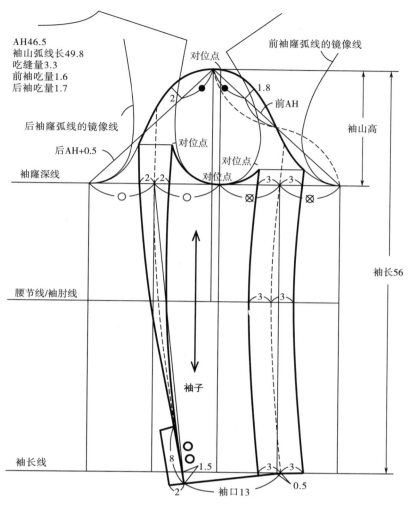

AH46.5
袖山弧线长49.8
吃缝量3.3
前袖吃量1.6
后袖吃量1.7

前袖窿弧线的镜像线

对位点

后袖窿弧线的镜像线

后AH+0.5

前AH

1.8

袖山高

袖窿深线

对位点

对位点

对位点

2 2

3 3

袖子

腰节线/袖肘线

3 3

袖长56

袖长线

8

1.5

3 3

0.5

2

袖口13

图 15-6 袖子轮廓

第二节 平驳头刀背线女西服纸样的绘制方法

一、前侧片净板的制作过程

前侧片转化过程如图 15-7 所示,①从结构图中取出前侧片;②将①中的腋下省合并。

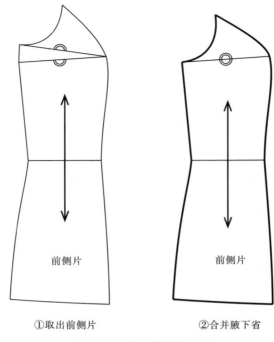

①取出前侧片　　　　　　②合并腋下省

图 15-7　前侧片转化过程

二、面料纸样

面料纸样共 12 块，包括后片、后侧片、前侧片、前片、过面、领面、领底、袋盖、嵌线、领托、大袖、小袖（图 15-8）。领底净板与领面相同，后中心线处取斜纱，为节省面料，可分两片裁剪。图中的内轮廓线是各衣片的净板，外轮廓线表示衣片的毛板，没有内轮廓线的按图中所示尺寸直接打毛板。

三、里料纸样

1. **前身里的变化过程**（图 15-9）
①从图 15-3 中取出前身。
②去掉过面，改变腋下省的位置。
③将腋下省转移到前面。

2. **口袋布的制图与制板过程**
从图 15-3 中取出前身，借助袋盖的位置画出垫袋布、大片袋布、小片袋布（图 15-10）。

注意：没有袋盖的挖袋，垫袋布要使用面料；有袋盖的挖袋，垫袋布要使用里料。女西服的袋布可使用里料，也可使用涤棉布。

3. **里料纸样**
里料纸样共九块，包括后里、后侧里、前里、袋盖里、大袖里、小袖里、垫袋布、大片袋布、小片袋布。其中垫袋布、大片袋布、小片袋布已在图 15-10 中体现，此处不再重复。图 15-11 中的内轮廓线是各衣片里料的净板，外轮廓线表示各衣片里料的毛板。

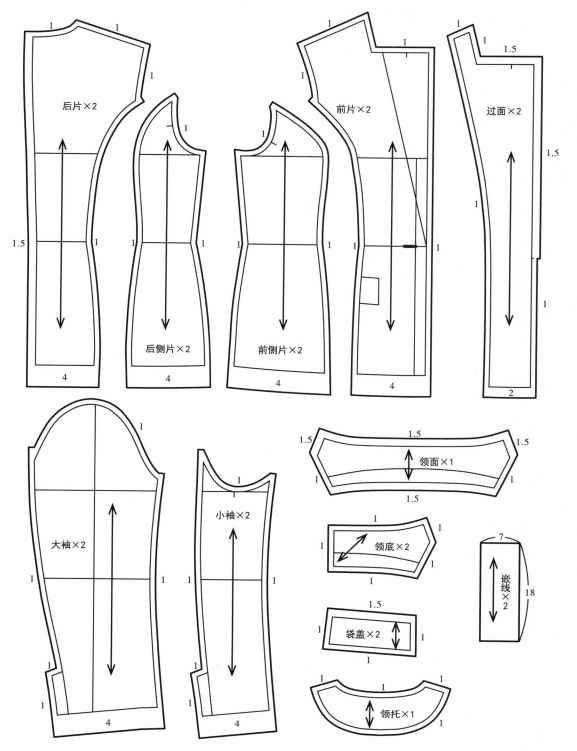

图 15-8　面料纸样

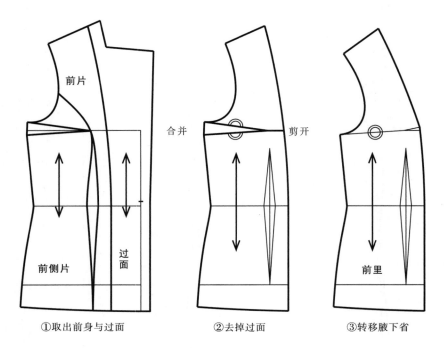

①取出前身与过面　　　　②去掉过面　　　　③转移腋下省

图 15-9　前身里的变化过程

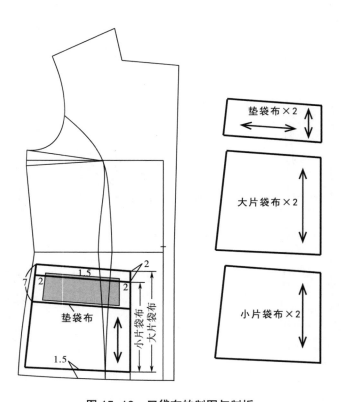

图 15-10　口袋布的制图与制板

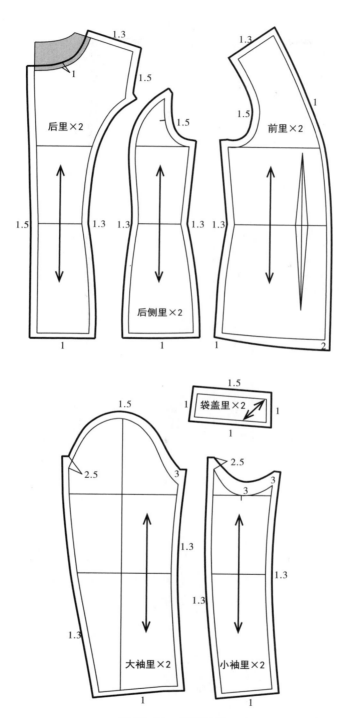

图 15-11 里料纸样

四、黏合衬纸样

黏合衬纸样共 11 块，包括前片、过面、领面、领底、领托、袋盖、前侧片、大袖口、小袖口、袋口及嵌线，黏合衬的外围不能大于面料毛板（在工业生产中，黏合衬一般比面料毛板周围小 0.4cm），前侧片、大袖口、小袖口的黏合衬根据面料毛板绘制，袋口及嵌线的黏合衬可直接打毛板（图 15-12）。

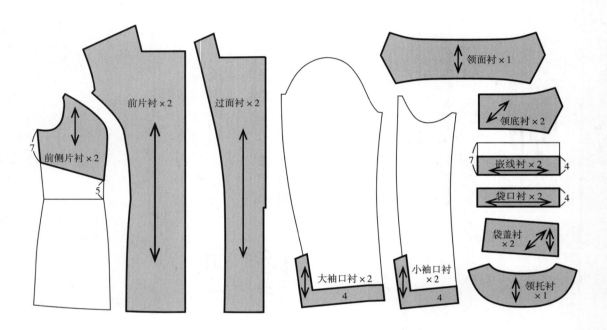

图 15-12　黏合衬纸样

五、工艺纸样

在制作过程中要使用到的工艺纸样，包括袋盖和领子的净板，以及前片的工艺样板（图 15-13）。前片板中的驳头、止口和底边的前中位置为净线，同时还标有翻折线、扣位和口袋位置。

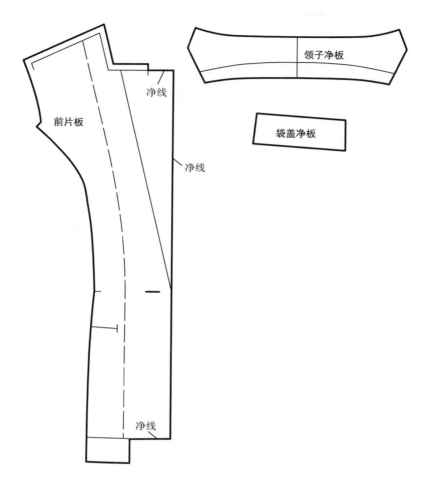

图 15-13　工艺纸样

第三节　平驳头刀背线女西服的排料与裁剪

一、面料的排料与裁剪方法

将双幅面料沿经纱方向对折，两布边对齐，将面料毛板摆放在面料上，毛板上的经纱与面料的经纱方向要一致，用划粉把毛板的轮廓描绘在面料上，然后把纸样移开，再沿着划粉线裁剪（图 15-14）。

二、里料的排料与裁剪方法

将里料沿经纱方向对折，两布边对齐，按照里料毛板上所标注的要求，将里料毛板排列在里料上。用划粉把毛板的轮廓描绘在里料上，然后把纸样移开，再沿着划粉线裁剪（图 15-15）。

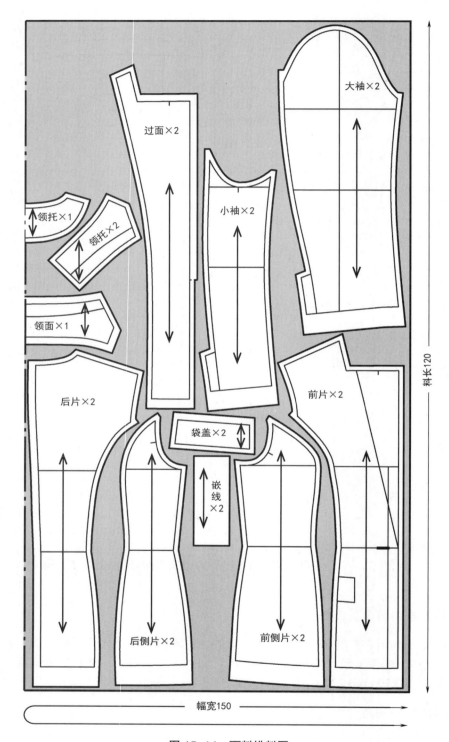

图 15-14　面料排料图

三、黏合衬的排料与裁剪方法

　　将黏合衬沿经纱方向对折，两布边对齐，按照纸样上所标注的要求，将其排列在黏合衬上。用划粉把毛板的轮廓描绘出来，然后把纸样移开，再沿着划粉线裁剪（图15-16）。

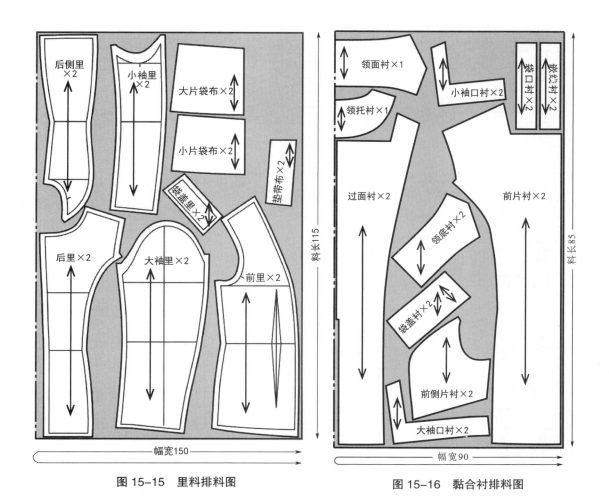

图 15-15　里料排料图　　　　　　　　　　图 15-16　黏合衬排料图

第四节　平驳头刀背线女西服的制作工艺

一、平驳头刀背线女西服的工艺流程（图15-17）

二、平驳头刀背线女西服的制作顺序和方法

1. 面料粘衬

　　在需要粘衬的部位，面料的反面与黏合衬的反面相对，经过黏合机把二者粘合在一起；不需要粘衬的部位最好也过一遍黏合机，这样可以使面料受热收缩均匀。

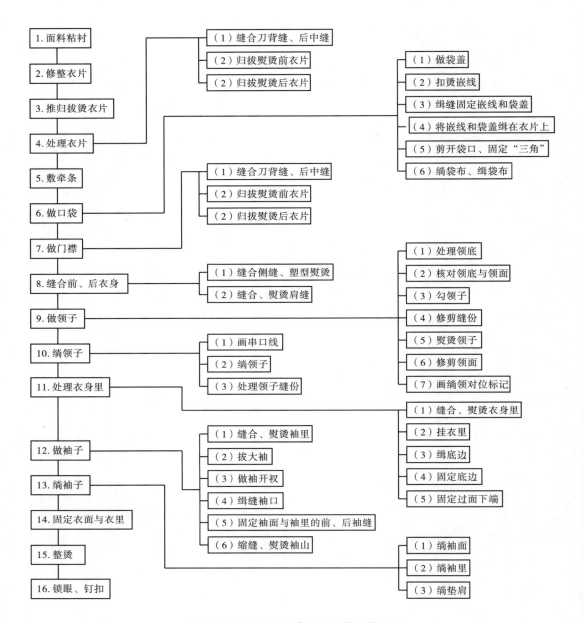

图 15-17　平驳头刀背线女西服工艺流程

2. 修整衣片

按照面料毛板检查粘衬后的衣片是否变形或缩小，在各个衣片的关键位置画线、打线丁、打剪口，做标记（图 15-18）。

（1）前片：在前片的反面画驳口、串口、领口、止口净线，画出扣位、袋位、衣长位，驳口线、扣位、袋位、衣长位可打线丁做标记，在绱领位、胸围线、腰围线处打剪口。

（2）前侧片：绱袖对位点、底边线打线丁，胸围线、腰围线处打剪口。

（3）后侧片：绱袖对位点、底边线打线丁，胸围线、腰围线处打剪口。

（4）后片：底边线打线丁，胸围线、腰围线处打剪口。

（5）大袖、小袖：袖开衩、袖口线、绱袖对位点打线丁，袖肘线位置打剪口。

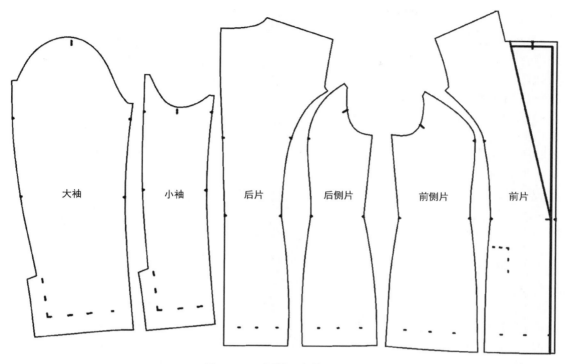

图 15-18　画线、打线丁、打剪口

3. 推归拔烫衣片

推归拔烫部位如图 15-19 所示，推归拔烫效果如图 15-20 所示。

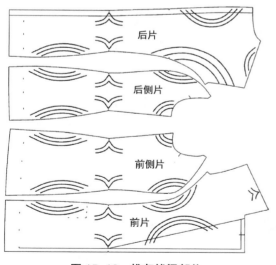

图 15-19　推归拔烫部位

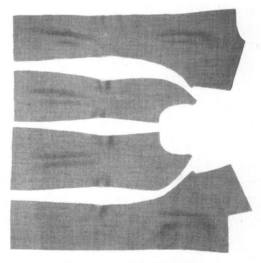

图 15-20　推归拔烫效果

4. 处理衣片

（1）缝合刀背缝、后中缝：前片与前侧片正面相对，前侧片在上、前片在下，胸围线、腰围线剪口对齐，按 1cm 缝份缉缝；后片刀背缝与前片刀背缝缝法相同，后中缝按 1.5cm

缝份缉缝。

（2）归拔熨烫前衣片（图15-21）：将刀背缝劈开熨烫，劈缝的同时胸部要归拢、腰节处要拔开、腹部要归拢，在前片胸部弧线缝份处可酌情打剪口，在腰节上下可将缝份稍微剪窄一点。前中胸部要归拢、腰部要拔开。袖窿要归拢，侧缝腰部要拔开、胯部要归拢，下摆要归拢。归拔熨烫完成之后，粘上袋口衬。

图 15-21　归拔熨烫前衣片

（3）归拔熨烫后衣片（图15-22）：将刀背缝劈开熨烫，劈缝的同时肩胛部位要归拢、腰节处要拔开、臀部要归拢；将后中缝劈开熨烫，劈缝的同时背部要归拢、腰节处要拔开、臀部要归拢，在后片肩胛部弧线缝份处可酌情打剪口，在腰节上下可将缝份稍微剪窄一点。袖窿要归拢，侧缝腰部要拔开、胯部要归拢，下摆要归拢。归拔熨烫完成之后，在领口、袖窿粘牵条（图15-23）。

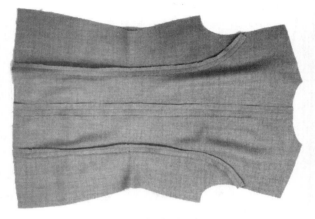

图 15-22　归拔熨烫后衣片

5. 敷牵条

如图15-24所示，在驳口线外侧粘直丝牵条，胸部要拉紧，驳口线长度吃进0.4~0.7cm。沿串口线、领嘴线、驳头外口线、止口线、底边线粘直丝牵条，注意驳头外口处要将牵条拉紧。

6. 做口袋

（1）做袋盖（图15-25）：

①在袋盖里的反面粘衬，用袋盖净板在袋盖里的反面画线，修剪周围的缝份保留0.8cm，袋口缝份保留1.5cm；袋盖面比袋盖里周围多出0.2cm，袋盖里在上、袋盖面在下，正面与正面相对、边缘对齐，袋盖面吃进，按净缝线缉缝。

②修剪周围的缝份、保留0.3cm，袋口缝份仍保留1.5cm。翻出正面熨烫，袋盖面吐出0.1cm；用袋盖净板在翻烫好的袋盖里上画出袋盖宽度，卷折袋盖、沿所画线迹缉缝固定袋盖面的松量。

图 15-23　领口、袖窿粘牵条

图 15-24　敷牵条

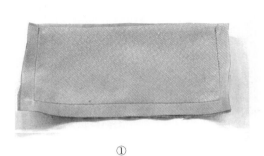

在袋盖时上来出袋盖宽度

① ②

图 15-25　做袋盖

（2）画口袋位、处理嵌线：在前衣身的正面画好口袋位。在烫好衬的嵌线布的反面扣烫 2cm，在正面距边缘 1cm 处画出嵌线的宽度及袋口宽 13.5cm（图 15-26）。

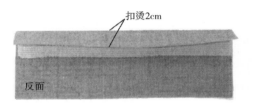

扣烫2cm 1cm

反面 正面

图 15-26　处理嵌线

（3）绱袋盖、缉嵌线（图 15-27）：

①绱袋盖，袋盖正面与衣身正面相对、袋盖上的缝线与前衣身的口袋位对齐、缉袋盖，两端务必打倒针。

②掀开袋盖缝份，放置嵌线，嵌线上的画线与绱袋盖的缝线相距 1cm、缉嵌线，两端务必打倒针。

③从背面检查，两条线要平行，两端要对齐，误差不能超过 1 针，两端倒针要牢固。

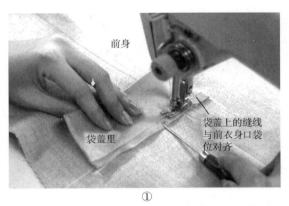

前身

袋盖里

袋盖上的缝线与前衣身口袋位对齐

①

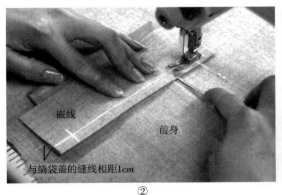
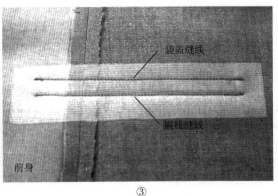

嵌线 前身

与绱袋盖的缝线相距1cm

②

袋盖缝线

嵌线缝线

前身

③

图 15-27　绱袋盖、缉嵌线

（4）开袋：在两条缝线中间将衣身剪开（图 15-28），剪到距袋口端 1.5cm 处，剪三角。注意：要剪到缝线根处，但不能剪断缝线。

将袋盖缝份和嵌线翻到里面，适当拉紧嵌线，缉缝固定两端的三角（图 15-29）。

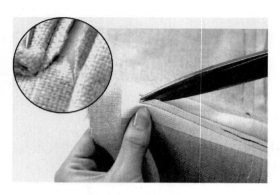

图 15-28　剪开袋口

前身（反面）

嵌线

图 15-29　缉缝固定三角

（5）缉缝袋布、封袋口：

缉缝袋布：将垫袋布的一边扣净，缉在大片袋布上，缉线宽 0.1cm（图 15-30）；小片袋布与嵌线正面相对按 1cm 缝份缉缝（图 15-31）。

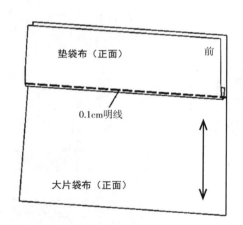

垫袋布（正面）　　　前

0.1cm明线

大片袋布（正面）

图 15-30　缉垫袋布

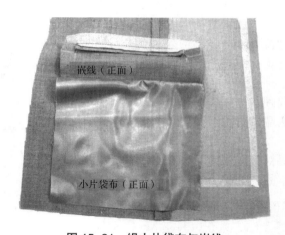

嵌线（正面）

小片袋布（正面）

图 15-31　缉小片袋布与嵌线

封袋口（图 15-32）：①将袋盖翻到正面，袋口缝份倒向上方，缉好垫袋布的大片袋布与小片袋布对齐，封袋口一端，缉缝三次，衣身转 90°，封袋口上端。②衣身再转 90°，封袋口另一端，缉缝三次。③封完袋口的背面效果。

封袋布：袋布在下、衣身在上，掀起衣身缉袋布，封完袋布的效果如图 15-33 所示。

（6）熨烫：提着衣片的侧缝胯部一边，熨烫口袋的前半部分；再提着衣片的前中腹部一边，熨烫口袋的后半部分。将衣片熨烫圆润，与人体的曲面相符合（图 15-34）。

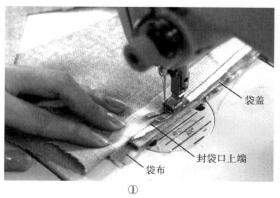

袋盖

封袋口上端

袋布

①

图 15-33　封完袋布的效果

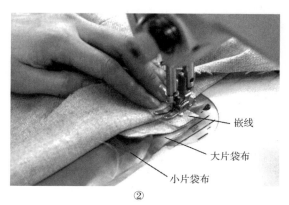

嵌线

大片袋布

小片袋布

②

③

图 15-32　封袋口

图 15-34　熨烫之后的效果

7. 做门襟

（1）敷过面（图 15-35）：将过面与前身正面相对，肩线、领口对齐，先沿着驳口线外侧绷缝固定，再绷缝固定止口。绷止口时，驳头处过面要留好松量，即吃缝过面，衣襟止口处过面与前身摆放平顺即可。绷缝线要缝在牵条上。

（2）处理止口：

①沿净线勾止口。从绱领止点开始沿着驳嘴、驳头外口、底边勾止口，线要缉在牵条外侧距离牵条 0.1cm 的位置（图 15-36）。

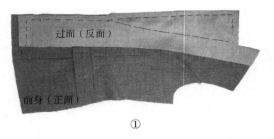

过面（反面）

前身（正面）

①

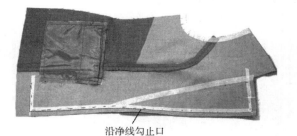

前身（反面）

②

图 15-35　敷过面

②修剪止口缝份。在缩领止点处的缝
份上打剪口，尽量剪至线根而不能剪断缝
线；驳嘴、驳头外口过面缝份保留 0.6cm，
大身缝份保留 0.3cm；止口处过面缝份保
留 0.3cm，大身缝份保留 0.6cm，修剪止口
缝份。

（3）翻烫止口：翻出正面熨烫，驳头部
分过面比衣身多出 0.2cm，止口部分衣身比
过面多出 0.2cm，扣烫底边 4cm 的折边。

8. 缝合前、后衣身

（1）缝合侧缝、塑型熨烫：将前、后衣
身正面相对，按 1cm 缝份缝合侧缝。将侧缝
劈开熨烫，劈缝的同时胯部要归拢（图 15-
37①），腰节处要拔开（图 15-37②），袖窿
要归拢（图 15-37③）。侧缝处前、后衣身
过渡要圆顺。扣烫底边 4cm 的折边（图 15-
38），且要归拢熨烫。

沿净线勾止口

图 15-36　勾止口

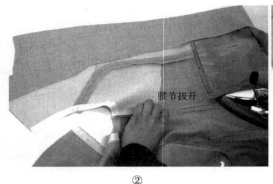

胯部归拢熨烫

①

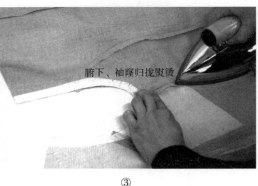

腰节拔开

②

腋下、袖窿归拢熨烫

③

图 15-37　塑型熨烫侧缝

图 15-38　扣烫底边折边

（2）缝合、熨烫肩缝：如图 15-39 所示，前、后肩正面相对缝合，后肩吃进 0.7cm（吃量在制图时根据面料质地而定）。将肩缝放在烫凳上劈开熨烫，劈缝的同时要适当向前肩方向归拢（图 15-40）。缝合过面与领托的肩缝，劈开烫平（图 15-41）。

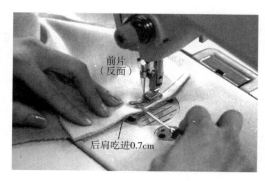

图 15-39　缝合肩缝

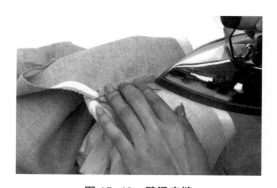

图 15-40　劈烫肩缝

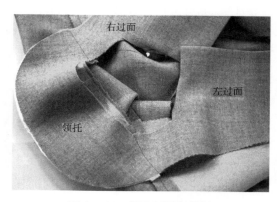

图 15-41　缝合过面与领托

9. 做领子

（1）处理领底：将两片领底对齐，沿后中心线缝合，劈缝烫平。按领子净样板在领底上画出净缝线，修剪缝份，保留 1cm。

（2）核对领底与领面（图 15-42）：将领面放在领底下面，修剪领面的领嘴及领外口的缝份，领面要大于领底，然后在领外口画几个对位标记。

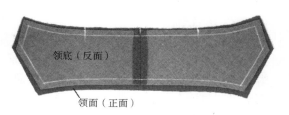

图 15-42　核对领底与领面

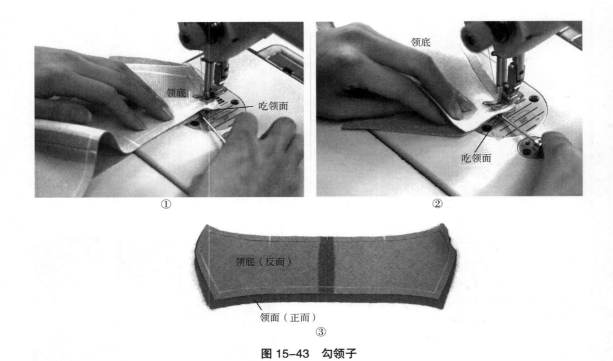

图 15-43　勾领子

（3）勾领子（图 15-43）：领底在上、领面在下，正面相对、领面吃进、边缘对齐，按净缝线绱缝领外口一周。

（4）修剪缝份：领底缝份保留 0.3cm，领面缝份保留 0.6cm（图 15-44）。

（5）熨烫领子：翻出正面熨烫，领面比领底多出 0.2cm（图 15-45）。

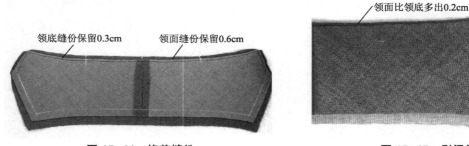

图 15-44　修剪缝份　　　　　　　图 15-45　熨烫领子

（6）修剪领面：卷折领面，修剪领面的串口缝份、领里口缝份（图 15-46）。

（7）画绱领对位标记：分别在领面、领底上画出与衣身肩缝相对应的对位标记（图 15-47），在领面上画出后中对位标记。

10. 绱领子

（1）画串口线：分别在领面、领底、过面、前身上画出串口线，缝份修剪整齐。

（2）绱领子：从右侧开始，领面与过面正面相对，将绱领止点对齐、串口线对齐绲缝，绲至拐角处抬起压脚（图 15-48），在过面的拐角处打剪口（图 15-49）；转动过面，将领面里口与过面及领托的领口对齐，放下压脚，绲缝领子的里口，领面上的肩缝对位标记与过面的肩缝要对齐，领面上的后中点与领托的后中点要对齐。缝至左侧过面拐角处，同样

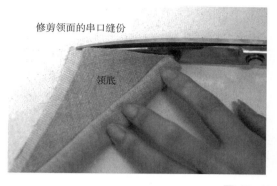

修剪领面的串口缝份

领底

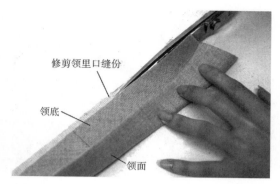

修剪领里口缝份

领底

领面

图 15-46 修剪领面

打剪口，并缉缝左侧串口线。

从左侧开始，领底与衣身正面相对，按上述方法把整个领子绱完（图 15-50）。绱领起点、终点的"十字缝"要对齐（图 15-51）。

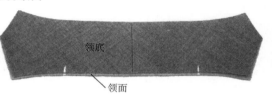

领底

领面

图 15-47 画绱领对位标记

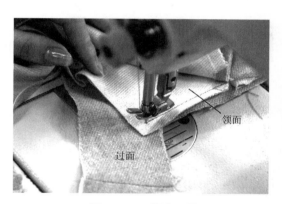

领面

过面

图 15-48 缉串口线

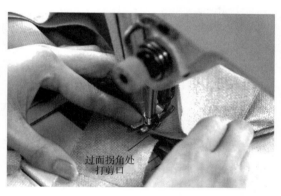

过面拐角处打剪口

图 15-49 过面拐角处打剪口

领底与衣身绱缝

图 15-50 绱缝领底与衣身

图 15-51 对齐领子的"十字缝"

（3）处理领子缝份：修剪领子拐角处的缝份，与衣身和过面上打剪口之后的形状相吻合（图 15-52）；将领缝放在烫凳上劈开熨烫（图 15-53），然后用手针绷缝固定领口缝份（图 15-54）。

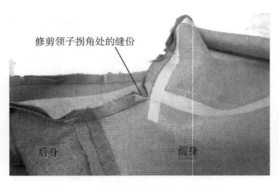

图 15-52　修剪领子拐角处的缝份

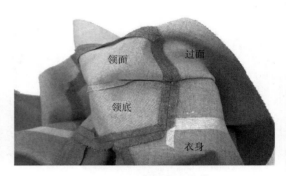

图 15-53　在烫凳上劈缝

11. 处理衣身里

（1）缝合、熨烫衣身里：缉缝前片里上的省道，按 1cm 缝份缝合后刀背缝、侧缝、肩缝、后中缝，后中缝的背部空出 25cm 左右不缝。省道向侧缝方向烫倒，后中缝向右后片烫倒的同时留出 0.5cm "眼皮"，后刀背缝、侧缝、肩缝向后身烫倒的同时留出 0.3cm "眼皮"。

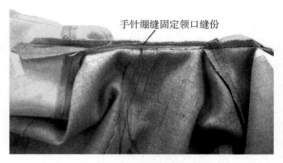

图 15-54　绷缝固定领口缝份

（2）挂衣里：从左侧开始，前身里的底边毛边比底边净衣长多出 2cm，从距离净衣长 3cm 的位置开始将前身里与过面按 1cm 缝份缝合在一起（图 15-55）；胸部里子要适当吃缝，衣里的肩缝与过面的肩缝要对齐，衣里的后中缝与领托的后中要对齐。右半侧做法与左半侧相同。缝份向前身里一侧自然倒缝、烫平，不留 "眼皮"。翻出正面，核准衣面与衣里底边的长度，衣里毛茬比净衣长多出 1cm，将衣身修剪整齐。

（3）缉底边（图 15-56）：底边折边的正面与衣里子的正面相对，里子在上、衣身面在下，从左侧开始按 1cm 缝份缉缝，缉缝时衣里上的 "眼皮" 不要打开，衣面与衣里的刀背缝、侧缝、后中缝要对齐。

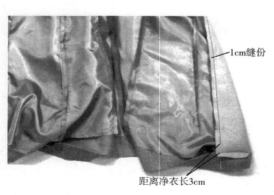

图 15-55　挂衣里

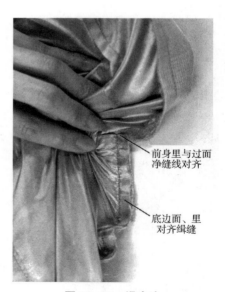

图 15-56　缉底边

（4）固定底边：用环针针法固定底边（图15-57），缝线要松一些，在衣服的正面不能看到缝线和针窝。

（5）固定过面下端：翻出正面，用锁针针法固定过面下端（图15-58）。

图 15-57　固定底边

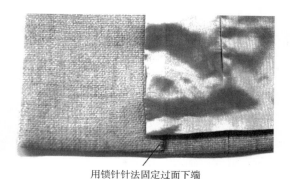

用锁针针法固定过面下端

图 15-58　固定过面下端

12. 做袖子

（1）缝合、熨烫袖里：大、小袖里正面相对，按1cm缝份缝合前、后袖缝，其中左袖的前袖缝中间留出20cm左右不缝合，缝份向大袖方向烫倒的同时留0.3cm"眼皮"。

（2）拔大袖：大袖的前偏袖肘弯位置要拔开（图15-59），后袖要适当归拢（图15-60）。将偏袖折好（图15-61），袖肘部的弯曲应符合人体的肘弯。

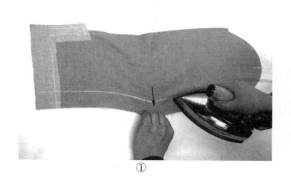

①

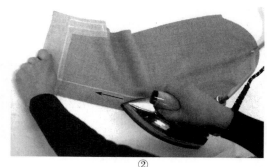

②

图 15-59　拔大袖

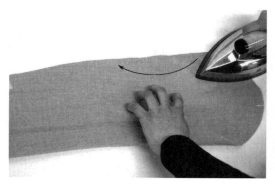

图 15-60　归烫后袖缝

图 15-61　拔过的大袖

（3）做袖开衩：袖开衩的样式不同，袖子的缝制方法也不同。此处介绍两种方法，后面的男西服还将介绍另一种方法。

制作方法一：

步骤①：缝合、熨烫前袖缝——小袖在上、大袖在下、正面相对，按 1cm 缝份缝合；劈开熨烫前袖缝的同时袖肘处仍然要适当拔开。袖口扣烫 4cm 折边（图 15-62）。

步骤②：缝合、熨烫后袖缝——小袖在上、大袖在下、正面相对，按 1cm 缝份缝合，缝到袖口时打开小袖的袖口折边（图 15-63 ①）；

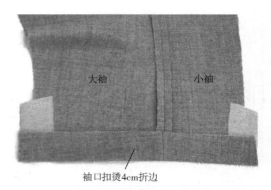

图 15-62　缝合前袖缝、扣烫袖口折边

劈开熨烫后袖缝的同时要归拢熨烫，袖开衩向大袖方向烫倒（图 15-63 ②）。

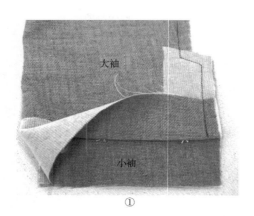

①

②

图 15-63　缝合后袖缝

用制作方法一缝制的袖开衩正面效果如图 15-64 所示。

图 15-64　袖开衩的正面效果

制作方法二：

步骤①：缝合、熨烫前袖缝——小袖在上、大袖在下、正面相对，按 1cm 缝份缝合前袖缝；劈开熨烫前袖缝的同时袖肘处仍然要适当拔开。

步骤②：缝合、熨烫后袖缝——小袖在上、大袖在下、正面相对，按 1cm 缝份缝合后袖缝（图 15-65）。劈开熨烫后袖缝的同时要归拢熨烫，袖开衩向大袖方向烫倒（图 15-66）。

图 15-65　缝合后袖缝

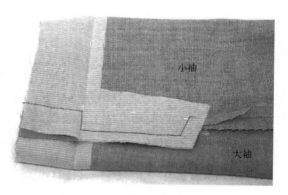

图 15-66　烫后袖缝及袖开衩

袖口扣烫 4cm 折边，用制作方法二缝制的袖开衩的正面效果如图 15-67 所示。

（4）缉缝袖口：袖面与袖里正面相对，套在一起（图 15-68），袖面在下、袖里在上按 1cm 缝份缉缝袖口（图 15-69①），将袖口折边折好，用环针针法固定袖口折边（图 15-69②）。

图 15-67　袖开衩的正面效果（方法二）

图 15-68　袖面与袖里套在一起

按1cm缝份缉缝袖口
①

②

图 15-69　缉缝袖口

（5）固定袖面与袖里的前、后袖缝：

①掏出袖里（图 15-70），在袖里上画出 1cm "眼皮" 位置，以此为对称点再分别向袖里和袖面方向 10cm 处画对位点，前、后袖缝都要画。

②将对位点对齐（图 15-71），分别用叠针针法固定前、后袖缝（图 15-72），袖缝上部 10cm 左右处不需要固定，袖里和缝线都不要绷紧。

翻出袖子的正面，检查袖里的长度是否合适。

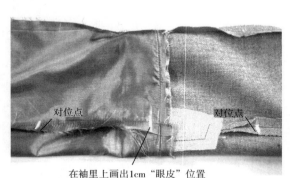

图 15-70　画袖里与袖面的对位点

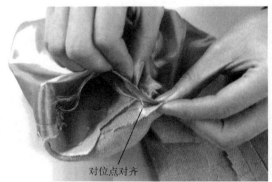

图 15-71　对齐袖面与袖里的对位点

图 15-72　叠针固定前、后袖缝

（6）缩缝、熨烫袖山：用拱针针法缝袖山（图 15-73），缝线距离边缘 0.3cm、针距 0.5cm；抽拉缝线至袖山圆顺，制图时袖山弧线比袖窿弧线多出的量此时全部抽缩，然后把缩缝后的袖山头放在烫凳上熨烫（图 15-74），袖山要烫圆顺。

图 15-73　缩缝袖山

图 15-74　烫袖山

13. 绱袖子

（1）绱袖面：将袖山与袖窿的对位点对好，袖窿在下、袖子在上，先用绷缝针法绱袖子（图15-75）。绷好后用手托起肩头或把衣服穿在人台上，检查袖子的前后位置是否合适，袖窿是否圆顺，确认绱袖位置准确后缉缝袖窿一周，仍然是袖窿在下、袖子在上（图15-76），手不要抻拉袖窿，相反应该推送袖窿，以防止袖窿变形。

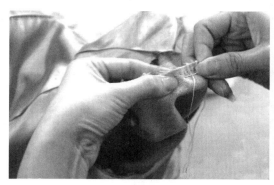

图15-75 手工绷缝袖子

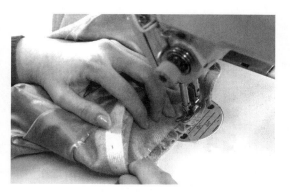

图15-76 缉缝袖窿

（2）绱袖里：缉缝袖里的袖山缝份，吃量自然缩缝（图15-77）。将袖山和袖窿的对位点对齐，袖窿在下、袖子在上、正面相对，按1cm缝份绱袖里。

（3）绱垫肩：垫肩边缘比袖窿边缘多出0.5cm，先将垫肩与后肩缝份绷缝固定；然后用回针缝针法将垫肩与袖窿缝份固定（图15-78），缝线不要拉紧，要松一些；最后将袖里的肩缝固定在垫肩上。

图15-77 吃缝袖里

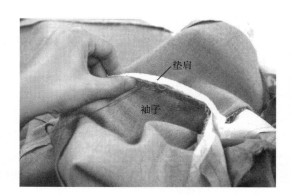

图15-78 绱垫肩

14. 固定衣面与衣里

（1）叠针固定侧缝：对齐衣面与衣里侧缝上的腰节剪口，用叠针针法将侧缝中段固定在一起（图15-79），缝线不要拉紧，要松一些，衣里也要松一些。

（2）缉后中缝衣里留口：从左袖里前袖缝的留口处，将后中缝衣里上的留口缉好。

（3）缉袖里留口：从左袖里前袖缝的留口处翻出衣身正面，再将左袖里翻出，将袖里上留口处的缝份向里折好，两边对齐，沿边缉0.1cm明线将留口缝住（图15-80）。

图 15-79　叠针固定侧缝

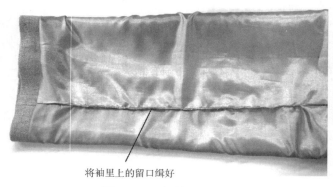

图 15-80　缉缝袖里留口

15. 整烫

（1）**烫领子**：从反面熨烫驳头外口、驳角、串口线、领角，顺着领子的弧线熨烫领子。

（2）**烫过面**：从反面熨烫过面，将止口烫直。

（3）**烫底边**：归拢熨烫底边。

16. 锁眼、钉扣

按样板上的位置锁眼、钉扣，要求位置准确，锁钉牢固。平驳头刀背线女西服的成品效果如图 15-81 所示。

图 15-81　平驳头刀背线女西服成品效果

第五节　平驳头刀背线女西服成品检验

平驳头刀背线女西服的外观检验请参照第一单元第一章第五节。

一、规格尺寸检验

（1）衣长：由后领窝垂直量至底边，极限误差为 ±1cm。

（2）胸围：扣好纽扣，前、后身摊平，沿袖窿底部水平量，一周的极限误差为 ±2cm。

（3）总肩宽：由一侧肩袖缝的交叉点水平量至另一侧肩袖缝的交叉点，极限误差为 ±1cm。

（4）袖长：由袖山顶点量至袖口，极限误差为 ±1cm。

（5）袖口：极限误差为 ±0.5cm。

二、工艺检验

（1）门襟平挺，左右两侧下摆外形一致。

（2）止口平薄顺直，无起皱，无反吐，不搅不豁。

（3）驳口平服顺直，串口要直，左右驳头长短、宽窄一致，左右驳嘴相等。

（4）领子左右对称，左右领嘴相等。领子要平服，不爬领、荡领，翘势应准确。领面松紧适宜，驳头翻折到位，左右两侧丝缕须一致。

（5）前身胸部圆润饱满，无皱无泡，丝缕正直，左、右对称。面、里适宜。

（6）袋盖与袋口大小适宜，封口方正牢固，嵌线要宽窄一致，垫袋布宽窄一致，左右口袋大小、高低、进出保持一致。

（7）左右袖子长短要相等，前后位置一致，袖窿圆顺，吃势均匀，无吊紧皱曲。左右袖口宽窄要相等，袖口平服齐整，贴边宽窄一致，环针不外露。面、里适宜。

（8）肩头平服，肩缝顺直，吃势均匀，无褶皱。左右肩宽窄一致，左右垫肩进出一致。面、里适宜。

（9）背部平服，背缝顺直，后背两侧吃势要均匀。

（10）摆缝顺直平服，腋下不能有波浪形下沉。面、里适宜。

（11）底边平服顺直，贴边宽窄一致，环针针迹不外露。

（12）各部位保持平服，衣里大小长短应与衣面相适宜，余量适宜。

（13）里料色泽要与面料色泽相协调（特殊设计除外），衣里前身、后身不允许有影响美观和牢固的疵点，其他部位也不能有影响牢固的疵点。

练习与思考题

1. 叙述平驳头刀背线女西服的款式特征。

2. 测量自己或他人的尺寸，确定成品规格，绘制平驳头刀背线女西服的结构图（制图比例 1:1）。

3. 绘制平驳头刀背线女西服的全套纸样（制图比例 1:1）。

4. 平驳头刀背线女西服排料时要注意哪些问题？如果是条格面料，有哪些位置需要对条格？

5. 裁剪一件平驳头刀背线女西服。

6. 平驳头刀背线女西服的工艺要求有哪些?

7. 平驳头刀背线女西服的缝制工艺流程是如何编排的?

8. 平驳头刀背线女西服敷止口牵条时要注意什么?

9. 口袋盖、领子、驳头等有里外层关系的部位，怎样制作才能保证向下扣而不向外翻?

10. 平驳头刀背线女西服绱领子的要求是什么? 绱领子的难点在哪里?

11. 平驳头刀背线女西服袖子的前、后位置怎样才算是合适的? 袖子的吃缝量是怎样分配的?

12. 女西服里料的作用是什么?

13. 平驳头刀背线女西服整烫时要注意哪些事项? 熨烫哪些部位? 哪些部位要烫死、哪些部位要烫活?

14. 对平驳头刀背线女西服成品进行检验时，工艺检验包括哪些项目?

15. 你认为制作平驳头刀背线女西服的难点有哪些?

理论应用
与实践

第十六章　青果领公主线女西服

教学内容： 青果领公主线女西服结构图的绘制方法 /4 课时
　　　　　 青果领公主线女西服纸样的绘制方法 /4 课时
　　　　　 青果领公主线女西服的排料与裁剪 /2 课时
　　　　　 青果领公主线女西服的制作工艺 /30 课时

课程时数： 40 课时

教学目的： 培养学生动手解决实际问题的能力，提高学生效率意识
　　　　　 和规范化管理意识，为今后的款式设计、工艺技术标准
　　　　　 的制定、成本核算等打下良好的基础。

教学方法： 集中讲授、分组讲授与操作示范、个性化辅导相结合。

教学要求： 1. 能通过测量人体得出青果领公主线女西服的成品尺寸
　　　　　　 规格，也能根据款式图或照片给出成品尺寸规格。
　　　　　 2. 在老师的指导下绘制 1：1 的结构图，独立绘制 1：1
　　　　　　 的全套纸样。
　　　　　 3. 在学习青果领公主线女西服的加工手段、工艺要求、
　　　　　　 工艺流程、工艺制作方法等知识的过程中，需有序操
　　　　　　 作、独立完成。
　　　　　 4. 完成一份学习报告，记录学习过程，归纳和提炼知识
　　　　　　 点，编写青果领公主线女西服的制作工艺流程，写课
　　　　　　 程小结。

教学重点： 1. 青果领公主线女西服结构图的画法
　　　　　 2. 制板时应注意青果领女西服过面与领托的关系，过面与
　　　　　　 领底的关系
　　　　　 3. 有里贴袋的制作方法
　　　　　 4. 制作时应注意青果领女西服衣身与领底的关系，过面、
　　　　　　 领托与衣身的关系

此款女西服也是典型的四开身结构，合体，前、后身分别有公主线，门襟单排 1 粒扣，直下摆，青果领，贴袋（图 16-1）。由于袖子与平驳头刀背线女西服的袖子相同，所以此款式中的袖子无论是结构图、纸样，还是制作方法等，都不再重复。

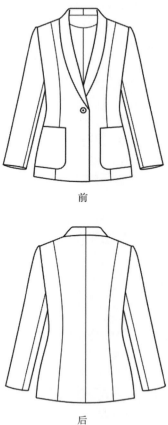

前

后

图 16-1　表果领公主线女西服款式图

第一节 青果领公主线女西服结构图的绘制方法

一、青果领公主线女西服成品规格的制定

此款女西服的成品尺寸与平驳头刀背线女西服相同,袖子结构图的绘制方法与平驳头刀背线女西服亦相同,在此只绘制衣身的结构图,并介绍作图的重点内容。

二、青果领公主线女西服结构图的绘制过程

青果领公主线女西服结构图的主要作图过程如下,衣身结构如图 16–2 所示,袖子的制图方法同平驳头刀背线女西服。

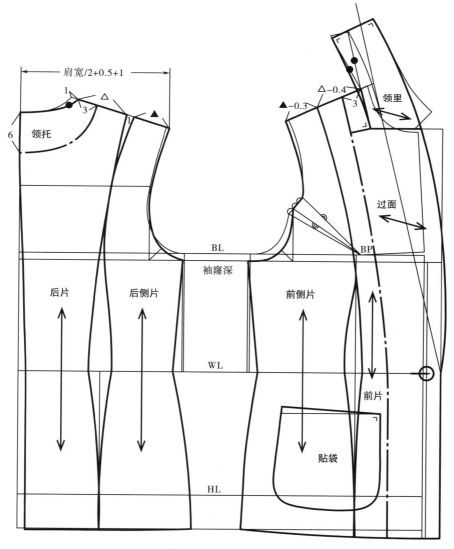

图 16–2 衣身结构图

（1）后肩宽的绘制方法：

①领宽沿原型肩线加宽 1cm。

②从后中线水平量取总肩宽 /2+0.5cm+1cm。

③在肩线上取后片公主线的分割位置，并做出 1cm 的肩省。

（2）前肩宽的绘制方法：从衣服的颈侧点开始沿着原型的肩斜线量取△ –0.7cm，若原型的肩斜线不能满足这个尺寸，可将其延长。

（3）公主线的绘制方法：

①肩部公主线的位置：公主线在肩线上的起点位置可自行设计，关键是制图时要考虑前、后肩线缝合之后的前、后公主线要对齐。后片的肩线长度比前片的肩线长度要多出 0.4cm，后侧片的肩线长度比前侧片的肩线长度要多出 0.3cm。

②后身公主线：肩胛骨以上，将原型中的肩省移到公主线的位置，利用公主线处理掉肩省；肩胛骨以下与刀背线女西服的分割位置及形态可以完全一致。

③前身公主线：与刀背线女西服相比，只改变胸高点（BP）以上分割线的形状；胸高点以下与刀背线女西服的分割位置及形态可以完全一致。

（4）领托与过面的绘制方法：在后片上画出领托，在前片上画出过面。另外，过领口的拐点作领口线的垂线。

第二节　青果领公主线女西服纸样的绘制方法

一、面料纸样的制作过程

面料毛板共八块，包括后片、后侧片、前侧片、前片、过面（可分成上半段和下半段进行拼接）、领底、领托、贴袋。

1. 衣身纸样

将结构图中的后片、后侧片、前侧片、前片取出，合并前侧片上的袖窿省，形成各片衣身的净板（图 16–3）。

在净板的周围加放缝份和底边折边，形成衣身毛板（图 16–4）。

2. 领托纸样（图 16–5）

（1）从结构图中取出过面，过领口的拐点作领口线的垂线（图 16–5 ②）。

（2）从结构图中取出领托（图 16–5 ①）。

（3）将过面上的灰色部分剪下来与领托对接在一起，形成新的领托（图 16–5 ③）。

（4）在新领托的周围加放 1cm 宽的缝份，形成领托毛板（图 16–5 ④）。

3. 领底与过面纸样

（1）从结构图中取出领底和过面，图 16–6 ①中的灰色部分是领底，将其取出，在周围加放 1cm 宽的缝份，形成领底毛板（图 16–6 ②）。

（2）图 16–6 ③中的灰色部分是过面，将其取出，在周围加放缝份及底边折边，形成过面毛板（图 16–6 ④）。

4. 贴袋纸样

从结构图中取出贴袋，袋口加放折边 4cm，周围加放 1cm 宽的缝份，形成贴袋毛板（图 16–7）。

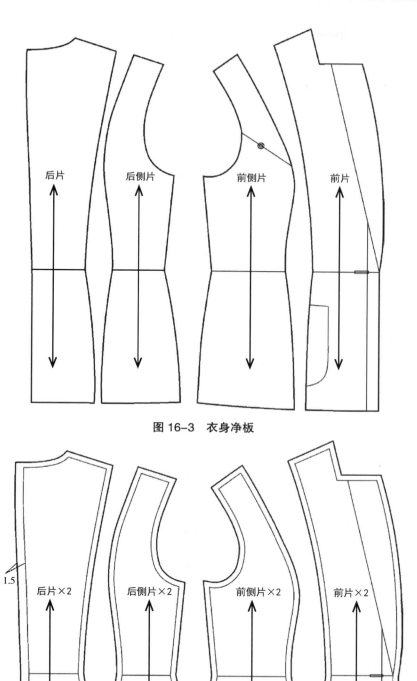

图 16-3 衣身净板

图 16-4 衣身毛板

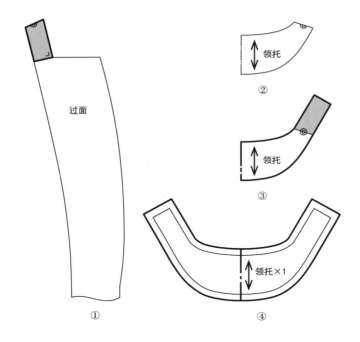

图 16-5　领托纸样的绘制方法

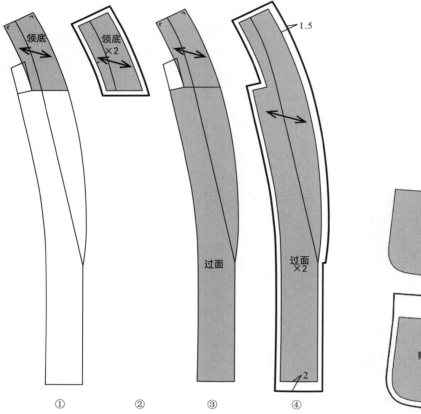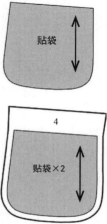

图 16-6　领底与过面纸样的绘制方法

图 16-7　贴袋纸样

二、里料毛板的制作过程

里料毛板如图 16-8 所示，图中的内轮廓线表示各衣片的净板，外轮廓线表示里料的毛板。前片里的变化过程与平驳头刀背线女西服相同，在贴袋净板的基础上画贴袋里。

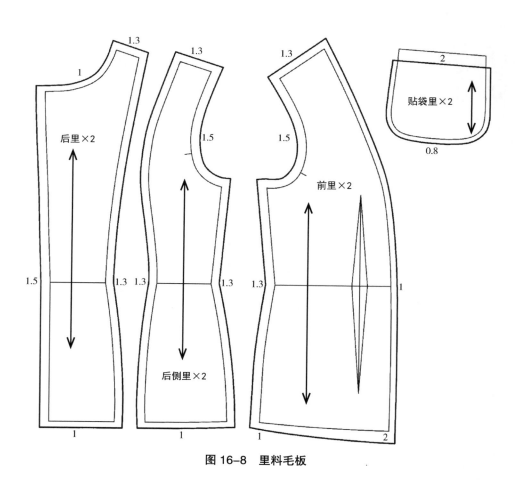

图 16-8　里料毛板

三、黏合衬纸样的制作过程

在面料毛板的基础上绘制黏合衬纸样，需要粘衬的部位包括：后片、后侧片、前侧片、前片、过面、领底、领托、袋口（图 16-9）。

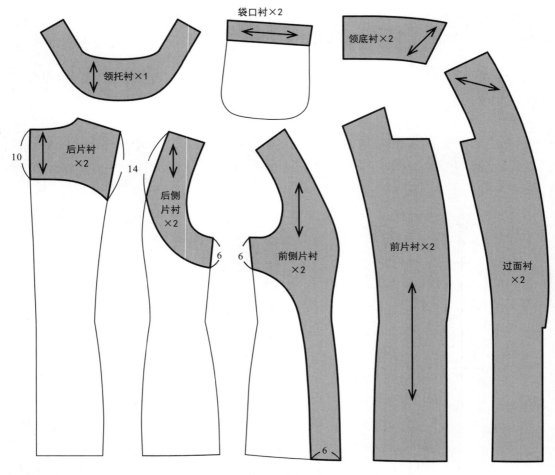

图 16-9　黏合衬纸样

四、工艺纸样

在制作过程中要使用到的净板共两块，包括领底和贴袋。领底的净板在图 16-6 ①中已体现，贴袋的净板在图 16-7 中已体现。

第三节　青果领公主线女西服的排料与裁剪

面料、里料及黏合衬的排料方法如图 16-10~ 图 16-12 所示。

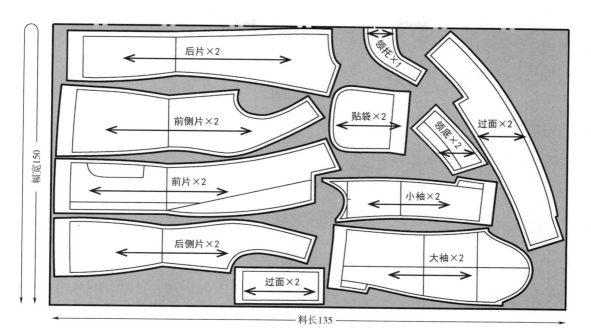

图 16-10 面料排料图

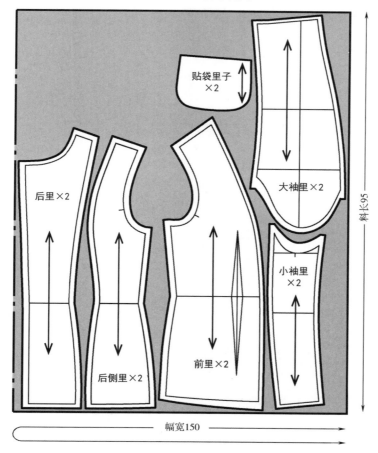

图 16-11 里料排料图

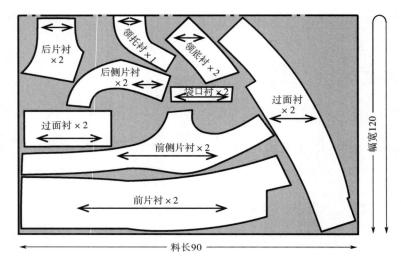

图 16-12　黏合衬排料图

第四节　青果领公主线女西服的制作工艺

一、青果领公主线女西服的工艺流程（图 16-13）

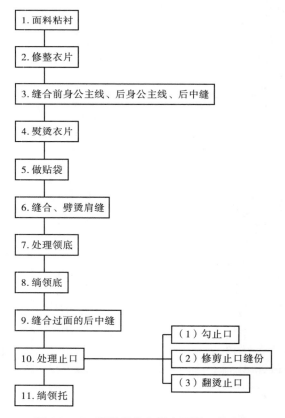

图 16-13　青果领公主线女西服工艺流程

二、青果领公主线女西服的制作顺序和方法

1. **面料粘衬**

2. **修整衣片**

按照面料毛板检查粘衬后的衣片是否变形或缩小，在前片上画出领口净线、止口净线、底边线、驳口线、贴袋袋位。

3. **缝合前身公主线、后身公主线、后中缝**

4. **熨烫衣片**

将公主线的缝份劈开，劈缝的同时要进行推归拔烫，前身的驳头、止口、袖窿要粘牵条（图16-14）。

5. **做贴袋**

方法一：

（1）画口袋位：用贴袋净板在前身的正面上准确地画出口袋位。

（2）缉缝袋面与袋里：将贴袋面、贴袋里正面相对，相接的位置对齐，按1cm缝份缝合，沿袋口熨烫平整（图16-15）。

（3）扣烫袋面、修剪袋里缝份：将贴袋面两边及袋底按净缝线扣烫整齐；修剪贴袋里缝份，贴袋里两边及袋底按净缝线向里缩进0.2cm（图16-16）。

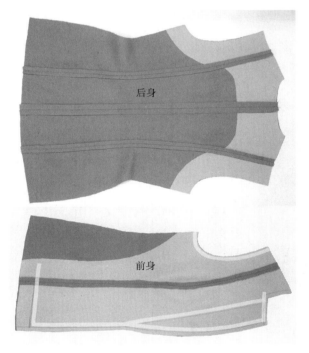

图16-14　熨烫衣片、粘牵条

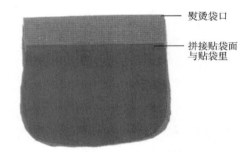

图16-15　缉缝袋面与袋里

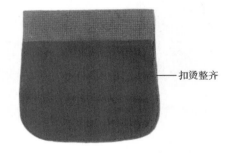

图16-16　修剪贴袋里缝份

（4）缝贴袋里：将贴袋对准前身上的袋位，注意按身体的曲面调整好松量，掀开贴袋面，将贴袋里缝在前身上（图16-17）。

（5）暗缲缝贴袋面：摆好贴袋面，将两边及袋底用暗缲针针法与前身缝合固定（图16-18）。

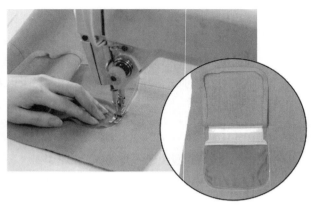

图 16-17　缝贴袋里

图 16-18　暗缲缝贴袋面外周

方法二：

（1）画口袋位：用贴袋净板在前身的正面上准确地画出口袋位。

（2）缉缝袋面与袋里：将贴袋面、贴袋里正面相对，相接的位置对齐，按 1cm 缝份缝合，中间留出 6~7cm 不缝，熨烫平整（图 16-19）。

（3）修剪缝份：贴袋面两边及袋底留 1cm 缝份，贴袋里留 0.3cm 缝份，修剪整齐（图 16-20）。

（4）缉缝袋面与袋里：贴袋面、贴袋里正面相对，将两边及袋底按 0.5cm 缝份缝合（图 16-21）。

图 16-19　缉缝袋面与袋里

图 16-20　修剪缝份

图 16-21　缉缝贴袋外周

（5）熨烫：从贴袋面与贴袋里的留口处将正面翻出，按净板熨烫贴袋两边及袋底，贴袋里留有 0.2cm "眼皮"（图 16-22）。

（6）缉袋里：将贴袋对准前身上的袋位，注意按身体的曲面调整好松量，扒开贴袋面，将贴袋里两边及袋底的 "眼皮" 与前身缝合（图 16-23）。

贴袋里边缘留
0.2cm "眼皮"

图 16-22 翻出正面熨烫

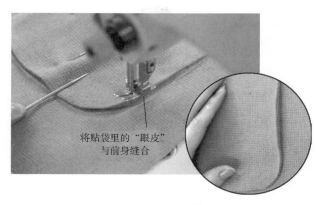

将贴袋里的 "眼皮"
与前身缝合

图 16-23 缉贴袋里

（7）固定贴袋面：将贴袋面两边及袋底用暗缲针针法与前身缝合固定，或按款式及工艺要求在贴袋边缘缉明线（图 16-24）。

6. **缝合、劈烫肩缝**

缝合肩缝时前、后公主线要对齐，后肩的吃缝量要合适。肩缝要在烫凳上劈开熨烫，要烫出向前的弯势。

7. **处理领底**

缝合领底后中缝，劈开，用领底净板画线（图 16-25）。

图 16-24 缉明线

领底（反面）

图 16-25 处理领底

8. **缉领底**

将领底与衣身缝合，拐角处在衣身上打剪口，劈缝烫平（图 16-26）。

9. **缝合过面的后中缝**

将两片过面正面相对，后中缝按 1cm 缝份缝合，劈缝烫平。

10. **处理止口**

（1）勾止口：衣身在上、过面在下，正面相对，从右侧底边开始勾止口，后领中缝要对齐，缝线要缉在牵条外侧、距离牵条 0.1cm 的位置。

（2）修剪止口缝份：衣身缝份保留 0.3cm，过面缝份保留 0.6cm。

（3）翻烫止口：翻出正面熨烫，驳头部分过面比衣身多出 0.2cm，止口部分衣身比过面多出 0.2cm，并扣烫底边折边。

11. **缉领托**

将领托与过面缝合，拐角处在过面上打剪口，劈缝烫平（图 16-27）。

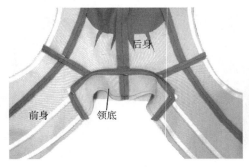

图 16-26　绱领底

图 16-27　绱领托

　　至此，衣身部分的制作完成，可穿在人台上看看效果。衣里、袖子的做法等与平驳头刀背线女西服相同，此处不再重复。青果领公主线女西服的成品效果如图 16-28 所示。

图 16-28　青果领公主线女西服成品效果

练习与思考题

　　1. 叙述青果领公主线女西服的款式特征。

　　2. 测量自己或他人的尺寸，确定成品规格，绘制青果领公主线女西服的结构图（制图比例 1∶1）。

　　3. 绘制青果领公主线女西服的全套纸样（制图比例 1∶1）。

　　4. 裁剪一件青果领公主线女西服。

　　5. 青果领公主线女西服的工艺要求有哪些？

　　6. 青果领公主线女西服的缝制工艺流程是如何编排的？

　　7. 青果领公主线女西服敷止口、领外口牵条时要注意什么？

　　8. 做贴袋的方法及保证贴袋与衣身松紧关系适度的技巧有哪些？

　　9. 青果领与平驳领的区别是什么？

　　10. 你认为制作青果领公主线女西服的难点有哪些？

第十七章 女西服衣身款式变化

教学内容： 四开身女西服衣身变化 /2 课时

三开身女西服衣身变化 /2 课时

女西服下摆变化 /2 课时

课程时数： 6 课时

教学目的： 拓展女西服结构与纸样方面的知识。

教学方法： 集中讲授与个性化辅导相结合。

教学要求： 1. 根据款式图或成衣照片能够分析出分割线的来龙去脉，
能够绘制结构图和纸样。

2. 能自行设计不同款式的女西服，并能够绘制结构图和
全套纸样。

教学重点： 1. 在四开身和三开身女西服基本款式的基础上进行衣身
款式变化

2. 女西服下摆形状不同涉及下摆折边变化、门襟变化、
衣里变化等

第一节　四开身女西服衣身变化

本节首先讲解四开身女西服衣身结构图的绘制方法，然后在其基础上对衣身片数进行变化，变化的方法可以举一反三地运用于女装结构设计转化之中。

一、四开身女西服基本款式结构图的绘制

此例女西服的衣身由前片、前侧片、后侧片、后片组成，单排扣，领型是平驳头变化型，直下摆。前身的分割线远离胸高点，原型袖窿省的大部分转移为腋下省，前片有胸省和腰省（图17-1）。

1. 调整原型的袖窿省

将原型的袖窿省四等分，其中的1/4保留在袖窿做松量，另外的3/4转移至腋下（图17-2）。

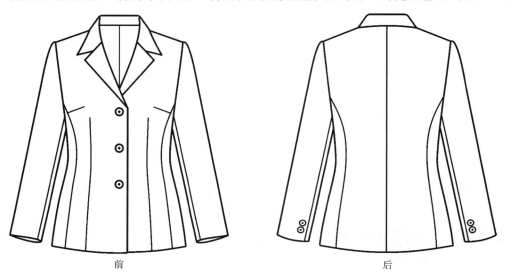

前　　　　　　　　　　　　　　　后

图 17-1　四开身女西服款式图

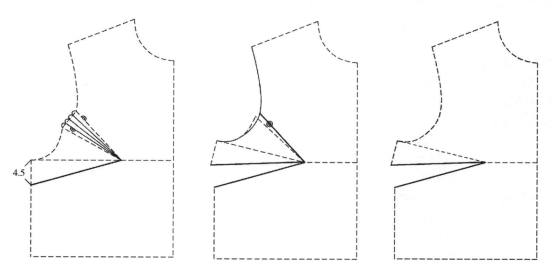

图 17-2　调整原型的袖窿省

2. 四开身女西服衣身结构图的绘制

四开身女西服的衣身结构如图 17-3 所示，图中的虚线表示原型，B 表示成品胸围，H 表示成品臀围，腰省总量是 10cm。

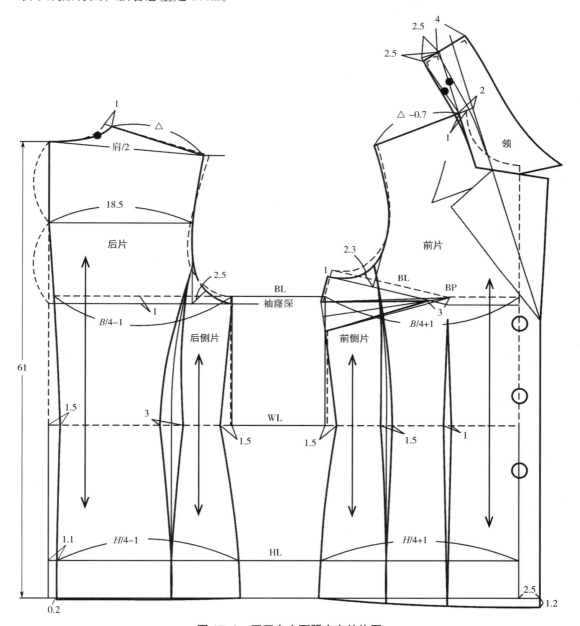

图 17-3 四开身女西服衣身结构图

二、从四开身变化为三开身

将图 17-3 中的侧缝腰省去掉，侧缝线变为直线；将原有的侧缝省调整到前、后身的腰节省里（图 17-4），腰省总量是 10cm。

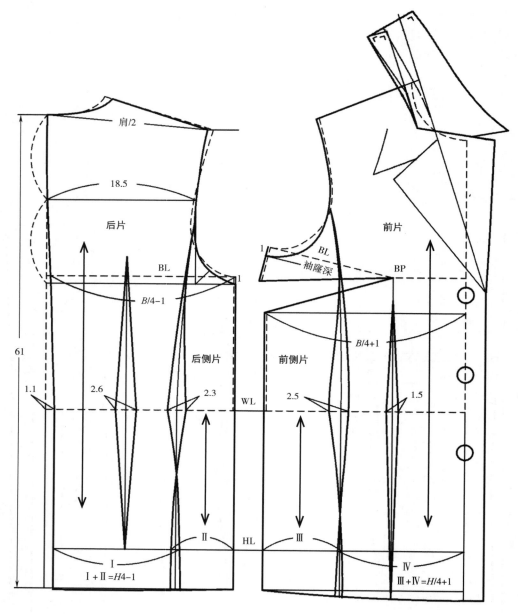

图 17-4　调整腰省

从四开身变化为三开身的方法如图 17-5 所示。

（1）从图 17-4 中取出后片（图 17-5 ①）、后侧片（图 17-5 ②）、前侧片（图 17-5 ③，合并腋下省道，变为图 17-5 ④）、前片（图 17-5 ⑤）。

（2）将后侧片与前侧片的侧缝线对合在一起，形成新的侧片（图 17-5 ⑥）。

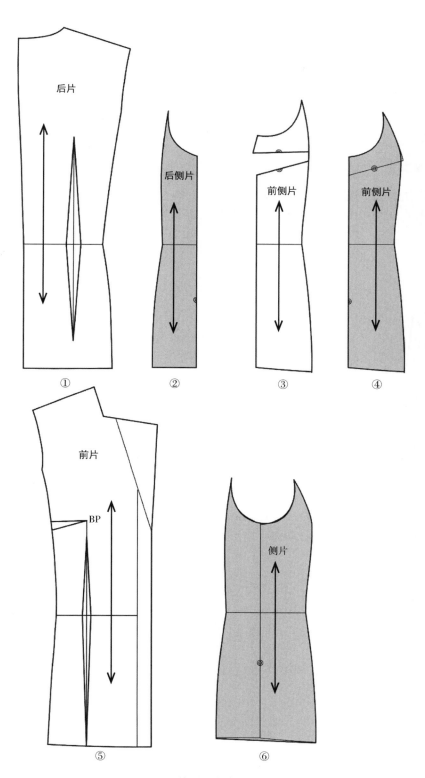

图 17-5 从四开身变化为三开身

第二节　三开身女西服衣身变化

本节主要讲解三开身女西服衣身结构图的绘制方法，然后在其基础上对衣身结构进行变化，变化的方法可以举一反三地运用于女装结构设计转化之中。

一、三开身女西服结构图的绘制

以双排扣为例，三开身女西服款式图如图 17-6 所示。

结构图的画法如图 17-7 所示，图中的虚线表示原型，B 表示成品胸围。

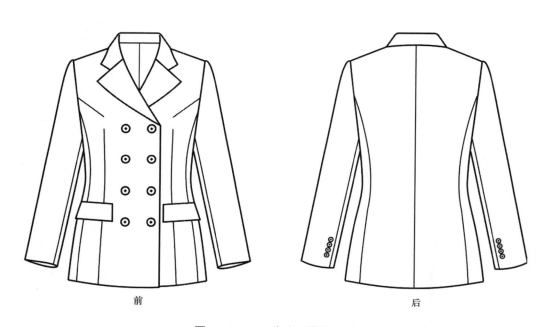

前　　　　　　　　　　　　　　　　后

图 17-6　三开身女西服款式图

二、三开身女西服前身款式变化

从图 17-7 中取出前片，将袖窿省进行转移，可变化出外轮廓相同、内部结构线不同的多个款式（图 17-8）。

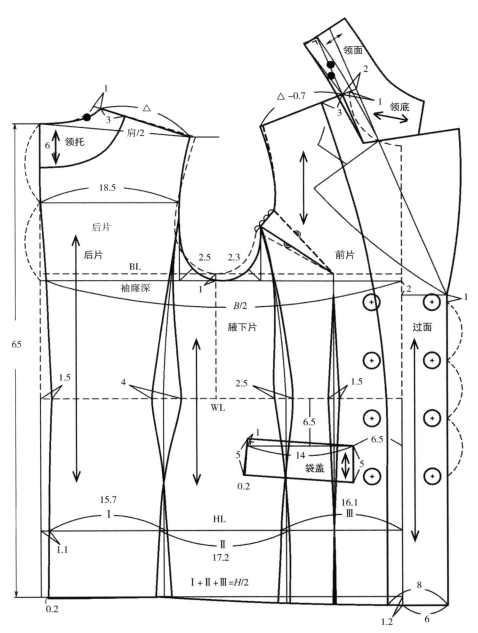

图 17-7　三开身女西服衣身结构图

款式变化 I   款式变化 II

款式变化 III   款式变化 IV

图 17-8　三开身女西服前身款式变化图

1. 三开身女西服前身款式变化 I

（1）从图 17-7 中取出前片（图 17-9 ①）。

（2）合并袖窿省、展开腰省并通到底边，重新调整省尖点的位置（图 17-9 ②）。

（3）加放缝份 1cm 和底边折边 4cm，形成毛板（图 17-9 ③）。

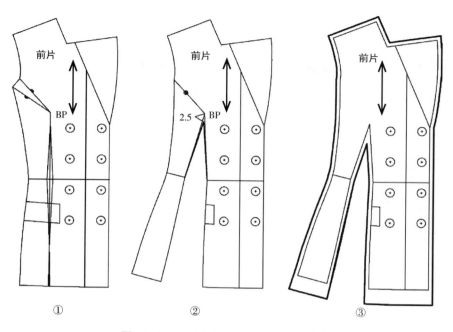

①　　　　　　　　②　　　　　　　　③

图 17-9　三开身女西服前身款式变化 I

2. 三开身女西服前身款式变化 II

（1）从图 17-7 中取出前片，调整腰省（图 17-10 ①）。

（2）合并袖窿省、展开腰省至袋口，重新调整省尖点的位置（图 17-10 ②）。

（3）加放缝份 1cm 和底边折边 4cm，形成毛板（图 17-10 ③）。

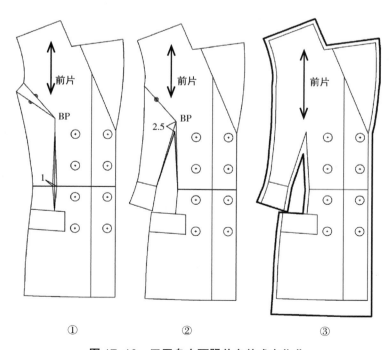

①　　　　　　　　②　　　　　　　　③

图 17-10　三开身女西服前身款式变化 II

3. 三开身女西服前身款式变化Ⅲ（图17-11）

（1）从图17-7中取出前片，画出肩省的位置（图17-11①）。

（2）合并袖窿省，变为肩省（图17-11②）。

（3）将肩省与腰省合为公主线，变化出前片和前侧片。

（4）分别加放缝份1cm和底边折边4cm，形成毛板（图17-11③）。

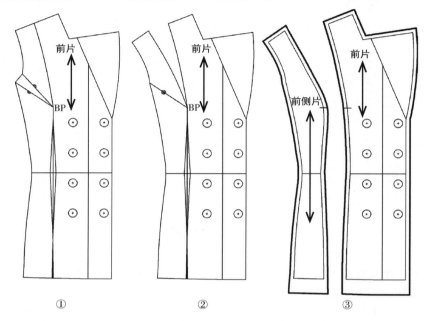

图17-11　三开身女西服前身款式变化Ⅲ

4. 三开身女西服前身款式变化Ⅳ（图17-12）

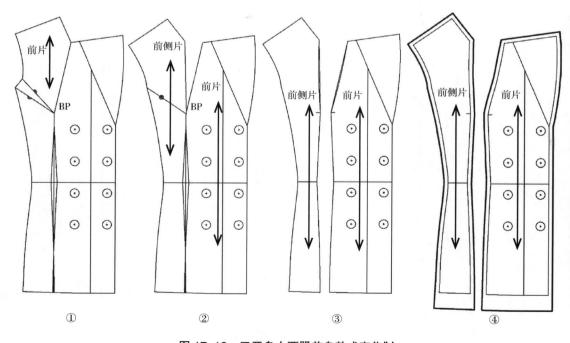

图17-12　三开身女西服前身款式变化Ⅳ

（1）从图17-7中取出前片，画出领口省（图17-12①）。

（2）合并袖窿省，变为领口省（图17-12②）。

（3）将领口省与腰省合为分割线，变化出前片和前侧片，对领口省线稍加调整（图17-12③）。

（4）分别加放缝份1cm和底边折边4cm，形成毛板（图17-12④）。

第三节　女西服下摆变化

女西服下摆形状不同时，除了衣身结构图有变化以外，面料毛板、里料毛板、贴边等也要随之进行变化。

一、小圆头下摆

此例女西服是四开身结构，衣身由前片、前侧片、后侧片、后片组成，单排扣，戗驳头，下摆的圆头在过面宽度之内结束（图17-13）。

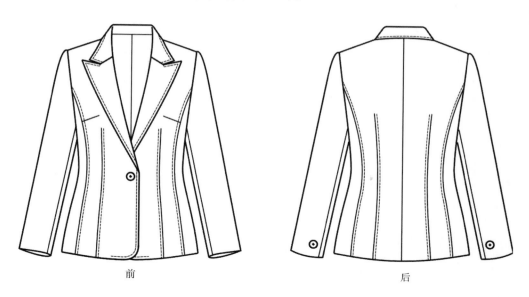

前　　　　　　　　　　　　　后

图17-13　小圆头下摆女西服款式图

1. 面料的前片与过面（图17-14）

（1）前片：从图17-14①中取出前片，调整省尖点的位置，周围加放缝份1cm和底边折边4cm（图17-14②）。

（2）过面：从图17-14①中取出过面，并加放缝份（图17-14③）。

2. 前片里的绘制方法Ⅰ——前片里由两片组成（图17-15）

（1）从图17-14中取出前侧片（图17-15①），将省道合并，周围加放缝份形成毛板（图17-15②）。

（2）从图17-14中取出前片（图17-15③），将省道转移（图17-15④），周围加放缝份形成毛板（图17-15⑤）。

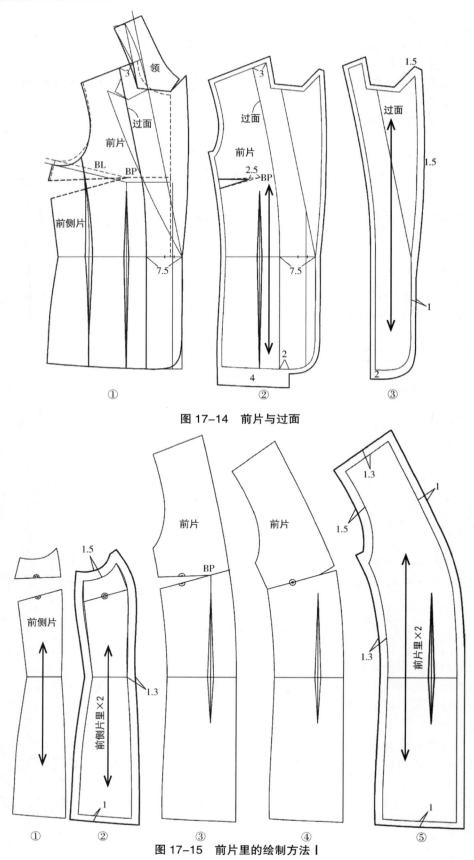

领

过面

前片

BL
BP

前侧片

7.5

①

3

过面

前片

2.5
BP

7.5

2

4

②

1.5

过面

1.5

1

2

③

图 17-14　前片与过面

1.5

前侧片

1.3

前侧片里×2

1

①

②

前片

BP

③

前片

④

1.3

1

1.5

1.3

前片里×2

1

⑤

图 17-15　前片里的绘制方法 I

3. 前片里的绘制方法 II——前片里仅有一片（图 17-16）

从图 17-14 ①中取出前片（图 17-16 ①），将图中的省道转移到与过面相接的地方，将两个腰省合成一个（图 17-16 ②），周围加放缝份形成毛板（图 17-16 ③）。

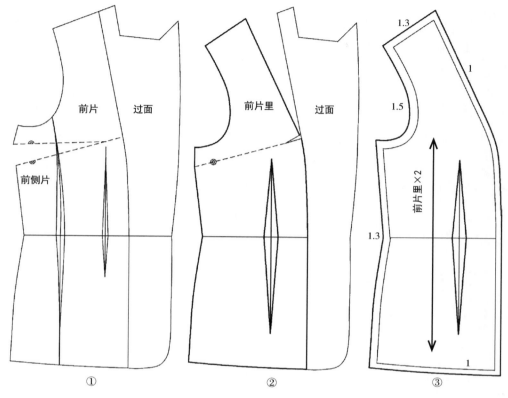

图 17-16　前片里的绘制方法 II

二、大圆头下摆

此例女西服是四开身结构，衣身由前片、前侧片、后侧片、后片组成，无领，无搭门，下摆圆头的弧度较大（图 17-17）。

1. 绘制大圆头下摆女西服衣身结构图

参照本单元青果领公主线女西服衣身结构图，绘制此款大圆头下摆、无领、无搭门女西服（图 17-18）。

2. 衣身毛板

从衣身结构图中取出后片、后侧片、前侧片、前片，前侧片上的袖窿省转移到公主线上，各衣片的周围加放 1cm 的缝份（图 17-19）得到衣身毛板。

3. 贴边毛板

贴边毛板的绘制方法如图 17-20 所示，在衣身结构图的基础上画出领托（图 17-20 ①）、后身贴边（图 17-20 ②）、前身贴边（图 17-20 ③），去掉后身贴边的省量并将边缘画顺（图 17-20 ④），去掉前身贴边的省量并将边缘画顺（图 17-20 ⑤），然后分别在领托、后身贴边、前身贴边的周围加放 1cm 宽的缝份（图 17-20 ⑥、⑦、⑧）。

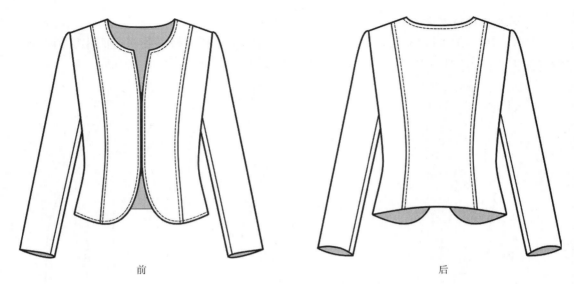

前　　　　　　　　　　　　　　后

图 17-17　大圆头下摆女西服款式图

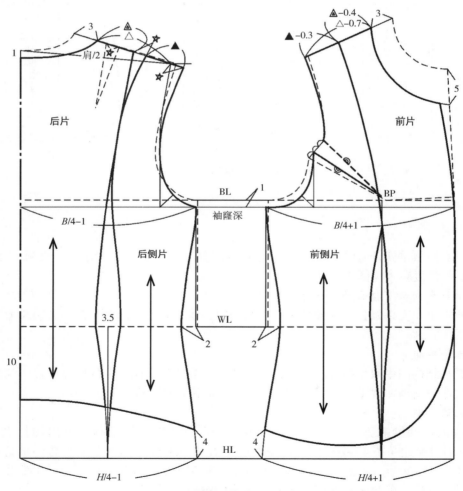

图 17-18　大圆头下摆女西服衣身结构图

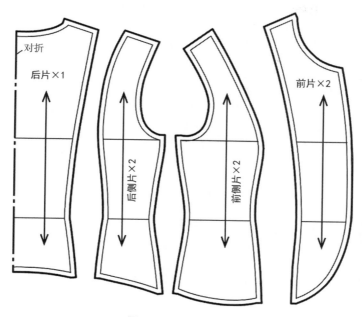

图 17-19　衣身毛板

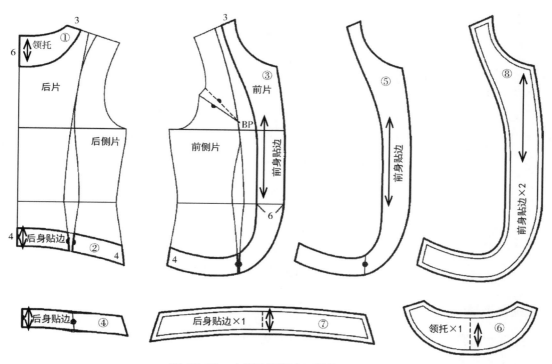

图 17-20　大圆头下摆女西服的贴边毛板

4.衣里毛板

衣里毛板的绘制方法如图 17-21 所示。

后身：去掉图 17-20 中的领托和贴边，后身里包括后片和后侧片。

前身：去掉图 17-20 中的贴边，然后对袖窿省进行变化。

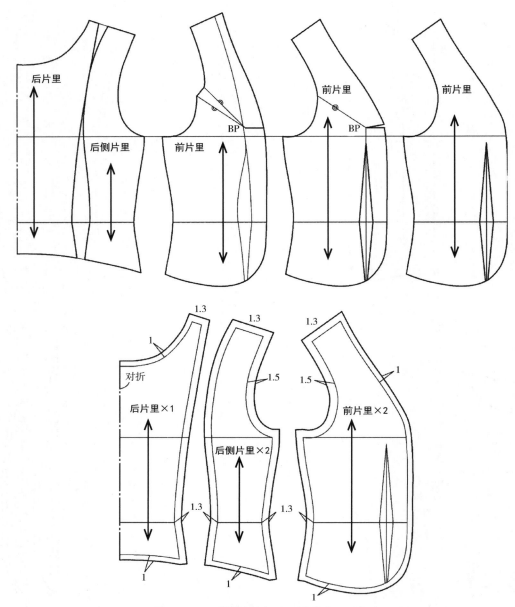

图 17-21　大圆头下摆女西服的衣里毛板

三、尖角下摆

此例女西服是四开身结构，下摆呈尖角形状（图 17-22）。

1. 绘制尖角下摆女西服衣身结构图

参照平驳头刀背线女西服结构图绘制此款尖角下摆女西服衣身结构图（图 17-23）。

2. 尖角下摆女西服衣身净板

尖角下摆女西服衣身净板如图 17-24 所示。

3. 尖角下摆女西服衣身面料毛板

除后中缝加放缝份 1.5cm 外，过面下边缘加放缝份 2cm，其余均加放 1cm（图 17-25）。

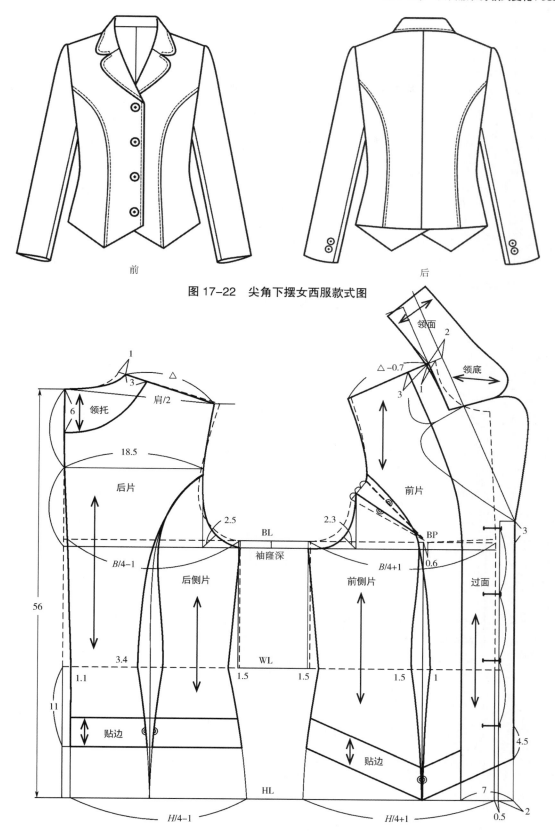

图 17-22　尖角下摆女西服款式图

图 17-23　尖角下摆女西服衣身结构图

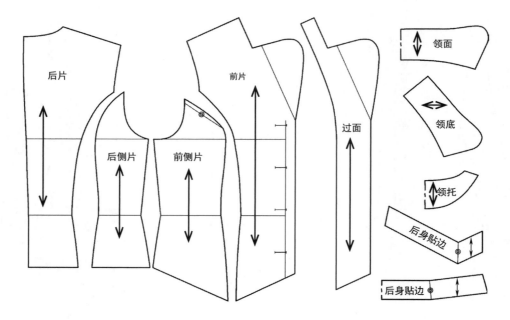

图 17-24　尖角下摆女西服衣身净板

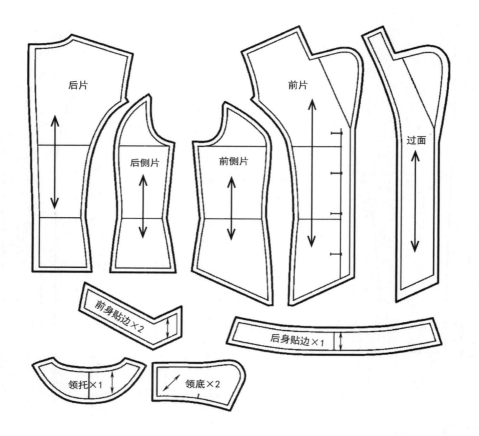

图 17-25　尖角下摆女西服衣身面料毛板

4. 尖角下摆女西服衣身里毛板

尖角下摆女西服衣身里毛板的绘制方法如图 17-26 所示。

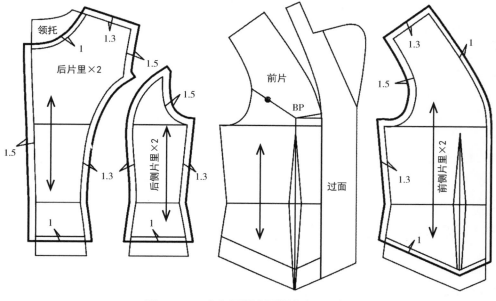

图 17-26　尖角下摆女西服衣身里毛板

练习与思考题

1.设计女西服款式，给出成品规格，绘制结构图，绘制面、里、衬的全套纸样（制图比例 1：1）。

2.寻找女西服成衣，根据成衣制板，复制出相同的女西服。

3.搜集女西服照片，根据照片制板，制作出与照片效果相同的成衣。

第十八章 插肩袖女外衣

教学内容： 插肩袖女外衣结构图的绘制方法 /6 课时

插肩袖女外衣纸样的绘制方法 /6 课时

插肩袖女外衣的排料与裁剪 /4 课时

插肩袖女外衣的制作工艺 /32 课时

课程时数： 48 课时

教学目的： 培养学生动手解决实际问题的能力，提高学生效率意识和规范化管理意识，为今后的款式设计、工艺技术标准的制定、成本核算等打下良好的基础。

教学方法： 集中讲授、分组讲授与操作示范、个性化辅导相结合。

教学要求： 1. 能通过测量人体得出插肩袖女外衣的成品尺寸规格，也能根据款式图或照片给出成品尺寸规格。

2. 在老师的指导下绘制 1∶1 的结构图，独立绘制 1∶1 的全套纸样。

3. 在学习插肩袖女外衣的加工手段、工艺要求、工艺流程、工艺制作方法等知识的过程中，需有序操作、独立完成插肩袖女外衣的制作。

4. 完成一份学习报告，记录学习过程，归纳和提炼知识点，编写插肩袖女外衣的制作工艺流程，写课程小结。

教学重点： 1. 插肩袖女外衣结构图的画法

2. 插肩袖女外衣纸样的画法

3. 袖片与衣片的组合关系

4. 有袋盖贴袋的制作方法

5. 外衣类翻领绱领子的方法

此款插肩袖女外衣为四开身、插肩袖、翻领结构，门襟单排4粒扣，直下摆，前胸有贴袋并有袋盖，后袖有装饰袖襻并钉纽扣（图18-1）。

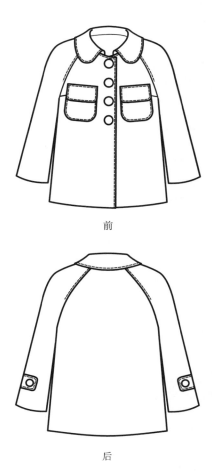

前

后

图18-1　插肩袖女外衣款式图

面料可采用中等厚度的羊毛、化纤或混纺织物，所有用料如表 18-1 所示。单色双幅面料用料计算方法为：2 衣长 +10cm，双幅里料用料计算方法为：2 衣长 +10cm。

表 18-1　插肩袖女外衣用料

材料名称	用量	材料名称	用量
化纤织物	幅宽 150cm，料长 130cm	直丝牵条	宽度 1cm，长度 300cm
醋酯纤维绸	幅宽 110cm，料长 130cm	扣子	40L（直径 25mm），6 粒
有纺衬	幅宽 120cm，料长 75cm	缝纫线	适量

第一节　插肩袖女外衣结构图的绘制方法

一、插肩袖女外衣成品规格的制定

根据国家号型标准中的中间标准体 160/84A 的主要控制部位尺寸，确定成品规格尺寸（表 18-2）。

表 18-2　插肩袖女外衣成品规格（号型：160/84A）　　　　　单位：cm

部位	后衣长	胸围（B）	总肩宽（S）	袖长（SL）	袖口
尺寸	60	102	38	48	33.5

确定成品尺寸规格的方法如下：
（1）后衣长：从第七颈椎点垂直量至设计需要的长度。
（2）胸围：可在净胸围 84cm 的基础上加放 18cm 的松量。
（3）总肩宽：可在人体肩宽尺寸的基础上减少 1cm。
（4）袖长：从肩端点量至腕骨以下 2~3cm。

二、插肩袖女外衣结构图的绘制过程

此款插肩袖女外衣的结构图借助日本文化式女子原型绘制而成，制图过程中胸围采用的是成品尺寸，即包括了放松量。作图的主要过程如下：
　1. 衣身结构图（图 18-2）
（1）画出后衣长、下平线。
（2）画出袖窿深线，在胸围线（BL）基础上向下 1.2cm。
（3）在前中线处加出搭门宽 3cm。
（4）调整前、后领口宽，调整前领口深，画出前、后领口弧线。
（5）画出后肩宽、前肩宽，画出前、后肩斜线。
（6）画出后胸围、后侧缝线，画出前胸围、前侧缝线。
（7）画出后袖窿线、前袖窿线，袖窿弧线长符号为 AH。
（8）画出后底边线、前底边线。

（9）画出贴袋、袋盖。
（10）画出省位、扣眼、贴边。

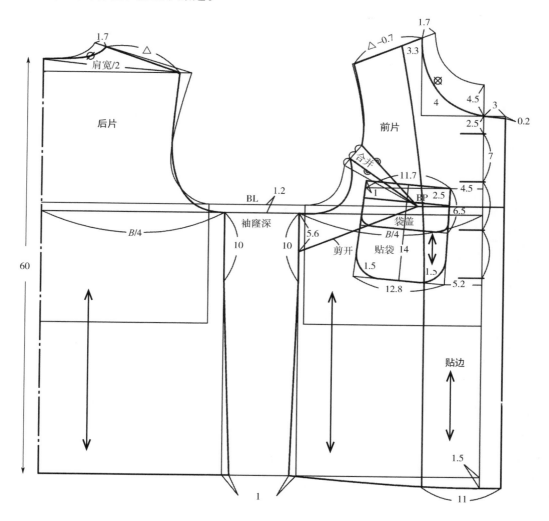

图18-2　衣身结构图

2. 袖子的框架作图

为便于袖子作图，需要将前片的袖窿省转化为前中省。具体方法是：从结构图中取出前片，将原型的胸围线剪开，将袖窿省合并，形成临时的前片净样（图18-3）。

袖子框架作图方法如下（图18-4）：

（1）将前片的袖窿省转移到前中心。

（2）对合前、后衣身的袖窿，画出袖中线，确定袖山高。

（3）画出袖长 56cm。

（4）画出前、后袖山斜线（即前 AH 和后 AH+0.5cm），确定袖肥。

（5）画出袖山弧线。

（6）画出袖口。

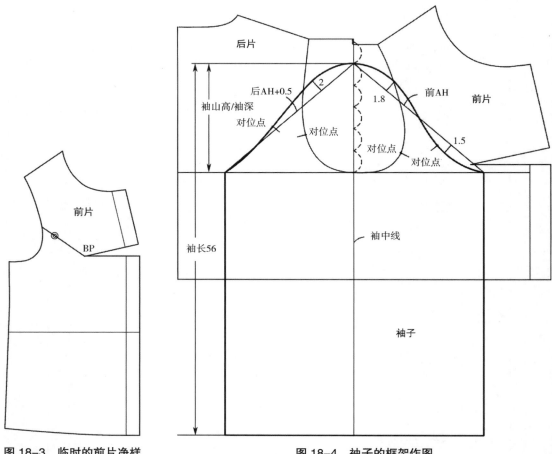

图 18-3　临时的前片净样　　　　图 18-4　袖子的框架作图

3. **插肩袖结构图**（图 18-5）

（1）从袖子的框架图中取出袖子，从衣身结构图中取出后片。

（2）将袖子摆正（袖中线垂直放置），画出其主要部位线。将后袖窿弧线与后袖山弧线尽量靠在一起。将图 18-3 的前袖窿弧线与前袖山弧线尽量靠在一起，画出腋下省。

（3）分别画出后插肩线、前插肩线，确定对位点。

（4）将袖中线向前袖方向移 2cm。

（5）画出后肩线与袖中线的连线，画出前肩线与袖中线的连线。

（6）画出临时袖口尺寸，画出前、后袖下线。

（7）缩短袖长，画出成品袖口尺寸。

（8）画出袖襻及扣位。

4. **领子结构图**（图 18-6）

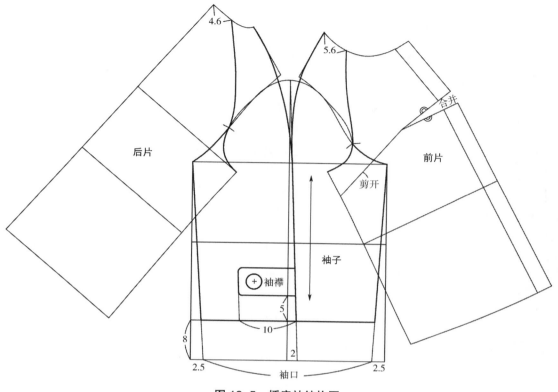

图 18-5　插肩袖结构图

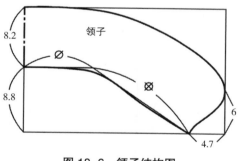

图 18-6　领子结构图

第二节　插肩袖女外衣纸样的绘制方法

一、面料净板的制作过程

1. 前片净板

将插肩袖结构图（图 18-5）中的前片移出，将前中省转移为腋下省，省长缩短 3cm，将衣身结构图（图 18-2）中的贴袋及袋盖拷贝到此前片中（图 18-7）。

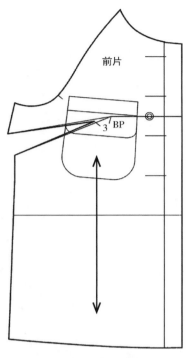

图 18-7 前片净板

2. 面料净板

将插肩袖结构图（图 18-5）中的后片、后袖、前袖、袖襻移出，将衣身结构图（图 18-2）中的贴边、贴袋、袋盖移出，所有需要用面料裁剪的衣片如图 18-8 所示。

二、毛板的制作方法

1. 面料毛板（图 18-9）

面料毛板共十块，包括后片、前片、贴边、前袖、后袖、领面、领底、贴袋、袋盖、袖襻。

2. 里料毛板（图 18-10）

里料毛板共七块，包括后片、前片、前袖、后袖、贴袋、袋盖、袖襻。

前片里毛板由衣身结构图变化而来，去掉贴边，合并腋下省，得到前片里净板，在前片里净板的基础上加放缝份。

3. 黏合衬毛板（图 18-11）

黏合衬毛板共六块，包括前片、贴边、领底、袋口、前袖口、后袖口。依照面料毛板打黏合衬毛板即可，单件裁剪时可以不打板，利用裁片直接裁剪黏合衬。

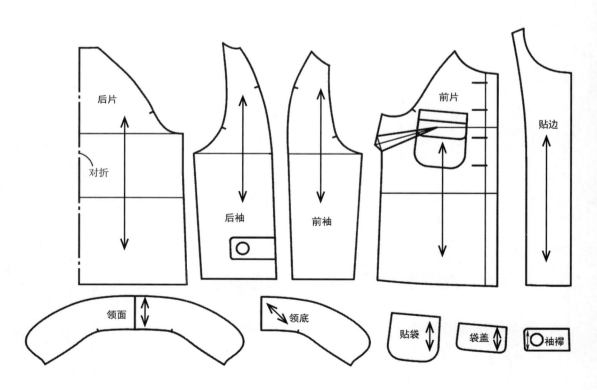

图 18-8 面料净板

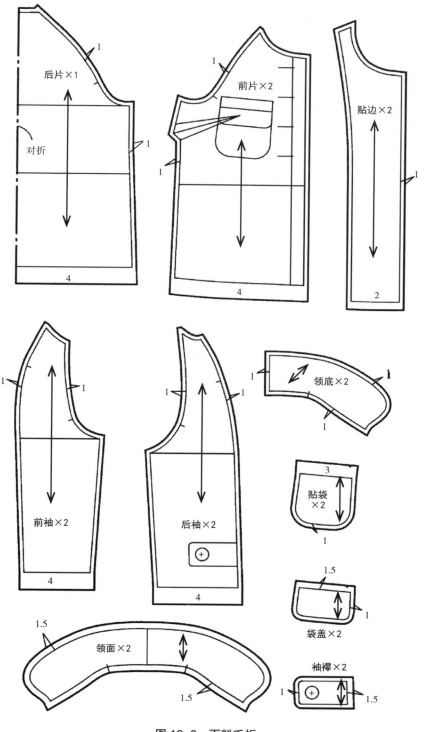

图 18-9　面料毛板

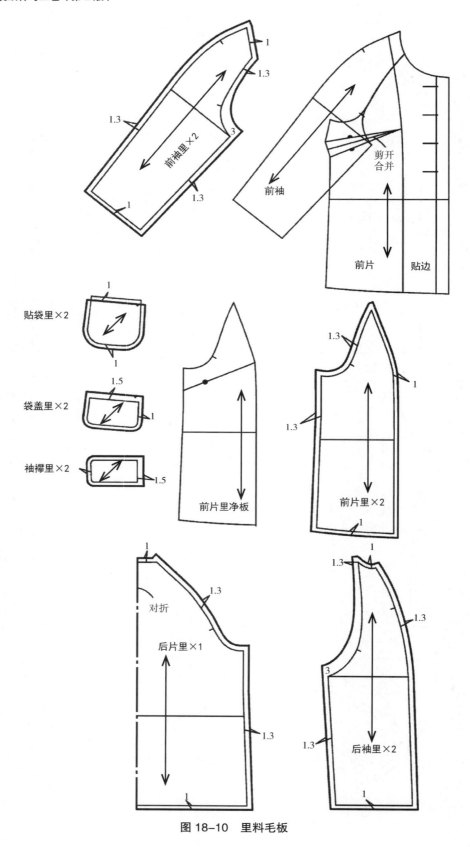

图 18-10　里料毛板

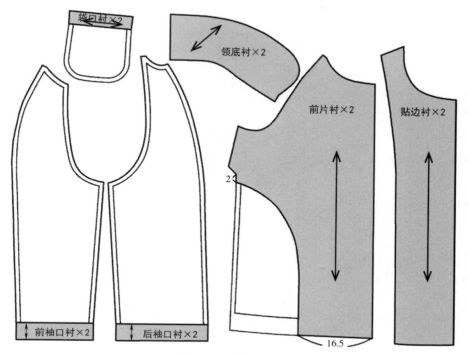

图 18-11　粘衬部位

三、工艺纸样（图 18-12）

在制作过程中要使用到的工艺纸样共四块，包括领子净板、袋盖净板、贴袋净板、袖襻净板。袋盖、贴袋、袖襻净板上的豁口表示方位：前侧和上方。

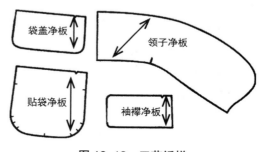

图 18-12　工艺纸样

第三节　插肩袖女外衣的排料与裁剪

面料的排料方法、里料的排料方法、黏合衬的排料方法分别如图 18-13~ 图 18-15 所示。

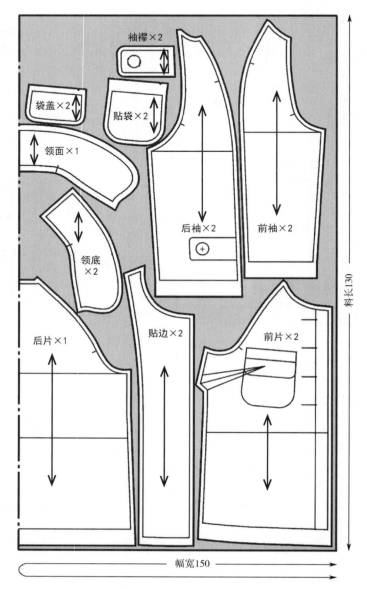

图 18-13　面料排料图

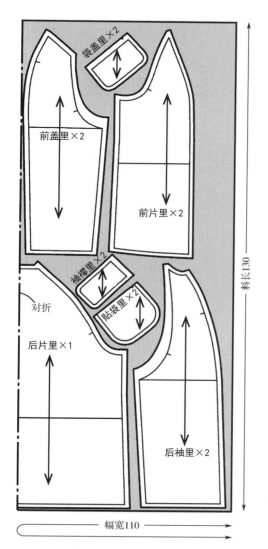

图 18-14　里料排料图

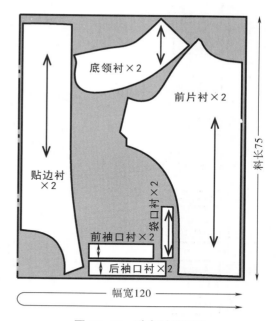

图 18-15　黏合衬排料图

第四节　插肩袖女外衣的制作工艺

一、插肩袖女外衣的工艺流程（图18-16）

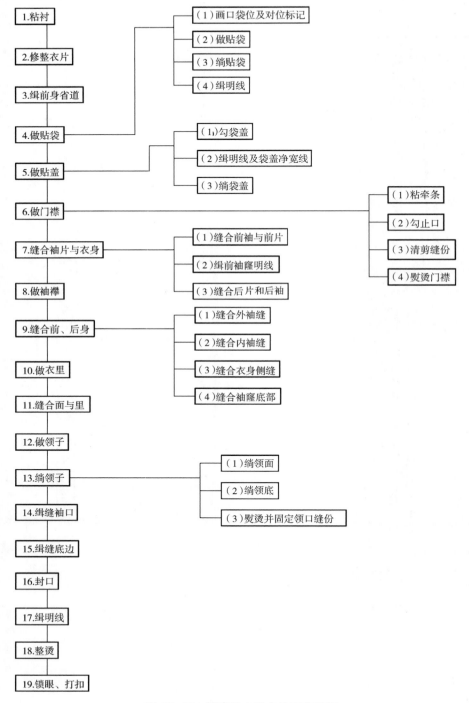

图 18-16　插肩袖女外衣的工艺流程

二、插肩袖女外衣的制作顺序和方法

1. 粘衬

在需要粘衬的部位，面料的反面与黏合衬的反面相对，经过黏合机把二者黏合在一起；不需要粘衬的部位最好也过一遍黏合机，这样可以使面料受热收缩均匀。

2. 修整衣片

按照面料毛板检查粘衬后的衣片是否变形或缩小，对多余的部分进行修剪，在各个衣片的关键位置画线、打线丁、打剪口做标记。

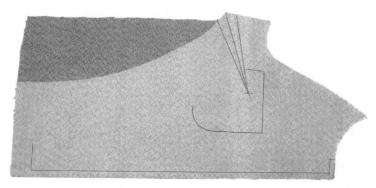

图 18-17 前片画线、打线丁

在前片的反面画止口净线、绱领位置点、口袋位、省道位、衣长等标记。由于缉缝省道会影响口袋外下侧角的位置，因此口袋外下侧角的标记线先不画（图 18-17）。

3. 缉前身省道

将前身省道中心线剪开至省道缝份宽约 0.5cm 处；正面向里对折省道，沿净缝线缉缝省道；然后将省道分缝烫平（图 18-18）。

4. 做贴袋

（1）画口袋位及对位标记：用贴袋净板在前身的正面准确地画出口袋位，同时在边缘画出对位标记（图18-19）。

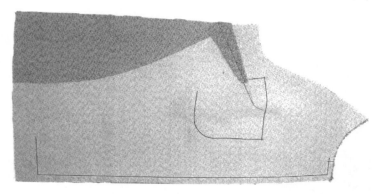

图 18-18 缉缝、熨烫前身省道

（2）做贴袋（图 18-20）：

①在贴袋面袋口位置的反面粘衬。

②将贴袋面、贴袋里正面相对，按 1cm 缝份缉缝。

③将上一步骤的缝份烫平、袋口烫好，用贴袋净板在贴袋里的正面准确地画出口袋位，同时在边缘画出对位标记。

④修剪缝份，贴袋里保留 0.8cm，贴袋面保留 1cm；将上一步骤的对位标记延长到贴袋面的缝份上；在缝份的中间缉缝固定面与里，注意贴袋面与贴袋里的松紧要合适。

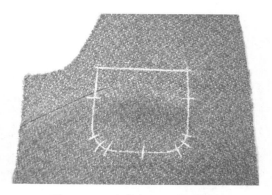

图 18-19 在前身正面画口袋位

（3）缉贴袋：将贴袋面与衣身正面相对，袋位及各个对位标记点对齐，按照口袋的净缝线将贴袋缉缝在衣身上（图18-21）。缝好后的贴袋效果如图18-22所示。

（4）缉明线：沿贴袋边缘缉缝 0.7cm 明线（图18-23）。

5. 做袋盖

（1）勾袋盖：具体制作方法参阅本单元第十五章第四节中的内容。

（2）缉明线及袋盖净宽线：在袋盖两侧及下边缘缉 0.7cm 明线，按照袋盖净样板在反面画出袋盖净宽线（图18-24①）；按袋盖净宽线缉缝固定袋盖面与袋盖里，注意袋盖面与袋盖里的松紧要合适（图18-24②）。

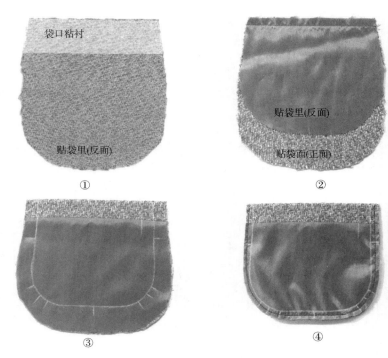

图 18-20　做贴袋

图 18-21　缉缝贴袋与衣身

图 18-22　缝好后的贴袋效果

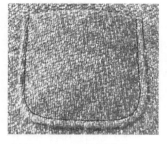

图 18-23　缉贴袋边缘明线

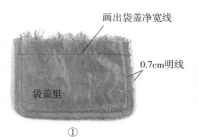
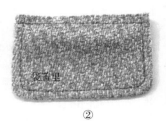

图 18-24　缉缝袋盖净宽线

（3）缉缝袋盖：在前片上画出袋盖位置，将袋盖面与前片正面相对，对齐袋盖位置，沿袋盖净宽线将袋盖缉缝在前片上（图 18-25）；将袋盖向下扣折，沿袋盖上边缘缉缝 0.7cm 明线（图 18-26）。

图 18-25　缉缝袋盖与前片　　　　　图 18-26　缉缝袋盖明线

6. 做门襟

（1）粘牵条：在前片的反面沿领口、门襟、底边净缝线里侧粘直丝牵条，注意胸部要归拢（牵条在经过胸部时要拉紧）；袖窿腋点以上部分粘直丝牵条，牵条要压在净缝线上。

（2）勾止口：将前片和门襟贴边正面相对，领口部位对齐，从缉领对位点开始勾门襟止口，注意拐角处前片略微吃进一些，一直缉缝至底边（图 18-27）。

（3）清剪缝份：将门襟贴边缝份清剪至 0.4cm 宽（图 18-28）。

（4）熨烫门襟：翻出门襟正面，前片比门襟贴边多 0.2cm，熨烫平整，同时将 4cm 底边折边扣烫好（图 18-29）。

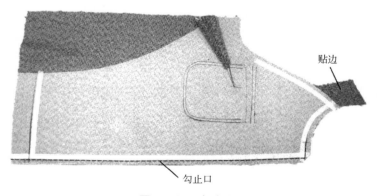

图 18-27　勾止口

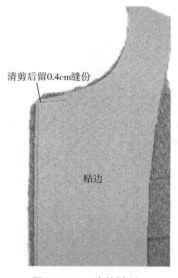

清剪后留0.4cm缝份

贴边

图 18-28　清剪缝份

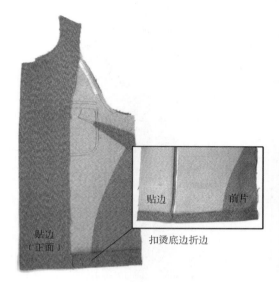

贴边
（正面）

贴边　　前片

扣烫底边折边

图 18-29　熨烫门襟、扣烫底边

7. 缝合袖片与衣身

（1）缝合前袖与前片：在前袖片的领口和肩头部分粘直丝牵条；前袖片与前片正面相对，将袖窿部分对齐，从领口开始缉缝，至距离袖窿底 4~5cm 处止（图 18-30）。

（2）缉前袖窿明线：将前袖窿缝份倒向袖片，烫平，从领口开始沿前袖窿线缉缝 0.7cm 宽的明线，明线长 14cm，止点处打结（图 18-31）。

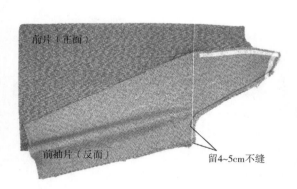

前片（正面）

前袖片（反面）

留4~5cm不缝

图 18-30　缝合前袖片与前片

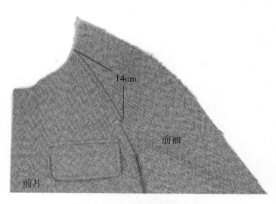

14cm

前袖

前片

图 18-31　缉前袖窿明线

（3）缝合后片和后袖：在后片的领口和袖窿腋点以上部分、后袖片的领口和肩头部分粘直丝牵条；将后袖片与后片正面相对，袖窿对齐，从领口开始缉缝至距离腋下4~5cm处止。缝份倒向袖片，烫平，从领口开始沿后袖窿线缉缝0.7cm宽的明线，明线长18cm，止点处打结，方法同前片。缝合好的后身效果如图18-32所示。

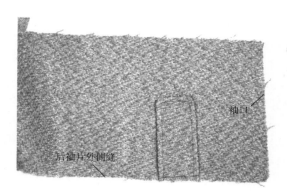

图 18-32　缝合后片与后袖片

8. 做袖襻

按照袖襻净板勾袖襻，翻出正面，烫平；沿边缘缉缝0.7cm明线。做好的袖襻如图18-33所示。然后将袖襻放在后袖片外侧缝的指定位置，缉缝固定（图18-34）。

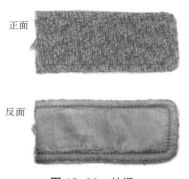

图 18-33　袖襻

图 18-34　缉缝袖襻与后袖片

9. 缝合前、后身

（1）缝合外袖缝：将前、后袖片正面相对，外袖缝对齐，按净缝线缉缝外袖缝；缝份倒向后袖片，烫平，沿外袖缝缉缝0.7cm明线。

（2）缝合内袖缝：将前、后袖片正面相对，内袖缝对齐，按照净缝线缉缝内袖缝；缝份劈开烫平，扣烫袖口折边。

（3）缝合衣身侧缝：将前、后衣身正面相对，侧缝对齐，按照净缝线缉缝侧缝；缝份劈开烫平，扣烫后身底边折边。

（4）缝合袖窿底部：将袖窿底部未缝合的部分按照净缝线进行缉缝。

10. 做衣里

将衣里各片按照1cm缝份缝合在一起，左袖的内袖缝留出15cm不缝，肩缝起始处留出约5cm不缝；各条缝份均倒向后身方向并烫平，同时烫出0.3cm的"眼皮"。

11. 缝合面与里

将前身里与门襟贴边正面相对，上下对齐，按1cm缝份缉缝；缝份向衣里方向烫倒，不留"眼皮"；将肩缝起始处未缉缝的部分对齐缉缝。面与里缝好后的效果如图18-35所示。

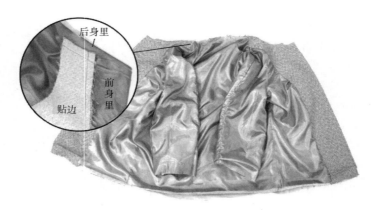

图 18-35　缝合面与里

12. 做领子

领子的制作方法参阅本单元第十五章第四节内容。

13. 绱领子

（1）绱领面：将领面与门襟贴边及后身里正面相对、绱领止点对齐，按照领口净缝线绱缝，领面上的肩缝对位点与衣身的肩缝要对齐，领面上的后中点与后身里的后中缝对齐。

（2）绱领底：将领底与衣身正面相对，绱领止点对齐，按照领口净缝线绱缝，领底上的肩缝对位点与衣身的肩缝要对齐，领底的后中缝与衣身的后中缝对齐。

（3）熨烫并固定领口缝份：领面与门襟贴边的缝份劈开烫平，与后身里部分的缝份倒向衣里一侧；领底与衣身的缝份劈开烫平；然后用手针绷缝固定领口缝份。

14. 缉缝袖口

将袖子面、袖子里在袖口处正面相对，袖缝对齐，按照 1cm 缝份缉缝。手针绷缝固定袖口折边和袖缝的缝份。

15. 缉缝底边

将衣身面与衣身里正面相对，底边对齐，从门襟止口处开始，按照图 18-36 所示的方法缉缝底边。手针绷缝固定底边折边和面、里的侧缝缝份。

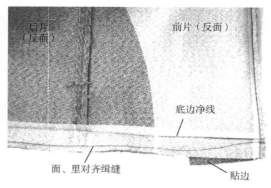

图 18-36　缉缝底边

16. 封口

从左袖里内袖缝的留口处将衣服的正面翻出，将左袖里上的留口用 0.1cm 明线缉好。

17. **缉明线**

从门襟下摆位置开始缉缝门襟、领外口明线一周，明线宽 0.7cm。

18. **整烫**

（1）熨烫止口：从反面熨烫门襟贴边，将止口烫直。

（2）熨烫领子：从反面顺着领子的弧线熨烫领子。

（3）熨烫底边：归拢熨烫底边。

19. **锁眼、钉扣**

按样板上的位置锁眼、钉扣，要求位置准确，锁钉牢固。插肩袖女外衣的成品效果如图 18-37 所示。

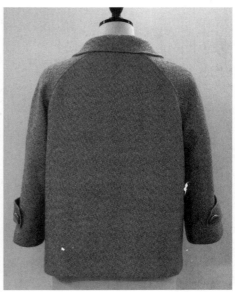

图 18-37　插肩袖女外衣成品效果

练习与思考题

1. 绘制插肩袖女外衣的结构图及毛板。

2. 插肩袖女外衣排料时要注意哪些问题？如果是条格面料，有哪些位置需要对条格？

3. 裁剪一件插肩袖女外衣。

4. 插肩袖女外衣的工艺要求有哪些？

5. 插肩袖女外衣的缝制工艺流程是如何编排的？

6. 插肩袖女外衣敷止口牵条时要注意什么？

7. 贴袋与贴袋盖之间的关系是怎样的？

8. 插肩袖女外衣绱领子的要求是什么？绱领子的难点在哪里？

9. 插肩袖女外衣整烫时要注意哪些事项？熨烫哪些部位？

第十九章　双面呢大衣

教学内容： 双面呢大衣结构图的绘制方法 /2 课时

双面呢大衣纸样的绘制方法 /2 课时

双面呢大衣的制作工艺 /8 课时

课程时数： 12 课时

教学目的： 引导学生有序工作，培养学生的动手能力。

教学方法： 集中讲授、分组讲授与操作示范、个性化辅导相结合。

教学要求： 1. 能通过测量人体或根据款式图制定双面呢大衣的成品
　　　　　　尺寸规格，并绘制结构图。

2. 在老师的指导下绘制 1：1 的纸样。

3. 在双面呢大衣的制作过程中，需有序操作、独立完成。

4. 完成一份学习报告，记录学习过程，归纳和提炼知识
　　点，编写双面呢大衣的制作工艺流程，写课程小结。

教学重点： 1. 双面呢大衣结构图的画法

2. 双面呢大衣纸样的画法

3. 双面呢服装的制作方法

　　双面呢面料是在两层相同或不同纹理、颜色的面料中间，用纱线连接为一体的面料，是双层面料的一种，具有良好的保暖性，挺括而有弹性，防皱耐磨、呢面丰满。

　　此款双面呢大衣是直身中长款，四开身，前身腋下有胸省，后身下部有横向分割线；平驳领，门襟处有一粒按扣；两片袖，袖口外翻边，也称翻袖头（图19-1）。

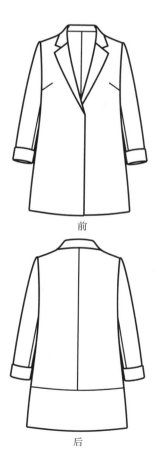

前

后

图 19-1　双面呢大衣款式图

此款大衣的用料如表 19-1 所示。幅宽 150cm，用料计算方法为：衣长 + 袖长 +10cm。

表 19-1　双面呢大衣用料

材料名称	用量
羊毛混纺双面呢	幅宽 150cm，料长 150cm
直丝牵条	少量
纽扣	24L（直径 15mm）按扣，1 副
缝纫线	适量

第一节　双面呢大衣结构图的绘制方法

一、双面呢大衣成品规格的制定

根据国家号型中女装的中间标准体 160/84A 的主要控制部位尺寸，确定双面呢大衣的成品规格尺寸（表 19-2）。

表 19-2　双面呢大衣成品规格（号型：160/84A）　　　　单位：cm

部位	后衣长	胸围（B）	总肩宽（S）	袖长（SL）	袖口
尺寸	87	104	40	56	15

二、双面呢大衣结构图的绘制过程

此款双面呢大衣的结构图使用净胸围 84cm、背长 38cm 的原型绘制而成。为了便于绘制完整的袖窿弧线和侧缝线参照图 12-3 的原理，将原型前片胸省的 1/2 省量转移至胸围线处。作图的主要过程如图 19-2 所示。

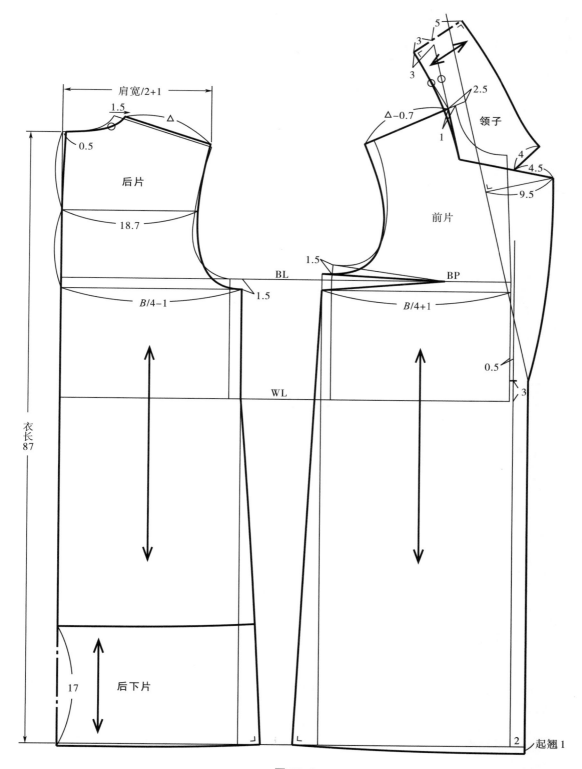

图 19-2

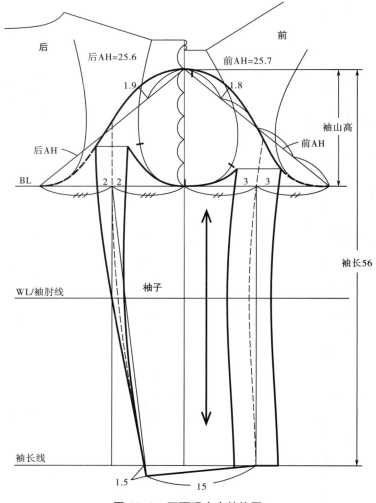

图 19-2　双面呢大衣结构图

第二节　双面呢大衣纸样的绘制方法

一、结构调整

1. 前身（图 19-3）

从结构图中取出前身，在前片腋下 7cm 处标出胸省位置，并将前片的腋下省合并转移至侧缝处。

2. 袖口翻边（图 19-4）

从袖子结构图中分别取出大、小袖，将大、小袖前袖缝的袖口部位进行拼合，画出袖口翻边的结构，宽为 8cm。

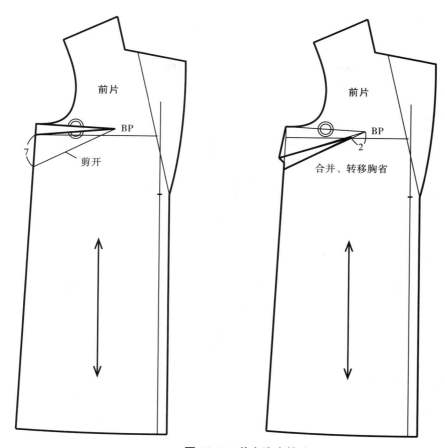

图 19-3　前身胸省转移

二、面料纸样

双面呢制作的服装通常不需要加衣里，本款大衣面料的裁剪纸样包括前片、后片、后下片、大袖、小袖、袖口翻边、领子，在净样板的基础上周边各加 0.8cm 缝份即可。双面呢服装纸样缝份的宽度根据成衣缝口处外观能看出的宽度而定。

三、工艺纸样

工艺纸样包括前片门襟净板、领子净板。

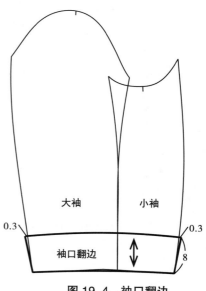

图 19-4　袖口翻边

第三节　双面呢大衣的制作工艺

一、面料的排料与裁剪

将面料对折，按照毛板上的标注要求将纸样排列在面料上（图19-5）。

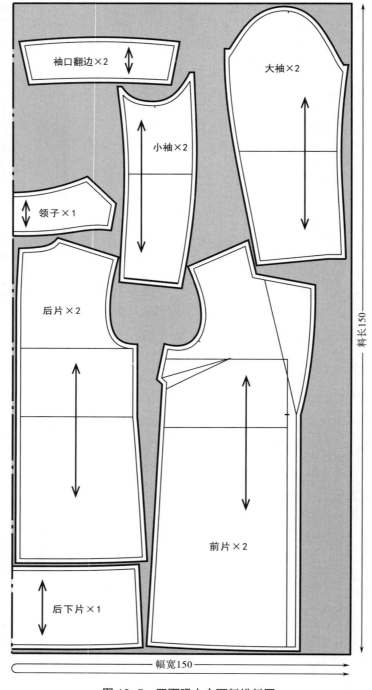

图 19-5　双面呢大衣面料排料图

注意：双面呢面料表面有绒毛，方向不同看到的颜色也不同，一般采用顺向裁剪，且所有衣片要方向一致。

二、双面呢大衣的制作工艺流程（图19-6）

三、双面呢大衣的制作方法

此款大衣的制作过程参照图19-6，但不做详细讲解。现将双面呢的缝制工艺方法简介如下。

1. 缉定位线

双面呢缝制时，需要将两层面料之间连接的纱线剪断，使缝份位置的两层面料剥离开，称为"剖缝"。为使剖缝宽度整齐一致，需要先在裁片周围缉缝定位线，待整件衣服缝制完成后则拆掉定位线。

（1）将缝纫机的针距调到最大，可适当调松缝线。

（2）距离衣片边缘1.8cm缉缝定位线，如图19-7所示，剖缝宽度为缝份宽度的2倍且加上面料厚度余量0.2cm。

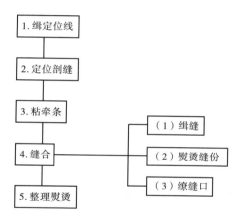

图19-6　双面呢大衣缝制步骤

图19-7　缉定位线

2. 定位剖缝

将衣片边缘两层面料之间的纱线剪开至定位线处，使两层面料剥离开（图19-8）。工业生产中采用专业的剖缝机把双面呢横向剖开（图19-9）。

图19-8　定位剖缝

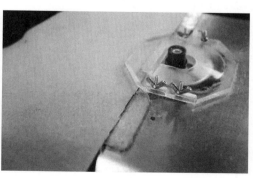

图19-9　剖缝机剖缝

　　3．粘牵条（图19-10）

　　在要求保型的部位，如门襟、领口、袖窿等部位，需要粘牵条进行加固，在其他部位也可粘薄的牵条来增加骨感和支撑力，使拼缝的线条更加流畅有型。

　　4．缝合

　　（1）绢缝：将同花色的两层衣片正面相对，按0.8cm缝份绢缝，注意将另外花色的两层让开，如图19-11所示。

图 19-10　粘牵条

图 19-11　绢缝衣片

　　（2）熨烫缝份：将绢缝好的缝份倒向一侧，烫平（图19-12①）；将另外花色的一边覆盖在上面（图19-12②）；另一侧的0.8cm宽缝份向里扣净，烫平（图19-12③）。缝份倒向绢缝口，厚度效果根据设计要求而定。

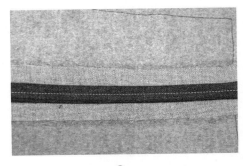

①

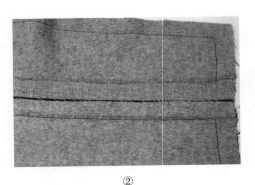

②

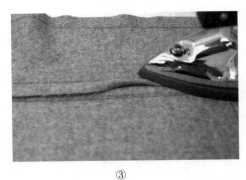

③

图 19-12　熨烫缝份

（3）缭缝口（图19-13）：将扣烫好的缝口用手针缭缝固定，注意针脚要密，且不露针迹。

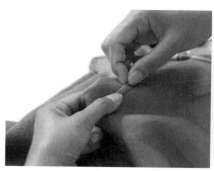

图 19-13　缭缝口

5. 整理熨烫

双面呢面料表面有绒毛，熨烫时采用起烫的方式，切忌压烫过实，影响外观效果。拆掉定位线，清剪线头，将领子、衣身、底边、袖子等熨烫平整。双面呢大衣的成品效果如图19-14所示。

图 19-14　双面呢大衣成品效果

练习与思考题

1. 根据不同款式，测量自己或他人的尺寸确定成品规格，绘制双面呢大衣结构图（制图比例1:1）。

2. 根据款式自行制定缝制工艺流程。

3. 双面呢大衣如何进行熨烫和塑型？

4. 双面呢面料是否能制作褶裥与抽褶的款式？制作时应如何处理？

5. 双面呢大衣工艺要求有哪些？

本单元小结

■本单元学习了平驳头刀背线女西服、青果领公主线女西服、女西服衣身款式变化、插肩袖女外衣、双面呢大衣等款式的结构图的绘制方法、毛板的绘制方法、排料与裁剪的方法，梳理了各款式的制作工艺流程，详细介绍了制作顺序和方法。

■通过本单元的学习，要求学生能够绘制女上装的结构图及毛板，学会编写工艺制作流程，能根据不同款式制订检验细则。要求深入理解女上装的款式变化与胸省转换之间的关系，能够达到"扒板"和自行设计的水平。

■通过本单元的学习，要求学生抓住制作中的重点，掌握以下制作工艺：

1. 推归拔烫的方法。
2. 有袋盖的单嵌线口袋的制作方法。
3. 平驳头西服领的制作方法。
4. 女西服袖子的制作方法。
5. 青果领的领底与衣身、领托与门襟贴边的组合关系。
6. 插肩袖的袖片与衣片的组合关系。
7. 有里贴袋的制作方法。
8. 有袋盖贴袋的制作方法。
9. 外衣类翻领的绱领方法。

第六单元

男上装

本单元主要介绍单排扣男西服、西服马甲、中山服的纸样设计与制作工艺。通过本单元的教学，学生应该学会男装典型款式纸样的绘制方法，了解男装的制作工艺特点和流程，掌握男装典型款式的缝制方法。

第二十章　男西服

教学内容： 男西服结构图的绘制方法 /12 课时
男西服纸样的绘制方法 /8 课时
男西服的排料与裁剪 /4 课时
男西服的制作工艺 /55 课时
男西服成品检验 /1 课时

课程时数： 80 课时

教学目的： 培养学生动手解决实际问题的能力，提高学生效率意识
和规范化管理意识，为今后的款式设计、工艺技术标准
的制定、成本核算等打下良好的基础。

教学方法： 集中讲授、分组讲授与操作示范、个性化辅导相结合。

教学要求： 1. 能够通过测量人体得出男西服的成品尺寸规格，也能
根据款式图或照片给出成品尺寸规格。

2. 在老师的指导下绘制 1∶1 的结构图，独立绘制 1∶1
的全套纸样。

3. 在学习男西服的加工手段、工艺要求、工艺流程、工
艺制作方法、成品检验等知识的过程中，需有序操作、
独立完成男西服的制作。

4. 完成一份学习报告，记录学习过程，归纳和提炼知识
点，编写男西服的制作工艺流程，写课程小结。

教学重点： 1. 男西服结构图的画法

2. 男西服纸样的画法

3. 推归拔烫的方法

4. 做胸衬、敷胸衬的方法

5. 双嵌线有袋盖口袋的制作方法

6. 手巾袋的制作方法

7. 领子的制作方法

8. 男装袖子的制作方法

本款男西服为西装的典型款式，单排两粒扣、平驳领、圆角下摆，后身两侧开衩；左胸部有手巾袋，腹部有双嵌线有袋盖挖袋；两片装袖，袖口有开衩，钉4粒袖扣（图20-1）。

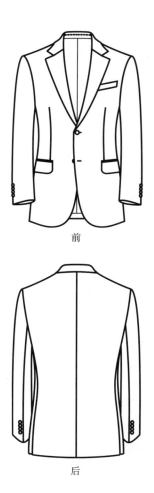

前

后

图 20-1　男西服款式图

面料可采用羊毛或毛混纺织物，所有用料如表 20-1 所示。单色双幅面料的用料计算方法为：衣长 + 袖长 +25~30cm；单色双幅里料的用料计算方法为：衣长 + 袖长 +5~10cm。

表 20-1　男西服用料

材料名称	用量
精纺花呢	幅宽 150cm，料长 160cm
涤美绸	幅宽 150cm，料长 145cm
有纺衬	幅宽 90cm，料长 110cm
毛衬	幅宽 90cm，料长 60cm
胸绒	50cm
领底呢	少量
袋布	适量
直丝牵条	宽度 1.5cm，长度 300cm
子母牵条	100cm
垫肩	1 副
纽扣	32L（直径 20mm）2 粒，24L（直径 15mm）9 粒
缝纫线	适量

第一节　男西服结构图的绘制方法

一、男西服成品规格的制定

根据国家号型中的主要控制部位尺寸，确定成品规格尺寸（表 20-2）。

表 20-2　男西服成品规格（号型：175/92A）　　　　　　单位：cm

部位	后衣长	后腰节	胸围	臀围	总肩宽	袖长	袖口
尺寸	76	43.5	111	104	47	61.5	15.5

（1）后衣长：身高 /2-10~12cm。

（2）后腰节：身高 /4。

（3）胸围：在净胸围的基础上加放 18~20cm 的松量。

（4）臀围：在净臀围的基础上加放 10~12cm 的松量。

（5）总肩宽：在人体肩宽尺寸的基础上加放 2~3cm 的松量。

（6）袖长：从肩端点量至腕骨以下 3cm。

二、男西服结构图的绘制过程

为便于后续制图过程的讲解，先对男西服部位名称进行说明（图 20-2）。

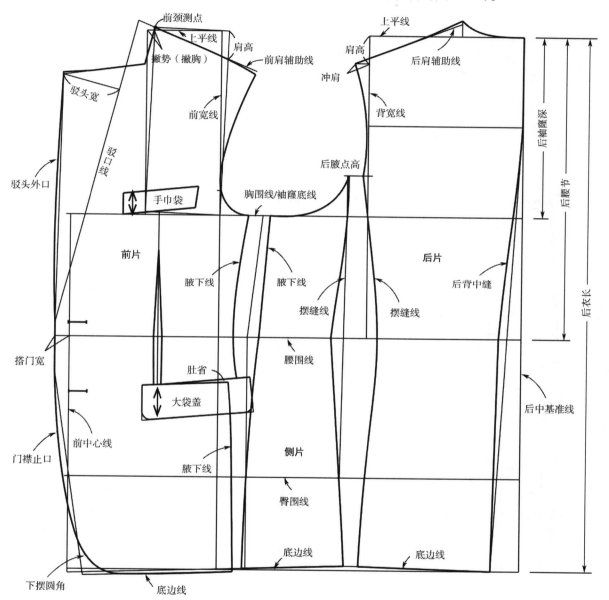

图 20-2 男西服部位名称

此款男西服的结构图采用比例法绘制而成，公式中的"B"为净胸围，具体步骤如下。

1. 后片（图 20-3）

（1）作后中基准线（垂直线），长度等于衣长 76cm，分别画出后身上平线和下平线。

（2）画出胸围线即袖窿底线（$B/6+11.5cm$）、腰围线（身高 /4）、臀围线（从腰围线向下量取身高 /8）。

（3）画出后背中缝线。

（4）从后背中缝线与胸围线的交点开始，沿胸围线量取背宽 =B/6+5.5cm，并作垂直线得到背宽线。

（5）在上平线上量取后领宽 =B/20+4cm，作垂直线并取后领深 =2cm，画出领口弧线。

（6）作肩线的辅助线，画出冲肩量 1.5~2cm，最终画出后肩弧线。

（7）确定后腋点高 =（B/6+11.5）/4cm，画后袖窿弧线。

（8）画摆缝线。

（9）画底边线。

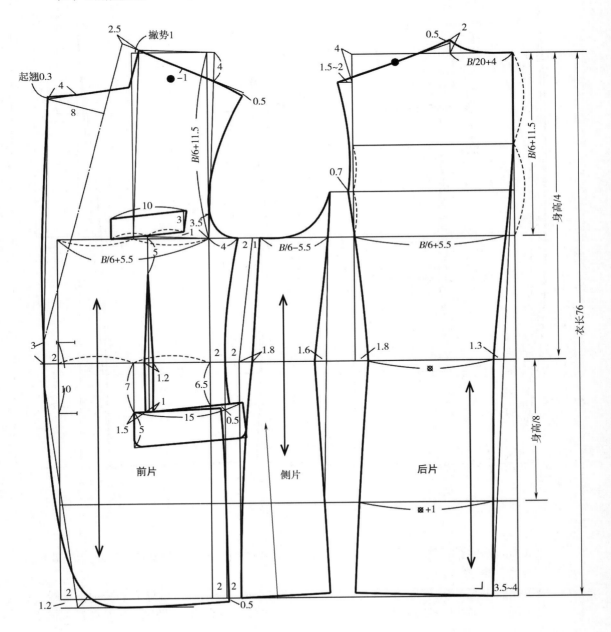

图 20-3　男西服衣身结构图

2. **前片和侧片**（图20-3）

延长后片的胸围线、腰围线、臀围线和下平线。

（1）作前中心线（垂直线）。

（2）沿胸围线量取前胸宽 =B/6+5.5cm，并作垂直线得到前胸宽线。

（3）画前身的上平线，从胸围线与前胸宽线的交点向上量取 B/6+11.5cm。

（4）过前胸宽的中点向上作垂线，与上平线相交，沿上平线量取 1cm 作撇势（撇胸）。将图中的矩形部分倾倒到撇胸点，此点为前颈侧点。

（5）连接颈侧点与落肩高点并延长，作出肩线的辅助线，画出前肩长度（后肩长 –1cm），最终画出前肩弧线。

（6）画前袖窿弧线。

（7）画出大袋口、大袋盖。

（8）画出前片的腋下线（大袋口以上部分）。

（9）画出肚省 0.5cm。

（10）画出前片的腋下线（肚省以下部分），由于在缝制过程中要将肚省剪掉，为避免腋下线变短，前片的腋下线（肚省以下部分）要延长到下平线以下。

（11）画出腰省。

（12）画出手巾袋。

（13）画出搭门宽 2cm，画出驳口线，画出驳头宽 8cm，画出领口，画出驳头外口线。

（14）画出侧片的腋下线。

（15）在胸围线上量取侧片的宽度 = B/6–5.5cm。

（16）在臀围线上量取侧片的宽度 = 臀围 /2– 后片臀围 – 前片臀围。

（17）画出侧片的摆缝线、袖窿弧线。

（18）画底边线，作侧片摆缝线的垂线，一直画到前中心线上。将侧片的底边线描粗，将前片的门襟止口、下摆圆角、底边线（腋下线要延长到侧片摆缝线的垂线以下 0.5cm）画好。

3. **领子**

男西服领子的基本结构如图20-4所示。男西服的领底和领面的纸样结构不同，此基本结构为领底的净样，用于制作领底呢和领衬的纸样。

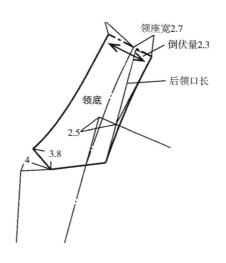

图 20-4 领子（领底、领衬）的基本结构

　　男西服的领面在领子基本结构的基础上进行分割、切展和变形，得到翻领和领座两个部分。翻领的作图方法如图 20-5 所示，领座的作图方法如图 20-6 所示。

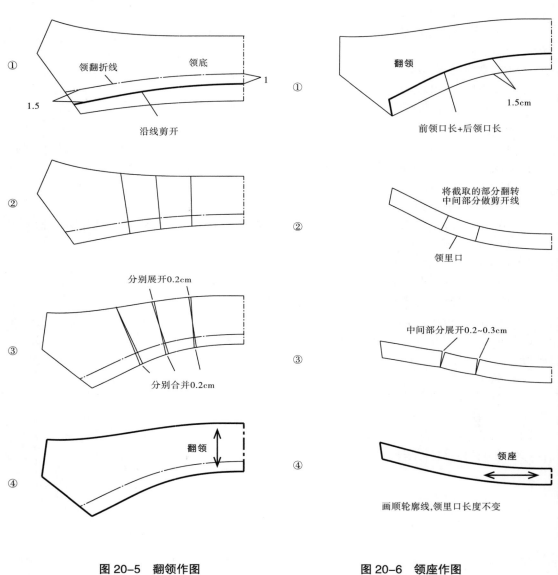

图 20-5　翻领作图　　　　　　　　图 20-6　领座作图

4. 袖子（图 20-7）

（1）将前片、侧片、后片的袖窿对合，检查袖窿弧线是否圆顺。

（2）衣身的袖窿深线是袖子的袖深线，衣身的腰节线是袖子的袖肘线，前胸宽线是袖子的基准线。

（3）在袖子的基准线两侧画前偏袖线。

（4）从袖深线向上画出袖山高（AH/3），并画出上平线。

（5）从前袖窿对位点向上平线斜量出与前袖窿对应的长度（○），确定袖山顶点。

（6）从袖山顶点斜量出后袖窿对应长度（△ +1），确定袖肥，同时确定后偏袖。

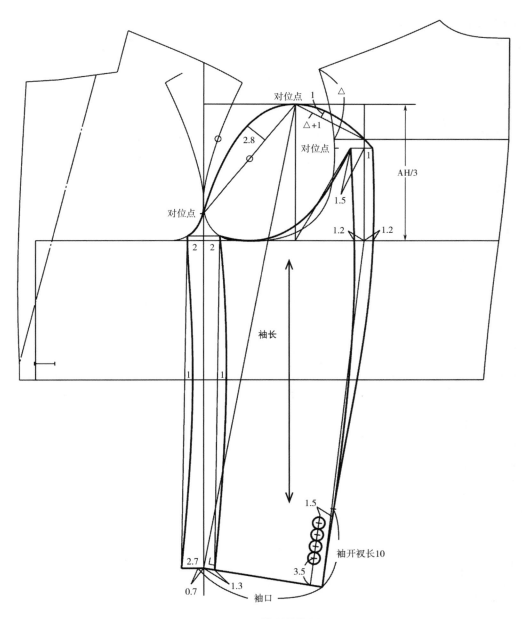

图 20-7　袖子结构图

（7）从袖山顶点向袖子基准线（前胸宽线）斜量出袖长 61.5cm，作袖长线的垂线即为袖口宽。

（8）画袖山弧线。

（9）画大、小袖的前袖缝线。

（10）画大、小袖的后袖缝线，画袖开衩和袖扣位置。

5. 过面和里袋

男西服过面的作图及结构处理方法如图 20-8 所示，单色面料过面的纱向可以和前片相同，条格面料的纱向则要求过面驳头边缘上 2/3 部分为直纱。通常在男西服的左前身内有三个大小不同的双嵌线里袋，上里袋在胸围线下 2cm 处，袋口长 14cm，嵌线宽 0.4~0.5cm；再向下 5cm 是笔袋，袋口长 5cm，嵌线宽 0.4~0.5cm；下里袋在前身挖袋下 2cm 处，袋口长 10cm，嵌线宽 0.4~0.5cm。右前身内只有一个上里袋，位置与左片相同。

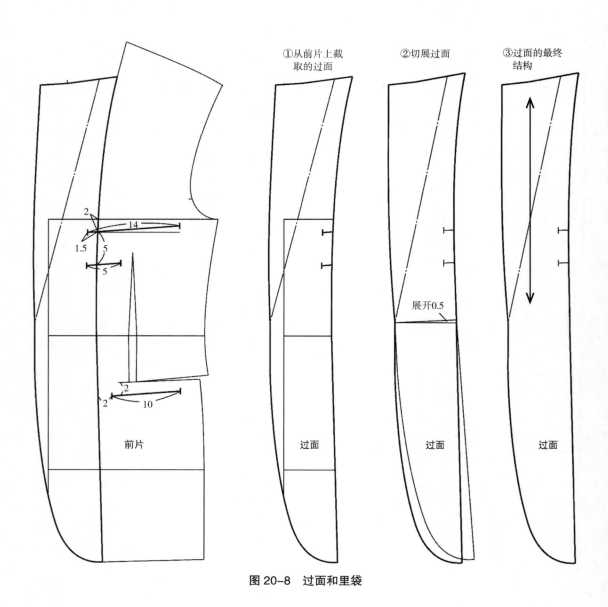

图 20-8　过面和里袋

第二节　男西服纸样的绘制方法

一、面料毛板

男西服面料毛板如图 20-9 所示。当使用普通素色面料时，侧片的经纱方向与腰围线垂直即可；当使用条格面料时，侧片的经纱方向与底边线垂直。

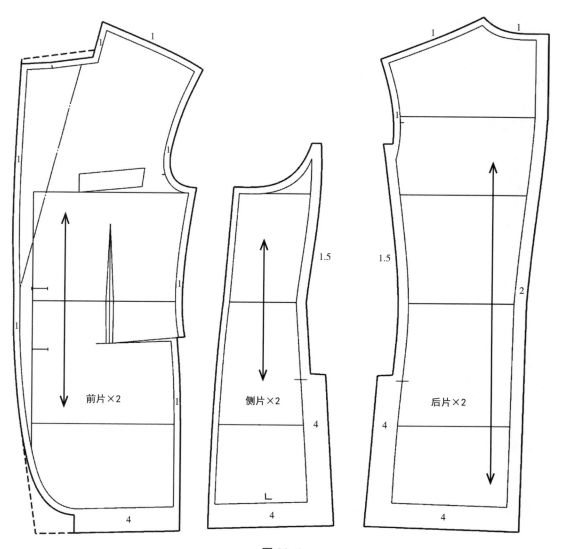

前片×2

侧片×2

后片×2

图 20-9

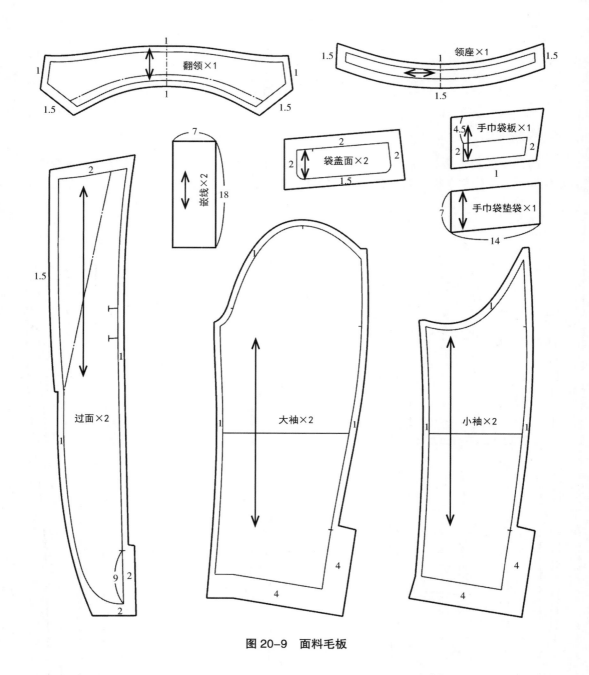

图 20-9　面料毛板

二、里料毛板

1. 前身里的处理

　　男西服前身里由前片截取而来，为了缓解里袋放置物品带来的重力，在前身里胸部以上的位置打一横向褶，具体制图过程如图 20-10 所示。

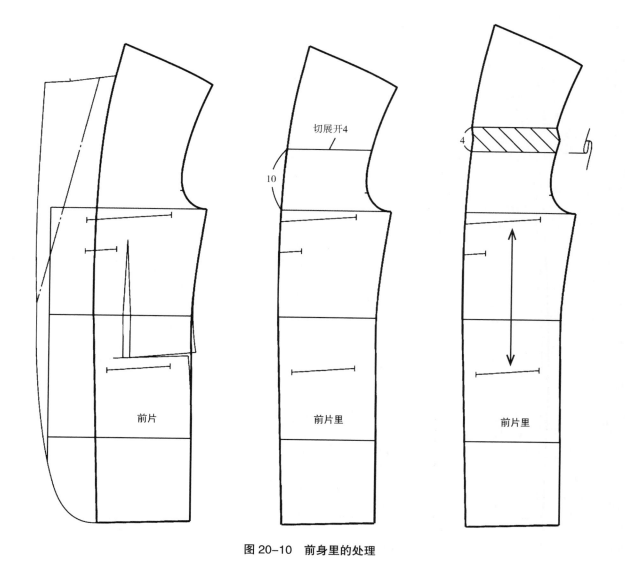

图 20-10 前身里的处理

2. 里料毛板的绘制

男西服由于里子的缝制工艺较为复杂，里料毛板上各部位的加放量不完全相同，在缝制过程中还要进行修剪。具体里料毛板的制图方法如图 20-11 所示。

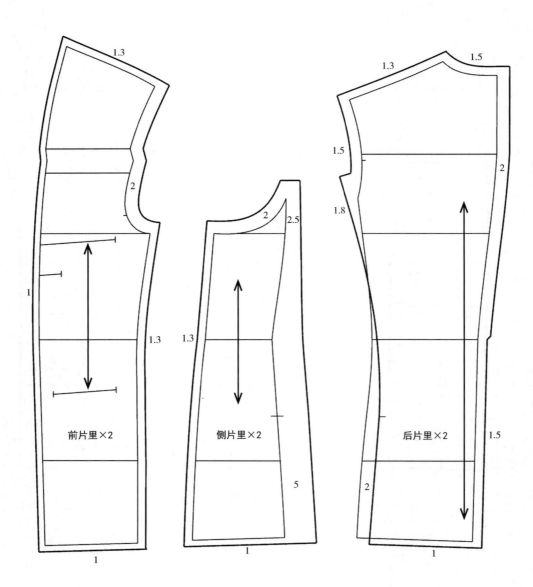

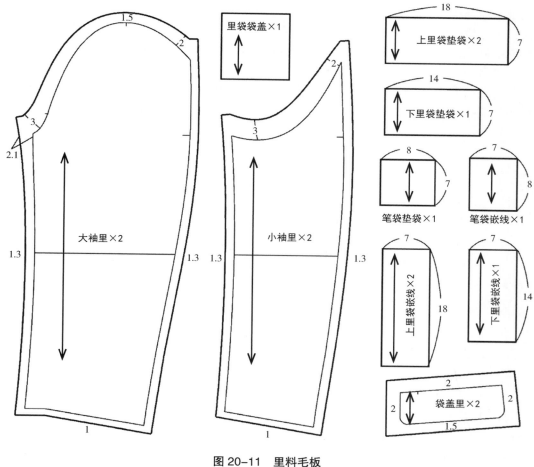

图 20-11　里料毛板

三、辅料纸样

1. 领底呢纸样

领底呢是用在男西服领底部位的一种非织造材料，能使西服领子平挺、富有弹性，且不易变形。领底呢的纸样结构如图 20-12 所示。

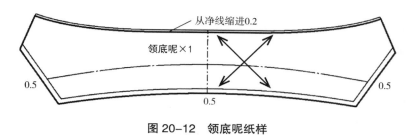

图 20-12　领底呢纸样

2. 黏合衬纸样

粘衬部位包括前片、大袋盖里、里袋袋盖、嵌线、领底、大袖口、小袖口、袋口，为使衣身更加轻薄，过面和侧片的腋下部位可以不粘衬。原则上，有纺衬边缘不应大于面料毛板，工业生产中的衬板边缘通常比面料毛板小 0.4cm。袋盖和嵌线的衬板可以与对应的面料或里料毛板相同。领底衬只在领底净样板的串口线和领里口处加放 0.5cm。

3. 胸衬

敷胸衬是男式正装中的特殊工艺，目的是更好地塑造胸部或整个前身的造型。胸衬由毛衬和胸绒两种材料多层复合而成，大小和长短有多种形式。本款中胸衬各层的结构如图 20-13 ①所示，图 20-13 ②是毛板。

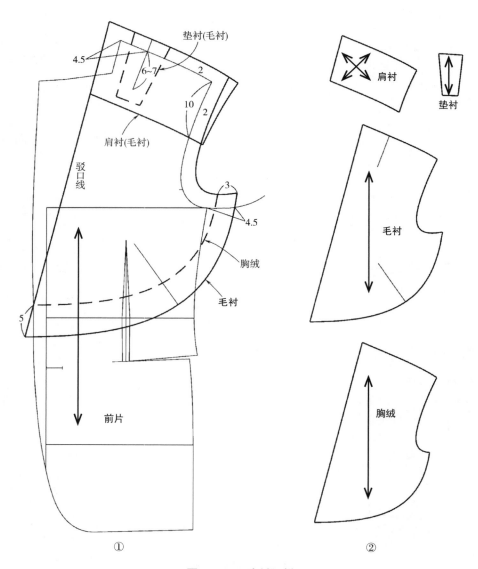

图 20-13 胸衬纸样

4. 袖棉条

男西服的袖棉条衬在袖山部位，目的是使袖山更加饱满。袖棉条由毛衬和胸绒两种材料制成，具体结构如图 20-14 所示。

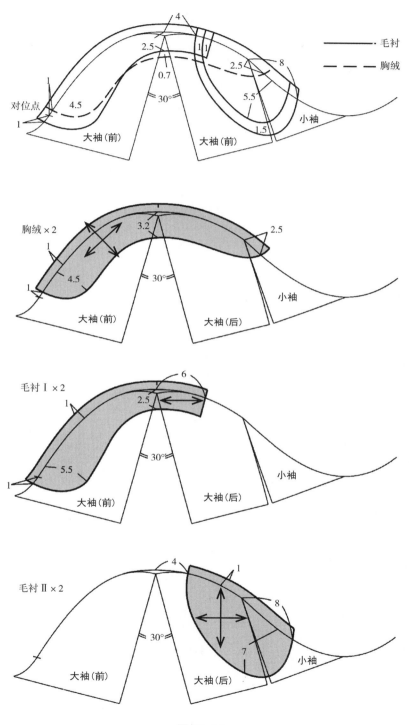

图 20-14

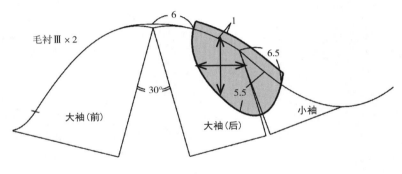

图 20-14　袖棉条纸样

5. 袋布

男西服的袋布采用涤棉布，袋布纸样如图 20-15 所示。

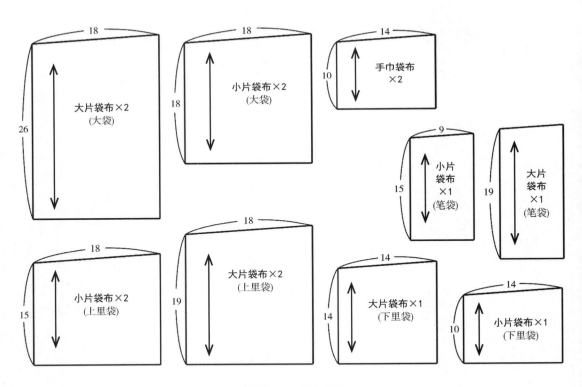

图 20-15　袋布纸样

四、工艺纸样

男西服在工业生产中使用到的工艺纸样较多，形式也不尽相同。本款中所用的工艺纸样如图 20-16 所示。

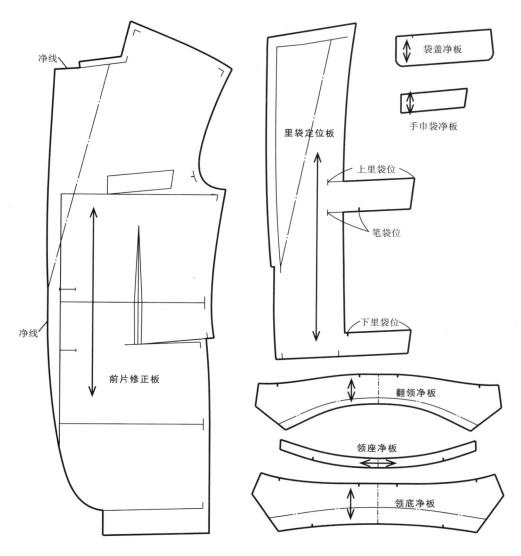

净线

净线

前片修正板

里袋定位板

上里袋位

笔袋位

下里袋位

袋盖净板

手巾袋净板

翻领净板

领座净板

领底净板

图 20-16　工艺纸样

第三节　男西服的排料与裁剪

一、面料的排料与裁剪方法

将双幅面料沿经纱方向对折，两布边对齐，把面料毛板摆放在面料之上，毛板的经纱与面料的经纱要一致，用划粉把毛板的轮廓描绘在面料上，然后把纸样移开，再沿着划粉线裁剪。

男西服使用普通面料时的排料方式如图 20-17 所示。在使用条格面料时，衣身上的特定部位要求对条格（图 20-18），面料的用料量也会相应增加。因为毛织物在加热粘衬的过程中会有一定的收缩，裁剪时各个裁片也可以适当放大一些，待粘完衬后再按照样板进行修剪。

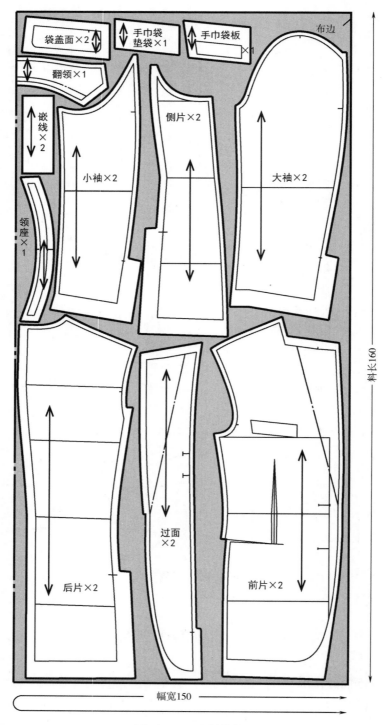

图 20-17　面料排料图

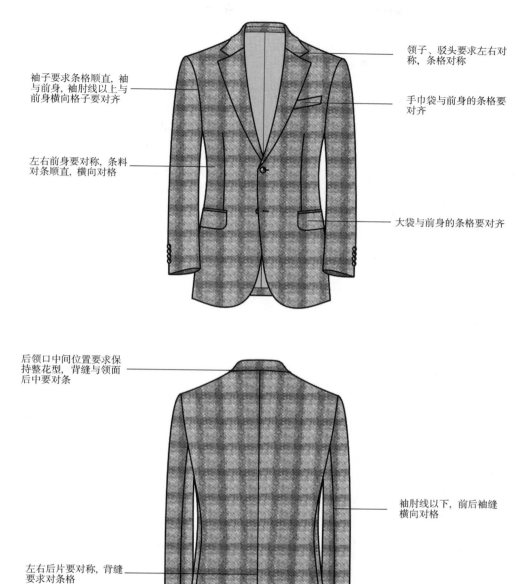

袖子要求条格顺直，袖与前身，袖肘线以上与前身横向格子要对齐

领子、驳头要求左右对称，条格对称

手巾袋与前身的条格要对齐

左右前身要对称，条料对条顺直，横向对格

大袋与前身的条格要对齐

后领口中间位置要求保持整花型，背缝与领面后中要对条

袖肘线以下，前后袖缝横向对格

左右后片要对称，背缝要求对条格

摆缝从袖窿以下10cm处开始，横向开格

图 20-18　对条格的要求

二、里料的排料与裁剪方法

将里料沿经纱方向对折，布边对齐，按照里料毛板上所标注的要求，将里料毛板排列在里料上。用划粉把毛板的轮廓描绘在里料上，然后把纸样移开，再沿着划粉线裁剪（图 20-19）。

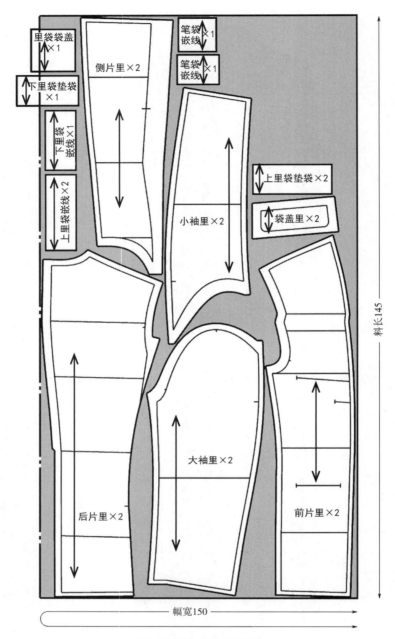

图 20-19　里料排料图

三、辅料的排料与裁剪方法

辅料的裁剪包括黏合衬、毛衬、胸绒、袋布等，其中黏合衬所有裁片如表 20-3 所示，排料方法如图 20-20 所示，毛衬的排料方法如图 20-21 所示。另外，毛衬是遇湿收缩特性的材料，应事先进行预缩处理，因而实际的用量会更多一些。

表 20-3　黏合衬裁片一览表

裁片名称	数量	裁片名称	数量
前片衬	2	上里袋嵌线衬	2
领底衬	1	下里袋嵌线衬	1
翻领衬	1	笔袋嵌线衬	1
领座衬	1	袋口衬Ⅰ（前片袋口）	2
大袖口衬	2	袋口衬Ⅱ（侧片袋口）	2
小袖口衬	2	袋口衬Ⅲ（上里袋袋口）	2
大袋盖衬	2	袋口衬Ⅳ（下里袋袋口）	1
里袋袋盖衬	1	袋口衬Ⅴ（笔袋袋口）	1
大袋嵌线衬	2		

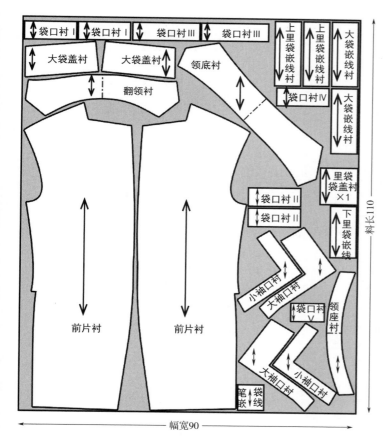

图 20-20　黏合衬的排料方法

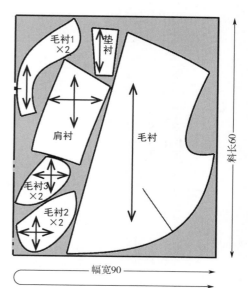

图 20-21　毛衬的排料方法

第四节　男西服的制作工艺

一、男西服的制作工艺流程（图20-22）

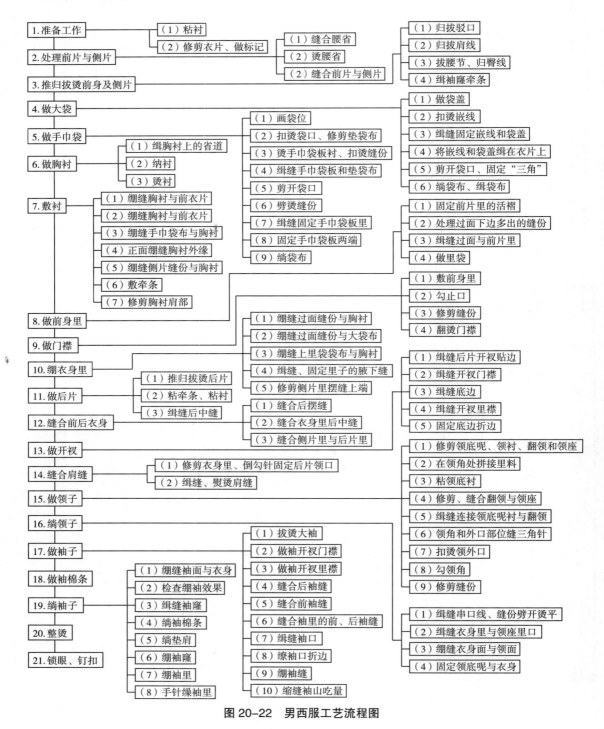

图20-22　男西服工艺流程图

二、男西服的制作顺序和方法

1. 准备工作

（1）粘衬：需要粘衬的衣片反面与黏合衬反面相对，经过黏合机把二者黏合在一起；不需要粘衬的衣片也过一遍黏合机，这样可以使面料受热收缩均匀。注意，领底衬先不要粘。

（2）修整衣片、做标记：按照面料毛板检查粘衬后的衣片是否变形或缩小，在各个衣片的关键部位画线、打线丁、打剪口做标记。

按照前片修正板在反面画出领口、驳头、驳口线、门襟止口、大袋位、省位、绱袖对位点等，在左前片上画出手巾袋位。将肚省剪掉至腰省处，再将腰省中心线剪开至腰围线以上（图20-23）。

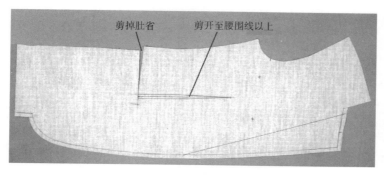

图20-23 修整前片

在侧片的袋口位置粘袋口衬，开衩贴边上粘衬（图20-24）。后片开衩贴边上粘衬。

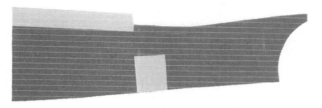

图20-24 侧片粘衬

2. 处理前片与侧片

（1）缝合腰省：将前身正面向里，对折腰省，剪一条直丝垫条垫在摆缝一侧腰省未剪开部分的下面，缉缝腰省。省尖不打倒针，连续缝到垫条上即可（图20-25）。

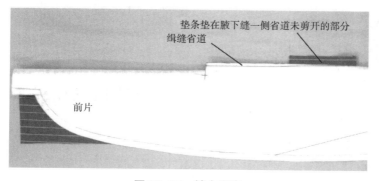

图20-25 缝合腰省

（2）熨烫腰省：将腰省劈开烫平，未剪开的部分向前中方向烫倒，垫条两层向腋下缝方向烫倒，并分别修剪为0.8cm和2cm宽。将袋口上下对齐，粘袋口衬（图20-26）。

（3）缝合前片与侧片：将前片与侧片正面相对，摆缝对齐，按净缝线绲缝并劈开烫平。

3. 推归拔烫前身及侧片

（1）归烫驳口：归烫前身驳口线位置（图20-27），把驳头边缘烫成直线。

（2）拔烫肩线：将前片肩窝处拔开熨烫，注意肩线两端各3cm不要拉伸（图20-28）。

（3）拔腰节、归臀部：将侧片摆缝线的腰节部分拔开熨烫，臀部位置稍微归拢熨烫。

（4）绲缝袖窿牵条：将子母牵条绲缝在袖窿缝份的反面，绲缝时要适当拉紧牵条，利用牵条的弹性将袖窿带紧（图20-29），然后将牵条与衣身熨烫好。

熨烫好的前身及侧片效果如图20-30所示。

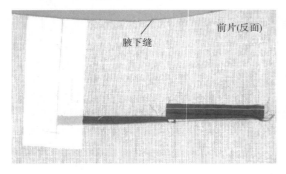

图 20-26　熨烫腰省

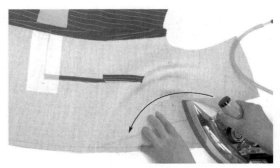

图 20-27　归烫驳口

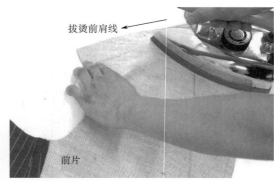

图 20-28　拔烫肩线

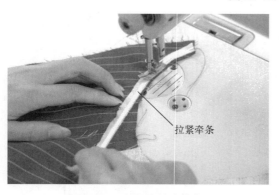

图 20-29　绲缝袖窿牵条

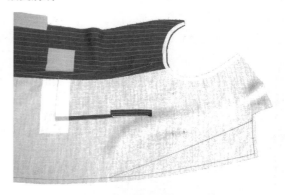

图 20-30　熨烫好的前身及侧片

4. 做大袋

（1）做袋盖：在袋盖面的反面画出袋盖的净缝线，注意纱向要与前衣身相同，同时画出前身腰省在袋盖上的对应位置（图20-31）。

将袋盖面与袋盖里正面相对，勾袋盖，注意袋盖面要有松度。翻烫袋盖，袋盖里不要反吐。然后在翻烫好的袋盖面上画袋盖宽度线。

（2）扣烫嵌线：将粘好衬的嵌线一侧向反面扣烫1.5cm，再扣烫2cm，如图20-32所示。

（3）缉缝固定嵌线和袋盖：将嵌线的第一条扣烫线对齐袋盖宽度线，在距扣烫线0.5cm处缉缝固定嵌线和袋盖（图20-33）。

（4）将嵌线和袋盖缉在衣片上：在衣身正面用消失划粉画好大袋口的位置，并在袋口线上下各画1cm平行线。将嵌线的两条扣烫线与袋口上下的平行线对齐，注意缉袋盖的一侧向上，袋盖两端与袋口两端对齐，然后在袋口上下各缉一条距扣烫线0.5cm的线，缉线要顺直，两端要打倒针（图20-34）。

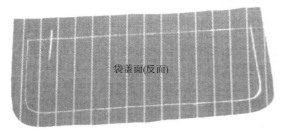

图20-31　在袋盖面的反面画线

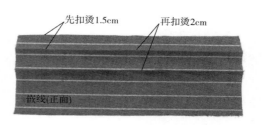

图20-32　扣烫嵌线

图20-33　缉缝固定嵌线和袋盖

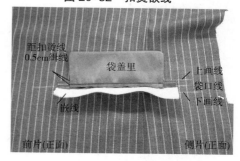

图20-34　缉缝嵌线

（5）剪开袋口、固定"三角"：沿两条缉缝线的中间将嵌线剪开。再沿两条缉缝线的中间将衣身剪开，距两端袋口1cm处剪三角，注意要剪到缝线根处，但不要剪断缝线。将嵌线翻至反面烫平，缉缝固定袋口三角（图20-35）。绱好的袋盖纱向要顺直，条纹应与衣身对齐（图20-36）。

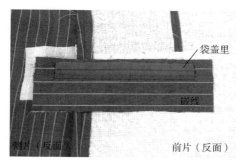

图20-35　翻烫并固定嵌线

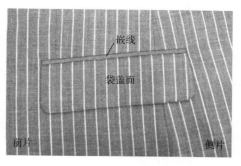

图20-36　口袋正面效果

（6）绱袋布、缉袋布：绱袋布、缉袋布的相关制作方法参阅第五单元第十五章第四节的有关内容。

5.做手巾袋

（1）画袋位：用消失划粉在左前片的正面画出手巾袋位（图20-37）。

（2）扣烫袋口、修剪垫袋布：按照前片上的手巾袋位和条纹的方向将手巾袋板正面向外扣烫出袋口线（图20-38）。将垫袋布也按照衣身的条纹修剪准确（图20-39）。

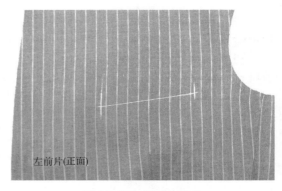

图 20-37　画手巾袋位

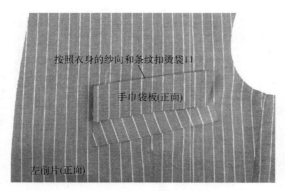

图 20-38　折烫手巾袋板

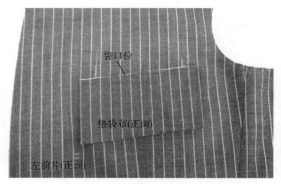

图 20-39　按条纹修剪垫袋布

（3）烫手巾袋板衬、扣烫缝份：按照手巾袋板的净板剪一片树脂衬，粘在手巾袋板面的反面，然后将两端的缝份扣烫好（图20-40）。

图 20-40　扣烫手巾袋板

（4）缉缝手巾袋板和垫袋布：将手巾袋板面与前片正面相对，袋口位置对齐，将两端缝份打开后沿袋口衬缉缝，两端打倒针。掀开手巾袋板的缝份，将垫袋布与前片正面相对，再放在手巾袋板的缝份下面，在距袋口位 1cm 处缉缝垫袋布与前片，两端比袋口位缉线稍短（图 20-41）。

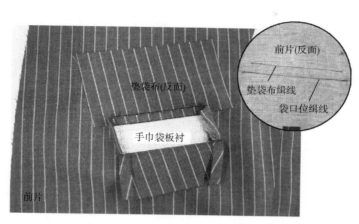

图 20-41　缉缝手巾袋板和垫袋布

（5）剪开袋口：沿两条缉线中间剪开，两端剪三角。注意要剪到线根处，但不要剪断缉线。

（6）劈烫缝份：将手巾袋板里和垫袋布翻到前身反面，在垫袋布袋口两端打剪口，将袋口处的缝份劈开烫平（图 20-42）。

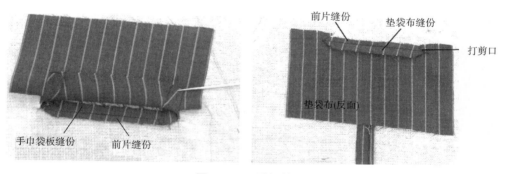

图 20-42　劈烫缝份

（7）缉缝固定手巾袋板里：衣身正面朝上，将手巾袋板摆平，掀开手巾袋位下方的衣片，重合在袋口位的缉线上缉缝固定前片缝份和手巾袋板里（图 20-43）。

（8）缉缝固定手巾袋板两端：掀开手巾袋板面，在手巾袋板里的两端缉 0.1cm 缝线，固定手巾袋板两端（图 20-44）。然后将手巾袋板面两端与前衣身暗缲缝固定。

（9）绱袋布：将两片手巾袋布分别与手巾袋板里的正面、垫袋布的正面相对，按 1cm 缝份缝合，缝份倒向袋布一侧烫平，袋底修剪到长度相等（图 20-45）。然后，缉缝袋布（图 20-46）。

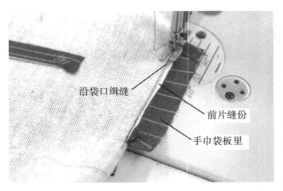

图 20-43　缉缝固定手巾袋板里

图 20-44　缉缝固定手巾袋板两端

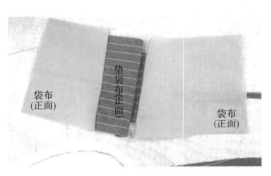

图 20-45　拼接袋布

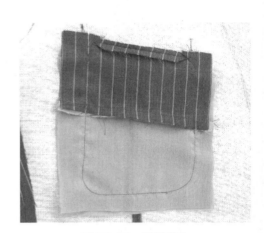

图 20-46　缉缝袋布

6. 做胸衬

（1）缉胸衬上的省道：剪开毛衬上的肩省和胸省。将肩省展开 1.5cm，在下面垫好垫衬，用"之"字针缉好；将剪开的胸省搭叠 2cm，用"之"字针缉好（图 20-47）。

（2）纳衬：将毛衬与胸绒敷在一起（垫衬夹在中间），将肩衬夹在毛衬和胸绒中间的肩部位置，顺着毛衬的弯势，按照图 20-48 所示将几层衬用"之"字针缉在一起。

（3）烫衬：将纳好的几层胸衬熨烫平服，然后将驳口线、袖窿和下边缘归拢熨烫（图20-49）。胸衬要凉透，彻底晾干，以防止以后变形。

图 20-47　缉胸衬上的省道

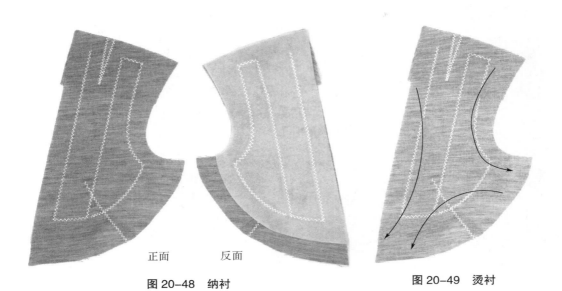

图 20-48　纳衬　　　　　　　　　　　　　　图 20-49　烫衬

7. 敷衬

（1）绷缝胸衬与前衣片：将胸衬毛衬的一面与前衣身的反面相对，胸衬毛衬的驳口线离开衣身的驳口线 1cm，肩头多出衣身 1cm，顺着驳口线将胸衬与衣身绷在一起（图 20-50①）。

（2）正面绷缝肩部与胸部：将前衣片正面朝上，从驳口绷缝线上端开始，距肩线 3~4cm 斜向绷几针到肩窝，然后向下绷至手巾袋中间，再顺着腰省前中一侧绷至胸衬下缘（图 20-50②）。注意，绷缝时一定要使衣片和胸衬完全贴合。

（3）绷缝手巾袋布与胸衬：掀开侧片，将手巾袋布和腰省垫条分别与胸衬绷缝固定（图 20-50③）。

（4）正面绷缝胸衬外缘：从肩窝开始，距肩线 3~4cm 斜向绷几针到距袖窿 3cm 处，然后顺着袖窿绷缝至腋下缝，再顺着胸衬下缘的弯势绷缝到驳点处（图 20-50④）。

（5）绷缝侧片缝份与胸衬：掀开侧片，将侧片的缝份与胸衬绷缝固定（图 20-50⑤）。

（6）敷牵条：将胸绒的驳口线处修剪掉 0.3cm，将 1.5cm 宽直丝牵条粘在驳口线外侧 0.5cm 处，一半压住胸衬，一半粘在衣身上，注意牵条要拉紧，胸部要归拢。用三角针针法固定驳口牵条。然后将牵条沿串口线、驳头边缘和门襟止口粘贴。注意，驳头边缘和圆摆处要带紧牵条（图 20-50⑥），完成效果如图 20-50⑦所示。

（7）修剪胸衬肩部：最后将胸衬肩线位置修剪至与前片相同，袖窿处比前片多 0.5cm。

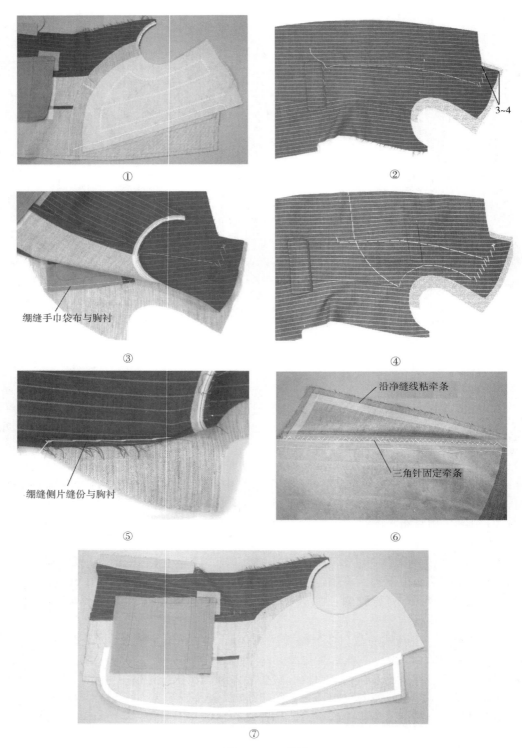

① ②

③ ④

绷缝手巾袋布与胸衬

沿净缝线粘牵条

三角针固定牵条

绷缝侧片缝份与胸衬

⑤ ⑥

⑦

图 20-50　敷衬

8.做前身里

（1）固定前片里的活褶：将前片里上的活褶叠好，两端缉缝固定（图20-51），然后熨烫平整。

（2）处理过面下边多出的缝份：将过面下边多出的1cm缝份向反面扣折、烫平，沿边缉缝0.1cm明线（图20-52）。

图20-51　固定前片里的活褶

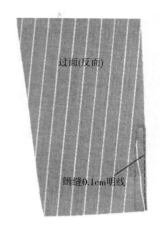

图20-52　处理过面下边多出的缝份

（3）缉缝过面与前片里：将过面和前片里正面相对，位置对准，按1cm缝份缉缝，上下各留3cm不缝（图20-53①）。然后将缝份倒向前片里一侧烫平，不用留"眼皮"（图20-53②）。

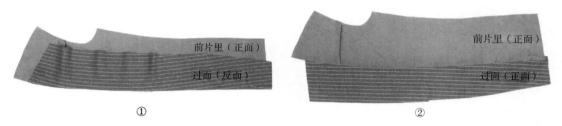

图20-53　缉缝过面与前片里

（4）做里袋（右里袋）：

①右里袋袋盖：将正方形的里袋袋盖布反面粘衬，先上下对折（图20-54①），再折成三角形，中间锁平头扣眼（图20-54②）。

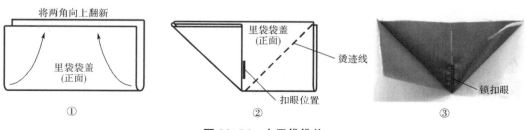

图20-54　右里袋袋盖

②绱袋盖、缉袋布：扣烫好嵌线，在里袋位置缉嵌线，开袋（图20-55）；按照规定的尺寸将袋盖缉在上嵌线处（图20-56）；绱袋布，并缉缝袋布。

图20-55　开袋

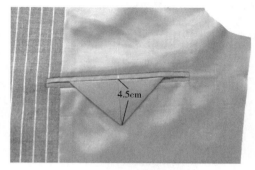

图20-56　绱袋盖

做好的前身里效果如图20-57所示。

9. 做门襟

（1）敷衣身里：将前身里与前身正面相对，肩线、领嘴、驳点、止口及下摆等处要对好。

（2）勾止口：沿着牵条边缘的净缝线勾止口，从绱领止点开始沿着领嘴、止口、下摆缉缝，注意领嘴部位要将过面吃进一些，圆摆部位吃缝前片。

（3）修剪缝份：驳头部分的过面缝份留0.7cm，前片缝份留0.3cm；驳点以下圆摆部分的过面缝份留0.3cm，前片缝份留0.7cm。

（4）翻烫门襟：驳头部分的过面比前片多烫出0.2cm，圆摆部分前片比过面多烫出0.2cm。同时将底边的4cm折边扣烫好（图20-58）。

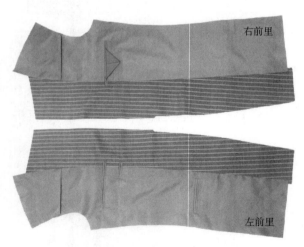

右前里

左前里

图20-57　做好的前身里

扣烫底边折边

图20-58　扣烫底边

做好的门襟效果如图 20-59 所示。

10. **绷衣身里**

（1）绷缝过面缝份与胸衬：前身正面向下，卷折驳头。然后掀开前身里，从里袋上边开始，将过面与前身里缝合的缝份与胸衬绷缝在一起，缝至过面串口线向下 5cm 处止（图 20-60）。

（2）绷缝过面缝份与大袋布：将过面与前身里缝合的缝份与大袋布的边缘绷缝在一起（图 20-61）。

（3）绷缝上里袋袋布与胸衬：将前身里、面贴合平服，将上里袋袋布的边缘与胸衬绷缝在一起（图 20-62）。

（4）缉缝侧片里与前片里的腋下缝：将侧片里与前片里正面相对，上下对齐，按 1cm 缝份缉缝腋下缝，缝份向侧片方向烫倒，留出 0.3cm "眼皮"。然后将缝份与胸衬、大袋布绷缝固定（图 20-63）。

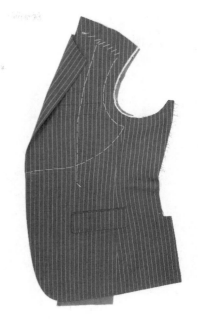

图 20-59　做好的门襟

图 20-60　绷缝过面缝份与胸衬

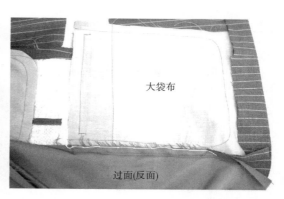

图 20-61　绷缝过面缝份与大袋布

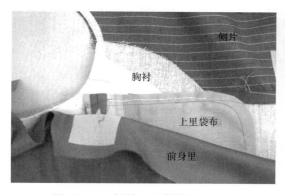

图 20-62　绷缝上里袋袋布与胸衬

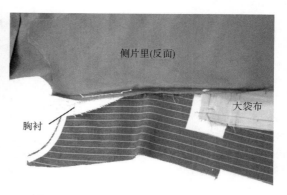

图 20-63　缉缝侧片里与前片里的腋下缝

（5）修剪侧片里摆缝上端：将侧片里的摆缝上端修剪到比面多 0.3cm，开衩部位与面相同（图 20-64）。

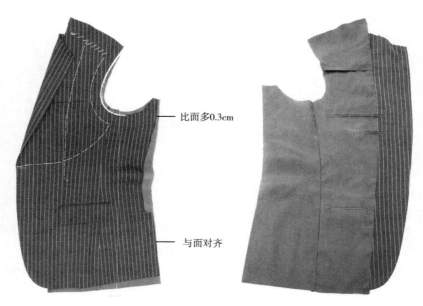

比面多0.3cm

与面对齐

图 20-64　修剪侧片里

11. 做后片

（1）推归拔烫后片：两片后片正面相对重叠在一起，对袖窿、后背、臀部、肩线中部等部位进行归拢熨烫，烫出肩胛骨、臀部的凸起量。注意，开衩部位不要归得太多，腰部拔开，熨烫效果如图 20-65 所示。

（2）粘牵条、粘衬：沿袖窿、摆缝粘 1.5cm 宽的直丝牵条至胸围线处，注意牵条要带紧。开衩贴边粘衬。

（3）缉缝后中缝：将两个后片正面相对，按净缝线缉缝后中缝，然后劈开烫平（图 20-66）。注意，后中缝两边一定要条纹对称，后中缝上端领口中间部位必须保证是一个完整的条或格。

图 20-65　熨烫后片

图 20-66　做好的后片

12. 缝合前后衣身

（1）缝合后摆缝：将侧片与后片正面相对，后摆缝对齐，按照净缝线缉缝至开衩止点，然后转动衣片，沿开衩贴边上端缉缝至距贴边边缘1cm处。将缝份劈开烫平，后片沿摆缝净缝线扣烫开衩贴边，侧片的开衩贴边盖在后片的贴边上，侧片缝份斜顺下来，烫平（图20-67）。

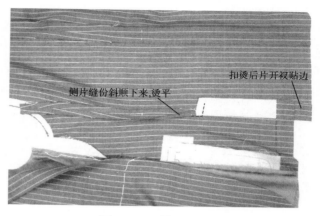

侧片缝份斜顺下来，烫平

扣烫后片开衩贴边

图 20-67　缝合后摆缝

（2）缝合衣身里后中缝：将两片后片里正面相对，按1cm缝份缉缝后中缝，然后按照净缝线将缝份倒向左片烫平，从而形成腰线以上1cm、腰线以下0.5cm宽的"眼皮"（图20-68）。

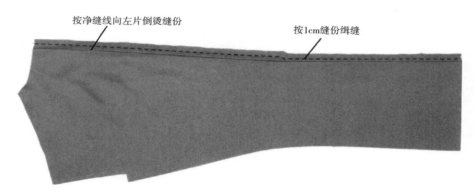

按净缝线向左片倒烫缝份　　　　按1cm缝份缉缝

图 20-68　缝合衣身里后中缝

（3）缝合侧片里与后片里：将侧片里与后片里正面相对，后摆缝对齐，按1.5cm缉缝，将缝份向后片方向烫倒，留出0.3cm的"眼皮"。

13. 做开衩

（1）缉缝后片开衩贴边：将后片底边4cm折边扣烫好，按照图20-69①所示位置用消失划粉在底边折边上画标记线；打开底边折边，再按图20-69②所示位置用消失划粉在开衩贴边上画标记线；展开开衩贴边，后片正面画好标记线的效果如图20-69③所示。将下摆拐角部位正面相对，两条标记线对齐，沿标记线方向缉缝（图20-69④），缝份处劈开烫平，翻出正面，将下摆拐角处熨烫方正（图20-69⑤）。

（2）缉缝开衩门襟：将后片面、里正面相对，开衩贴边边缘对齐，由上至下按1cm缝份缉缝，缝到距衣身里底边毛边3cm处止。将后身面、里正面相对，底边毛边对齐，按1cm缝份缉缝底边线，注意衣身里后中缝的"眼皮"不要打开（图20-70）。翻出正面，将衣身里的底边熨烫平整，拐角处烫平直，衣身里底边比面短2cm，开衩门襟完成效果如图20-71所示。

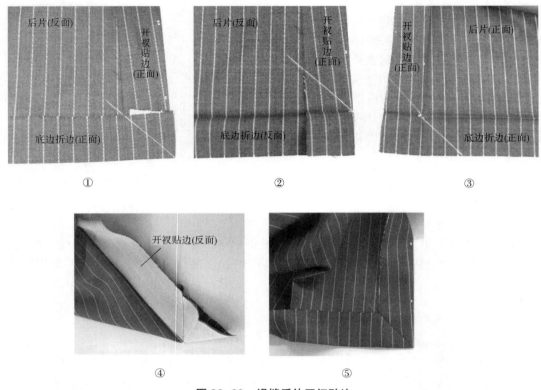

图 20-69　缉缝后片开衩贴边

图 20-70　缉缝开衩门襟

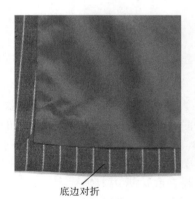

图 20-71　开衩门襟完成效果

（3）缉缝底边：将前片及侧片的面、里正面相对，底边对齐，按 1cm 缝份缉缝底边线，注意衣身里腋下缝的"眼皮"不要打开（图 20-72）。翻出正面，将衣身里的底边熨烫平整，衣身里底边比面短 2cm（图 20-73）。

图 20-72　缉缝底边

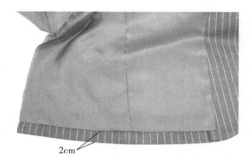

图 20-73　熨烫底边

（4）缉缝开衩里襟：将侧片底边折边向反面翻折，使开衩部位的面、里正面相对，边缘对齐，衣身里底边的"眼皮"不要打开，按 1cm 缝份缉缝开衩边缘（图 20-74）。翻出正面，烫平，开衩边缘面比里多 0.2cm，拐角处烫方正。开衩里襟的完成效果如图 20-75 所示。

（5）固定底边折边：用三角针固定底边折边的缝份与衣身。

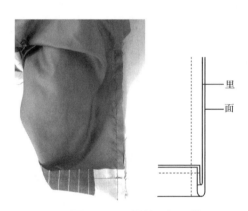

图 20-74　缉缝开衩里襟

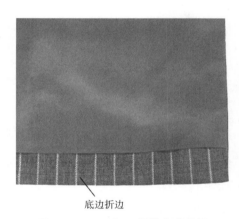

图 20-75　开衩里襟的完成效果

14. 缝合肩缝

（1）修剪衣身里、倒勾针固定后片领口：将衣身展平，面在上，里在下，将下摆向上卷折，使衣身里留有松量，然后修剪衣身里，在肩缝和领口部位里比面多 0.3cm，袖窿部位里比面多 0.5cm。采用倒勾针固定后片领口，以免拉伸变形。

（2）缉缝、熨烫肩缝：将前、后片正面相对，肩缝对齐，按 1cm 缝份缉缝，将缝份劈开烫平。然后将后片的缝份与胸衬的肩头部位绷缝固定，注意两端留出 3~4cm 不要绷缝，后领口位置用倒勾针缝住，避免拉伸变形（图 20-76）。

至此，衣身部分的制作基本完成，穿在人台上或实际试穿，进行检查。检查前身的左、右两侧是否对称，领口大小是否合适，

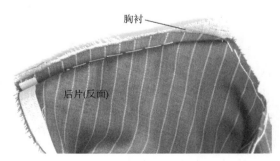

图 20-76　缝合肩缝

领窝是否平服，底边、袖窿是否圆顺，从侧面和后面检查衣身的曲线与松度是否合适，开衩是否平服。

15. **做领子**

（1）修剪领底呢、领衬、翻领和领座：将领底呢、领衬、翻领和领座按照各自的纸样修剪整齐。

（2）在领角处拼接里料：剪两片里料，垫在领底呢两端领角下面，在领底呢的领角边缘缉 0.1cm 的线，拼接里料与领底呢。然后将里料修剪整齐，领角处留 1cm（图 20-77）。

（3）粘领底衬：将领底衬敷在领底呢的反面，两者的串口线和领里口要对齐，领外口处领底衬应比领底呢多出 0.2cm。将靠近领里口的衬粘好，注意只粘到翻折线以上，然后沿翻折线缉缝一道线（图 20-78）。

图 20-77　拼接领角里料

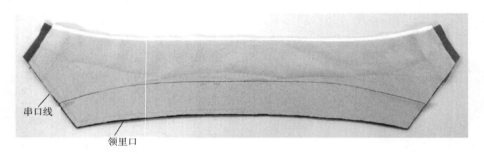

图 20-78　粘领底衬

（4）修剪、缝合翻领与领座：为使条格对位更准确，用划粉在翻领和领座的正面按照净板画净缝线及标记点，缝份修剪整齐，同时在翻领的反面画净缝线，再将翻领和领座缝合线的缝份修剪为 0.5cm（图 20-79）。如果采用单色面料制作，直接在翻领和领座的反面画净样并修剪即可。将翻领和领座正面相对，拼接线对齐，按照净缝线缉缝，颈侧转折位置应将翻领略微拔开，缝份劈开烫平，然后在拼接线两边各缉缝一条 0.1cm 明线（图 20-80）。

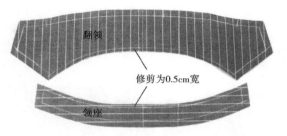

图 20-79　修剪翻领和领座

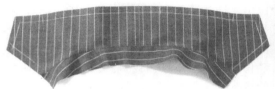

图 20-80　缝合翻领与领座

（5）缉缝连接领底呢衬与翻领：领底呢和领面反面朝上，掀开领底呢将领底呢衬的外口边缘搭在翻领外口缝份上，净缝线一定要对齐，距领底呢衬外口边缘 0.2cm 缉缝连接领底呢衬和翻领（图 20-81）。注意，在领外口肩部转折位置要将翻领面吃进一点。

（6）领角和外口部位缝三角针：将上半截领底衬与领底呢贴合平整并粘好，看着领底呢正面沿着领底呢的边缘在领角和外口部位缝三角针（图20-82）。

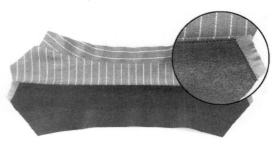

图20-81　缉缝连接领底呢衬和翻领　　　　图20-82　领角和外口部位缝三角针

（7）扣烫领外口：扣烫领外口时，注意翻领要比领底呢多烫出0.2cm（图20-83）。

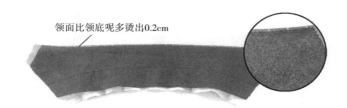

领面比领底呢多烫出0.2cm

图20-83　扣烫领外口

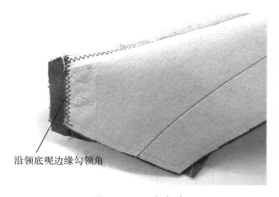

沿领底呢边缘勾领角

图20-84　勾领角

（8）勾领角：将领面和领底呢正面相对沿领外口对折，领角对齐，沿领底呢边缘勾缝两个领角（图20-84）。翻出正面，将领角熨烫平整，翻领要比领底呢多烫出0.2cm。

（9）修剪缝份：向领底方向翻折领子，使领面留有松量，而领面在串口线和领里口处应比领底宽出0.5cm，多余的缝份修剪掉。

16. 缲领子

（1）缉缝串口线、缝份劈开烫平：将领面与过面正面相对，缲领对位点对齐，按1cm缝份缉缝串口线（图20-85），并将缝份劈开烫平。

（2）缉缝衣身里与领座里口：将衣身里与领座里口正面相对并对齐，按1cm缝份缉缝，注意衣身里后中的"眼皮"不要打开。然后将缝份向衣身里一侧烫倒（图20-86）。

（3）绷缝衣身面与领面：将衣身和领面串口线部位的缝份对齐，手针绷缝固定。然后将衣身面的领口净缝与领面里口净缝对齐，看着衣身一侧沿领里口净缝线绷缝固定，注意领面一侧不要露出针迹。然后沿绷缝线外侧0.5cm处用划粉画出领底呢的位置线（图20-87）。

（4）固定领底呢与衣身：将领底呢按照位置线敷在衣身的领口位置，用倒勾针法绷缝固定（图20-88），领底呢和衣身之间也可用热熔胶粘牢。然后在领底呢的串口线和领里口

图 20-85　缉缝串口线

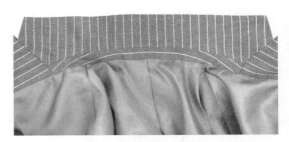

图 20-86　缉缝衣身里与领座里口

图 20-87　绷缝领座里口

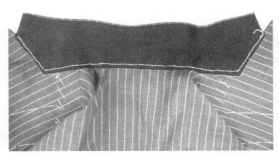

图 20-88　固定领底呢与衣身

边缘缝三角针固定领底呢与衣身。

　　绱好后的领子应翻折自然，领面平服，翻折线处不应有褶皱，领子的外口应盖住领窝线，并且条纹与衣身要对齐（图 20-89）。

　　17. 做袖子

　　（1）拔烫大袖：将两片大袖正面相对，一起拔烫大袖的前肘弯（图 20-90），使袖片呈现向前的弯势（图 20-91）。

图 20-89　绱好的领子

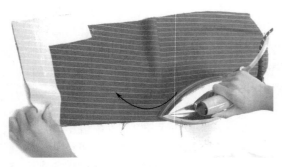

图 20-90　拔烫大袖

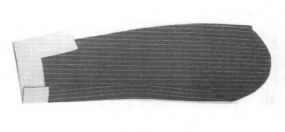

图 20-91　拔烫后的大袖

（2）做袖开衩门襟：沿袖子净缝线扣烫大袖的袖口折边和袖开衩贴边，画缉缝标记线并缉缝，缝份参照本节开衩门襟的缉缝方法，缝好后的效果如图20-92所示。画好袖扣位置，扒开开衩贴边，在单层袖片上锁装饰扣眼，注意不要剪开扣眼（图20-93）。

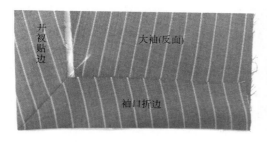

图 20-92　缉缝开衩门襟

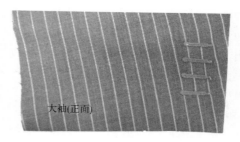

图 20-93　锁袖扣装饰扣眼

（3）做袖开衩里襟：按照袖口净缝线将小袖袖口折边向小袖正面翻折，按1cm缝份缉缝开衩贴边（图20-94）。然后翻出正面，熨烫平整，同时扣烫袖口折边（图20-95）。

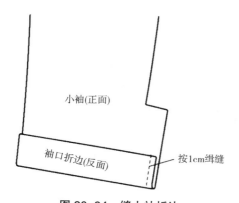

图 20-94　缝小袖折边

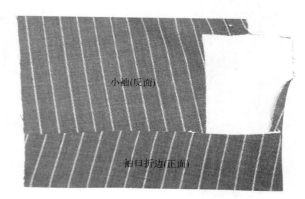

图 20-95　翻烫好的袖开衩里襟

（4）缝合后袖缝：将大、小袖片的后袖缝及开衩对齐，由上至下按1cm缝份缉缝，缝至开衩止点处转动袖片，缉开衩贴边上端，再转动袖片，缉开衩贴边至距袖口2.5cm处止。注意，靠近袖口时一定要把袖口折边掀开。袖缝的缝份劈开烫平，开衩部位缝份烫顺（图20-96）。

（5）缝合前袖缝：缝合前袖缝后，将缝份劈开烫平。

（6）缝合袖里的前、后袖缝：按1cm缝份缝合袖里的前、后袖缝，缝份向大袖烫倒，留0.3cm"眼皮"。

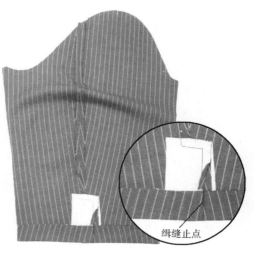

图 20-96　缝合后袖缝

（7）缉缝袖口：将袖子的面、里正面相对，袖口对齐，按 1cm 缝份缉缝袖口。

（8）缭袖口折边：用三角针缭袖口折边。

（9）绷袖缝：袖里在袖口位置预留出 1cm 的"眼皮"，将袖面、袖里的缝份中间部分用手针绷缝固定（图 20-97）。

图 20-97　绷袖缝

（10）缩缝袖山吃量：裁剪两条宽 3cm、长约 40cm、45° 正斜丝的里料，对位在袖山的反面，从大袖前腋点处的对位点开始缉缝，过袖山顶点一直缉至小袖斜纱位置以下。缉缝时左手向前推袖片，右手适当拉紧斜丝条（图 20-98），利用斜丝条的弹性收拢袖山吃量，缩缝后的袖山圆而饱满（图 20-99）。

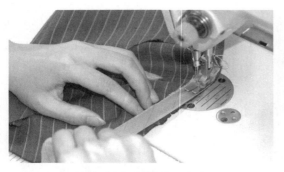

图 20-98　缩缝袖山吃量

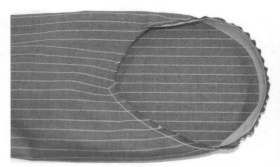

图 20-99　缩缝后的袖山

18. 做袖棉条

按照图 20-100 所示的顺序将几片毛衬和胸绒摆好，调大缝纫机的针距，在距袖山边缘 0.7cm 处缉缝。然后抽紧缉线，使袖棉条呈圆而饱满的形状（图 20-101）。

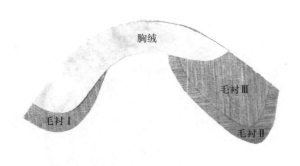

图 20-100　将几片毛衬和胸绒摆好

图 20-101　做好的袖棉条

19. **绱袖子**

（1）绷缝袖面与衣身：将袖面与衣身正面相对，对位点对齐，用手针将袖面和衣身绷缝在一起，绷缝时注意要将胸衬掀开。

（2）检查绷袖效果：用手撑起衣身，使衣身和袖子自然下垂，检查袖子的位置是否合适，纱向是否顺直，袖山是否饱满（图20-102）。

图 20-102　检查袖子的绷缝效果

（3）缉缝袖窿：检查绷袖没问题后，用平缝机缉缝袖窿。缉缝时将胸衬掀开，只缉缝袖面和衣片。在前、后衣身距肩缝各2cm处的缝份上打剪口，将袖山顶部的缝份劈开烫平。

（4）绱袖棉条：将袖棉条毛衬一面贴在袖子的反面，袖棉条的袖山边缘与袖子的毛边对齐，对好对位点，与绱袖线重合再缉缝一道线，将袖棉条绱在袖山上（图20-103）。

（5）绱垫肩：将胸衬与衣身贴合好，垫肩放在衣身及胸衬的里侧，垫肩的边缘与袖窿缝份的毛边对齐，手针绷缝固定垫肩与衣身的袖窿和肩线部位（图20-104）。

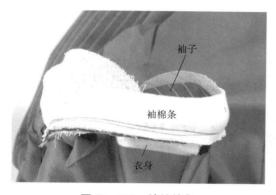

图 20-103　绱袖棉条

图 20-104　绱垫肩

（6）绷袖窿：将衣身面与衣身里的袖窿用倒勾针法固定在一起，注意缝线应在袖窿净缝线外侧（图 20-105）。

（7）绷袖里：将袖里袖山的 1cm 缝份向反面扣净，压在衣身里上，用手针绷缝固定。注意面与里的缲袖对位点要对齐（图 20-106）。

（8）手针缲袖里：用明缲针法缲袖里，针迹要密而整齐（图 20-107）。

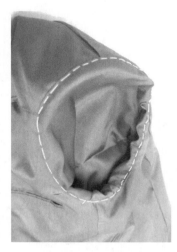

图 20-105　绷袖窿　　　　　　　图 20-106　绷袖里　　　　　　图 20-107　手针缲袖里

20. 整烫

（1）拆线：拆掉所有的绷缝线和线丁。

（2）熨烫领子：从反面熨烫驳头外口、驳角、串口线、领角，顺着领子的弧线熨烫领子。

（3）熨烫过面：从反面熨烫过面，止口要烫顺直、挺括、薄，不反吐。

（4）归烫底边：归拢熨烫底边和后开衩。

21. 锁眼、钉扣

（1）锁眼、钉大扣：按照纸样上的位置在左侧门襟上锁两个扣眼，在右侧门襟对应位置钉大扣。

（2）钉小扣：在袖子装饰扣眼的顶端钉小扣，左、右袖各 4 个。

（3）钉里袋小扣：在右侧里袋口钉小扣。

锁眼、钉扣位置要准确，锁钉要牢固。男西服的成品效果如图 20-108 所示。

图 20-108　男西服成品效果

第五节　男西服成品检验

男西服外观检验请参照第一单元第一章第五节。

一、规格尺寸检验

（1）衣长：由后领窝垂直量至底边，极限误差为 ±1cm。
（2）胸围：扣好纽扣，前后身摊平，沿袖窿底部水平量，一周的极限误差为 ±2cm。
（3）总肩宽：由一侧肩袖缝的交叉点水平量至另一侧肩袖缝的交叉点，极限误差为 ±0.6cm。
（4）袖长：由袖山顶点量至袖口，极限误差为 ±0.7cm。
（5）袖口：极限误差为 ±0.5cm。

二、工艺检验

（1）门襟平挺，左右两侧底边外形一致。
（2）止口平薄顺直，无起皱反吐，宽窄相等，圆的应圆，方的应方，尖的应尖。
（3）驳口平服顺直，左右两侧长短一致，串口要直，左右驳角、领角相等。
（4）胸部饱满，无皱无泡，省缝顺直，高低一致，省尖无泡形，省缝与袋口位置左右相等。
（5）手巾袋平服，封口须清晰牢固，条格须与衣身对齐。

（6）大袋平服，嵌线宽窄一致，袋盖与袋口大小适宜，封口方正牢固，双袋大小、位置、斜度一致。

（7）领子平服，丝缕顺直，领面松紧适宜，左右一致，三角针线迹整齐。

（8）两袖垂直，前后一致，长短相等，左右袖口大小、袖衩高低一致，袖口宽窄左右相等，袖口平服齐整，扣位正确。

（9）袖窿圆顺，吃势均匀，前后无吊紧皱曲。

（10）肩头平服，无褶皱，肩缝顺直，吃势均匀；肩头宽窄、左右一致；垫肩两边进出一致，里外适宜。

（11）背部平服，背缝挺直，左右条格或丝缕须对齐。

（12）后背两侧吃势要顺。

（13）后开衩平服，里外长短一致。

（14）摆缝顺直平服，松紧适宜，腋下不能有波浪形下沉。

（15）底边平服顺直，贴边宽窄一致，缲针不外露。

（16）衣里大小长短应与衣面相适宜，余量适宜。

（17）里料色泽要与面料色泽相协调（特殊设计除外），前身里、后身里不允许有影响美观和牢固的疵点，其他部位不能有影响牢固的疵点。

（18）里袋高低、进出两边一致；封口清晰牢固，袋布平服，缉线牢固。

练习与思考题

1. 叙述男西服的款式、结构和工艺特征。

2. 测量他人的尺寸，确定成品规格，绘制男西服的结构图（制图比例 1 : 1）。

3. 绘制男西服的全套纸样（制图比例 1 : 1）。

4. 男西服排料时要注意哪些问题？如果用格子面料裁剪男西服，请详细写出需要对格的部位。

5. 裁剪一件男西服。

6. 男西服的工艺要求有哪些？

7. 男西服的缝制工艺流程是如何编排的？

8. 男西服腰省部位是如何缝制的？使用垫条的作用是什么？

9. 男西服在立体塑型方法上与女西服有什么不同？

10. 男西服手巾袋的制作要求有哪些？

11. 男西服做领子的要求有哪些？缲领子的难点在哪里？

12. 在制作过程中，应在哪些环节特别注意男西服的对称问题？

13. 对男西服成品进行检验时，工艺检验包括哪些项目？

14. 其他款式的男西服，如双排扣男西服、贴袋等，在纸样和工艺处理方法上有什么要求和变化？

第二十一章　西服马甲

教学内容： 西服马甲结构图的绘制方法 /4 课时

西服马甲纸样的绘制方法 /2 课时

西服马甲的排料与裁剪 /2 课时

西服马甲的制作工艺 /11 课时

西服马甲成品检验 /1 课时

课程时数： 20 课时

教学目的： 培养学生动手解决实际问题的能力，提高学生效率意识和规范化管理意识，为今后的款式设计、工艺技术标准的制定、成本核算等打下良好的基础。

教学方法： 集中讲授、分组讲授与操作示范、个性化辅导相结合。

教学要求： 1. 能够通过测量人体得出西服马甲的成品尺寸规格，也能根据款式图或照片给出成品尺寸规格。

2. 在老师的指导下绘制 1：1 的结构图，独立绘制 1：1 的全套纸样。

3. 在学习西服马甲的加工手段、工艺要求、工艺流程、工艺制作方法、成品检验等知识的过程中，需有序操作、独立完成西服马甲的制作。

4. 完成一份学习报告，记录学习过程，归纳和提炼知识点，编写西服马甲的制作工艺流程，写课程小结。

教学重点： 1. 西服马甲结构图的画法

2. 西服马甲纸样的画法

3. 西服马甲的工艺流程

本款西服马甲单排五粒扣，尖角下摆，左、右腰部有板袋；后身用双层里料，后领口有领条，有腰带（图 21-1）。

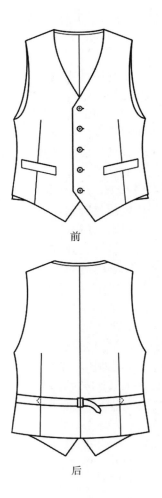

前

后

图 21-1　西服马甲款式图

面料可采用羊毛或毛混纺织物，所有用料如表 21-1 所示。

表 21-1　西服马甲用料

材料名称	用料量	材料名称	用料量
精纺花呢	幅宽 150cm，料长 70cm	直丝牵条	宽度 1.5cm，长度 300cm
美丽绸	幅宽 150cm，料长 90cm	纽扣	24L（直径 15mm），5 粒
有纺衬	幅宽 90cm，料长 70cm	腰带扣	1 个
袋布	少量	缝纫线	适量

第一节　西服马甲结构图的绘制方法

一、西服马甲成品规格的制定

根据国家号型中的主要控制部位尺寸，确定成品规格尺寸（表 21-2）。

（1）后衣长：取腰围线下 13~15cm。

（2）胸围：可在净胸围的基础上加放 8cm 的松量。

（3）腰围：可在净腰围的基础上加放 10cm 左右的松量。

表 21-2　西服马甲成品规格（号型：175/92A）　　　　单位：cm

部位	后衣长	胸围（B）	腰围（W）
尺寸	57.5	100	88

二、西服马甲结构图的绘制过程

由于西服马甲多与西服搭配穿着，所以二者在结构和尺寸上有一定关系，此款西服马甲的结构图是在本单元第二十章男西服结构的基础上调整而成的。公式中的"B"为净胸围，"W"为净腰围，具体步骤如下：

1. 后片结构图（图 21-2）

（1）将西服的侧片和后片在后腋点处对合。

（2）从西服的胸围线向下 3.5cm 为马甲的袖窿深线。

（3）从西服的腰围线向下 1.5cm 为马甲的腰围线，再向下 11cm 为马甲后衣长的基础线。

（4）以西服的后背中缝为基础，腰围及以下部分再收进 0.5cm 为马甲的后背中缝。

（5）平行于西服的领口弧线向下 0.5cm，同时颈侧点下落 0.3cm，画出马甲的后领口弧线；再向外 1cm 画出后领口弧线的平行线，为领条宽。

（6）取肩线长 10.5cm，落肩点低于西服肩线 0.8cm。

（7）从落肩点作后背宽线的垂线，收进 0.6cm 即为背宽。

（8）在马甲的袖窿深线上量取 $B/4+5$cm，从落肩点通过背宽点到腋下点画出后袖窿弧线。

（9）在腰围下移线上量取 $W/4+5$cm$+1.2$cm（省量），垂直画出侧缝基础线，然后画侧缝线，并标出腰带及开衩止点位置。

（10）后中下落 1.5cm，画出底边线。

（11）画出后腰省。

2. 前片结构图（图 21-2）

（1）从西服门襟止口线收进 1.5cm 为马甲的门襟线，再收进 1.5cm 为前中心线。

（2）从西服的颈侧点向下 0.4cm，向前中方向收进 1cm 为马甲的颈侧点。

（3）从马甲止口线与西服驳口线的交点向上 6cm，为马甲领口的下端点位置，画出领口弧线。

（4）取肩线长 10cm，落肩点比西服肩线下落 0.5cm。

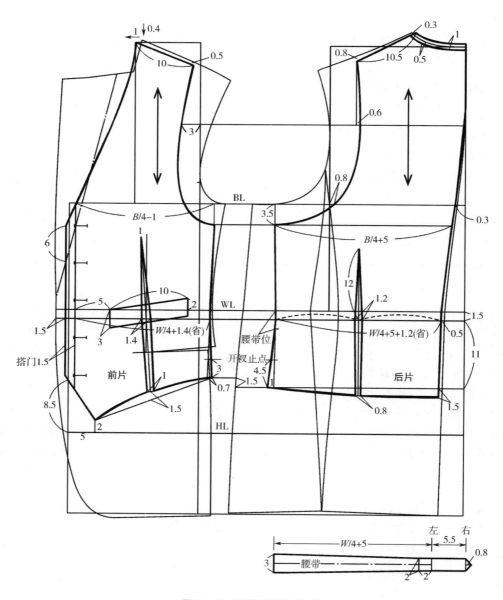

图 21-2　西服马甲结构图

（5）在西服的胸围线上量取 $B/4-1cm$，画垂线到袖窿深线，然后画出前袖窿弧线。

（6）在腰围下移线上量取 $W/4+1.4cm$（省量），画前侧缝线，比后侧缝线短 1.5cm。

（7）从西服的臀围线向上分别量 8.5cm 和 2cm，画出尖角下摆。

（8）画前腰省和口袋袋板。

（9）画出扣眼位。

3. 腰带结构图（图 21-2）

腰带侧缝一端宽 3cm，后中一端宽 2cm，左腰带长为 $W/4+5cm$，右腰带长为 $W/4+5cm+5.5cm$。

4. 门襟贴边、底边贴边和前片里

西服马甲的前底边为尖角形，不能直接加放折边，需要单独制作贴边。门襟贴边、底边贴边和前片里的作图及结构处理方法如图 21-3 所示。

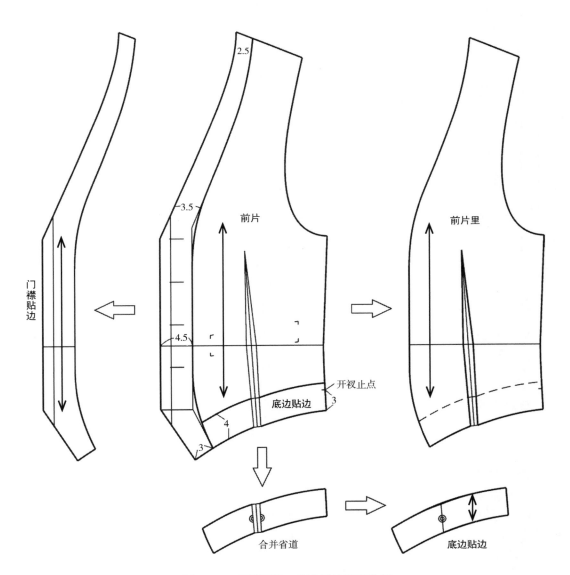

图 21-3　门襟贴边、底边贴边和前片里

第二节　西服马甲纸样的绘制方法

一、面料毛板

西服马甲面料毛板如图 21-4 所示。

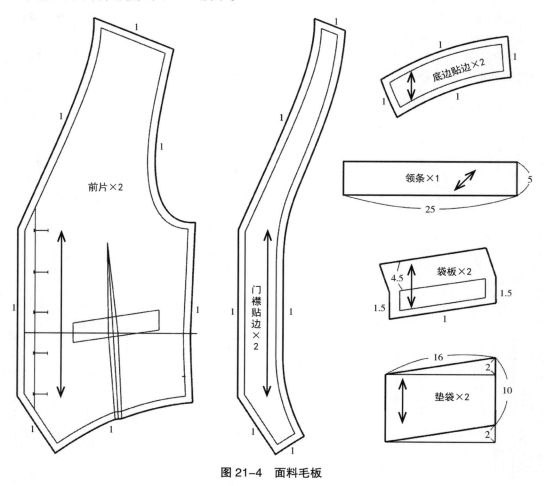

图 21-4　面料毛板

二、里料毛板

西服马甲里料毛板如图 21-5 所示，后中缝份 2cm，其余位置缝份 1cm。

三、辅料纸样

1. 黏合衬纸样

粘衬部位包括前片、袋板、门襟贴边、底边贴边和领条。原则上有纺衬边缘不应大于面料毛板，工业生产中的衬板边缘通常比面料毛板小 0.4cm。

2. 袋布

西服马甲的袋布采用涤棉布，形状和尺寸与垫袋布相同。

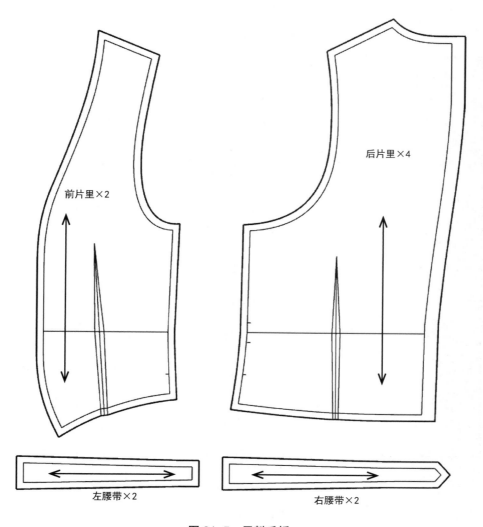

图 21-5 里料毛板

四、工艺纸样

西服马甲在制作过程中要使用到的工艺纸样较少，主要是前身和袋板的净板。

第三节 西服马甲的排料与裁剪

一、面料的排料与裁剪方法

将双幅面料沿经纱方向对折，两布边对齐，将面料毛板摆放在面料之上，毛板上的经纱与面料的经纱要一致，用划粉把毛板的轮廓描绘在面料上，然后把纸样移开，再沿着划粉线裁剪。西服马甲的排料方式如图 21-6 所示。如果马甲与西装使用相同面料，可放在一起裁剪，俗称"套排"，可更节省面料。

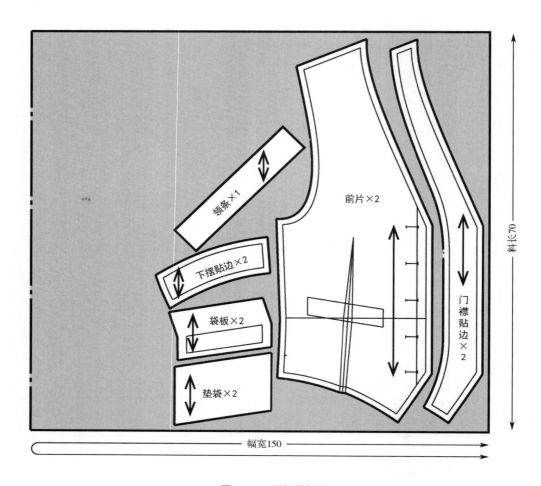

图 21-6　面料排料图

二、里料的排料与裁剪方法

　　将里料沿经纱方向对折，两布边对齐，按照里料毛板上所标注的要求，将里料毛板排列在里料上，用划粉把毛板的轮廓描绘在里料上，然后把纸样移开，再沿着划粉线裁剪（图21-7）。

三、辅料的排料与裁剪方法

　　西服马甲要进行裁剪的辅料包括黏合衬和袋布，由于用量较少，排料方法从略。

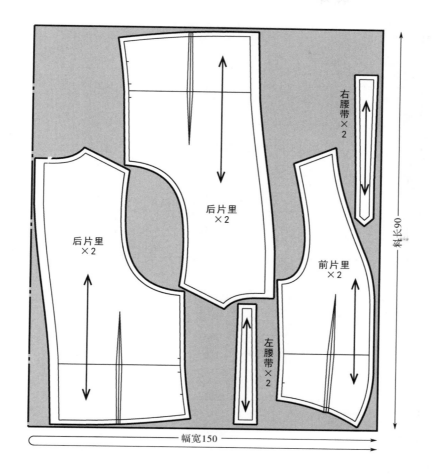

图 21-7 里料排料图

第四节 西服马甲的制作工艺

一、西服马甲的制作工艺流程（图 21-8）

二、西服马甲的制作顺序和方法

1.准备工作

（1）粘衬：将需要粘衬的裁片反面与黏合衬反面相对，经过黏合机把二者黏合在一起；不需要粘衬的裁片也过一遍黏合机，这样可以使面料受热收缩均匀。

（2）修整前片、做标记：按照面料毛板检查粘衬后的裁片是否变形或缩小，在各个裁片的关键部位画线、打线丁、打剪口做标记。

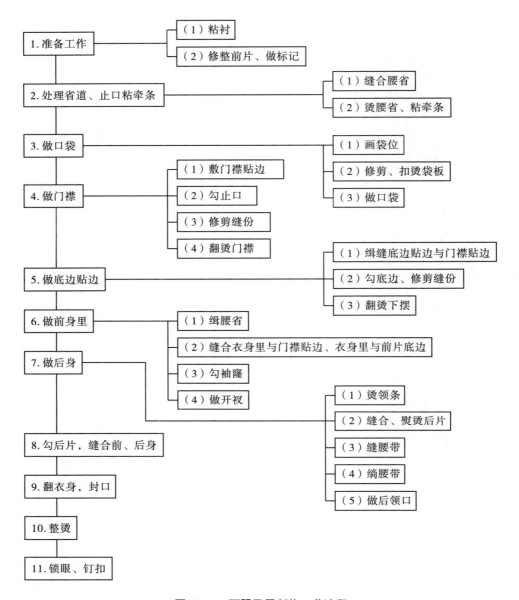

图 21-8 西服马甲制作工艺流程

按照前片净板在反面画出领口、门襟止口、省位、袋位（图 21-9）。

2. 处理省道、止口粘牵条

（1）缝合腰省：将腰省中心线剪开至袋口以上。将前身正面向里，对折腰省，剪一条直丝面料垫在腰省后侧未剪开部分的下面，缉缝腰省，省尖处不用打倒针，一直缉缝到垫条上即可（图 21-10）。

（2）烫腰省、粘牵条：将腰省劈开烫平，未剪开的部分省道向前中方向烫倒，垫条两层向侧缝方向烫倒，并分别修剪成 0.8cm 和 1.5cm 宽。然后沿领口和门襟净缝线边缘粘直丝牵条，压在袖窿净缝线上粘直丝牵条，粘领口和袖窿牵条时要稍微拉紧（图 21-11）。

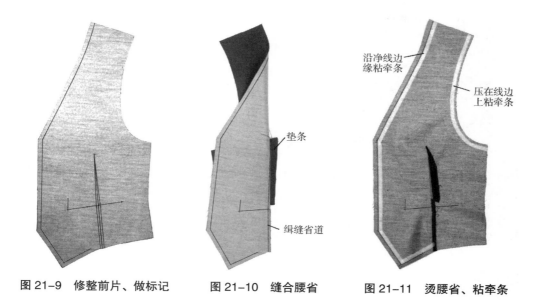

图 21-9　修整前片、做标记　　　图 21-10　缝合腰省　　　图 21-11　烫腰省、粘牵条

3. 做口袋

（1）画袋位：在前片的正面用划粉画出口袋的位置，由于收腰省，口袋的位置会有变化，因而袋位一定要重新画准确（图 21-12）。

（2）修剪、扣烫袋板：将粘好衬的袋板按照前片上的口袋位比好，修剪并扣烫整齐（图 21-13）。

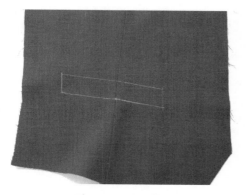

图 21-12　画袋位

图 21-13　扣烫袋板

（3）做口袋：缉缝袋板、垫袋布，开袋。制作方法同本单元第二十章西服手巾袋的做法。完成后的口袋效果如图 21-14 所示。

4. 做门襟

（1）敷门襟贴边：将门襟贴边正面与前身正面相对，肩线、领口、止口及底边等处要对齐。

（2）勾止口：沿着牵条边缘的净缝线勾止口，从肩线位置开始沿着领口、止口、尖角

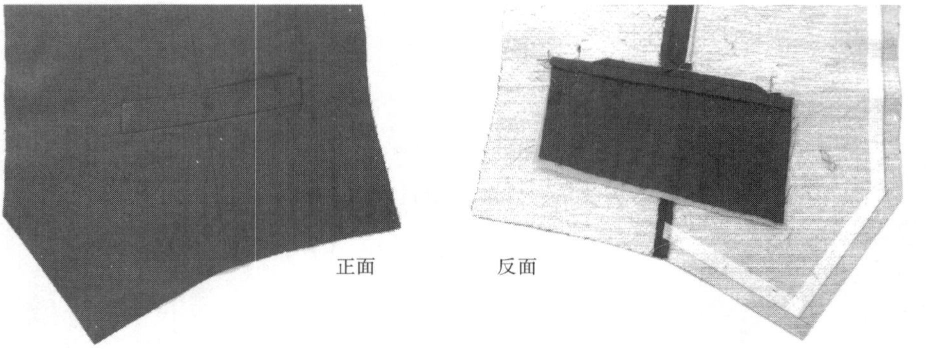

图 21-14　做好的口袋

下摆缉缝，注意拐角部位要吃缝前片（图 21-15）。

（3）修剪缝份：前身缝份留 0.7cm，门襟贴边缝份留 0.3cm（图 21-16）。

（4）翻烫门襟：翻出门襟正面熨烫，前片比贴边多烫出 0.2cm。

5. 做底边贴边

（1）缉缝底边贴边与门襟贴边：将底边贴边与门襟贴边正面相对，底边位置对齐，按 1cm 缝份缉缝（图 21-17）。

（2）勾底边、修剪缝份：将底边贴边与前片底边对齐，按 1cm 缝份勾底边。修剪缝份，前身缝份留 0.7cm，底边贴边缝份留 0.3cm（图 21-18）。

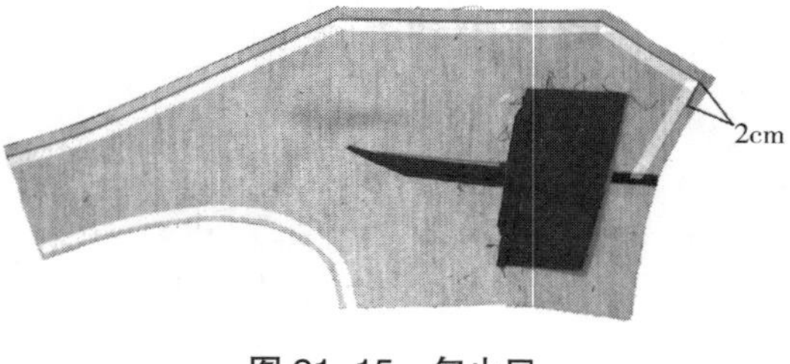

图 21-15　勾止口

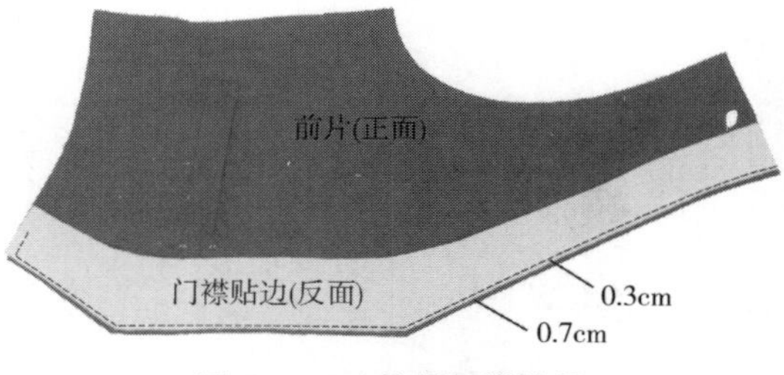

图 21-16　修剪门襟缝份

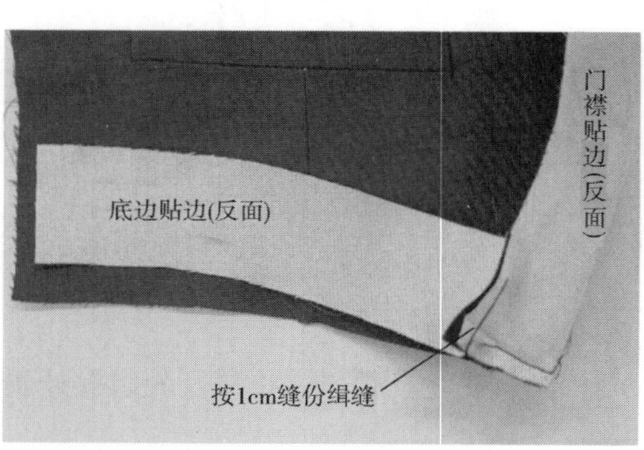

图 21-17　缉缝底边贴边与门襟贴边

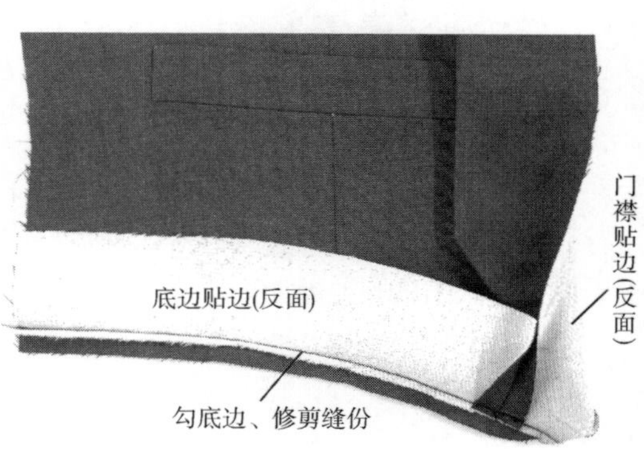

图 21-18　勾底边、修剪缝份

（3）翻烫下摆：翻出正面，熨烫平整，前片比底边贴边多烫出 0.2cm，下摆尖角要烫尖，弧线要烫圆顺（图 21-19）。

6. 做前身里

（1）缉腰省：缉前身里的腰省，并向前中方向烫倒（图 21-20）。

图 21-19　翻烫下摆

图 21-20　缉前身里的腰省

（2）缝合衣身里与门襟贴边、衣身里与前片底边：前身里先与门襟贴边缝合，缝份向衣身里一侧烫倒。再将衣身里底边与前片底边正面相对并对齐，按 1cm 缝份缉缝。翻出正面，将衣身里下摆烫平整，并留出 1cm "眼皮"（图 21-21）。

（3）勾袖窿：将前身面、里正面相对，袖窿对齐，按 1cm 缝份勾袖窿（图 21-22）。翻出正面，将袖窿烫平顺。

图 21-21　缝合衣身里与门襟贴边、衣
身里与前片底边

图 21-22　勾袖窿

（4）做开衩：将前身面、里正面相对，开衩位置对齐，衣身里下摆的 "眼皮" 不要打开，勾开衩（图 21-23）。翻出正面，烫平（图 21-24）。

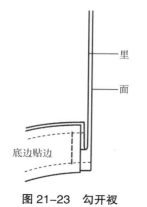

图 21-23　勾开衩

图 21-24　翻烫开衩

7. 做后身

（1）烫领条：将领条对折，利用斜丝的弹性将领条烫出与领口相同的弯势，然后修剪成 2cm 宽（图 21-25）。

（2）缝合、熨烫后片：缉缝后片腰省，并向后中方向烫倒。两后片正面相对，后中缝对齐，按净缝线缉缝，缝份劈开烫平（图 21-26）。作为后身面的里料，要在袖窿处粘直丝牵条。

（3）缝腰带：将左、右腰带从反面勾好，翻出正面熨烫平整（图 21-27）。将左腰带窄的一端穿过腰带扣，向反面扣折，缉缝固定（图 21-28）。

图 21-26　缝合、熨烫后片

图 21-25　烫领条

图 21-27　勾腰带

图 21-28　固定腰带扣

（4）绱腰带：将腰带对在后身面侧缝处的腰带位，缉缝固定。然后对齐在后腰省的位置，缉三角形明线固定（图 21-29）。

（5）做后领口：将领条里、外两层分别与里、外两层后身里在领口处对齐，按 1cm 缝份缉缝领口，缝份劈开烫平（图 21-30）。然后将领条及两层后片重叠，熨烫平整，完成效果如图 21-31 所示。

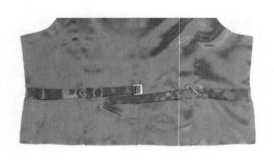

图 21-29　绱腰带

图 21-30　缉缝后领口

8. 勾后片，缝合前、后身

将两层后片反面朝外，前身夹在两层后片之间，前身面与后身面相对，前身里与后身里相对。勾底边时，将两层后片对齐缉缝。

缝右侧缝时，先将两层后片对齐勾开衩，到开衩止点后将前片侧缝对齐一起缉缝至腋下；缝左侧缝时，中间约 12cm 长的部分只缉缝后片面和前身，后片里不要一起缝住。

勾袖窿时，将两层后片对齐缉缝。缝肩缝时，将前片夹在两层后片之间缉缝。以上各部位的缉缝可连续进行（图 21-32）。

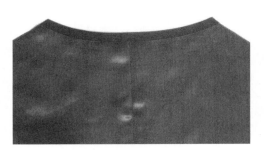

图 21-31　做好的后领口

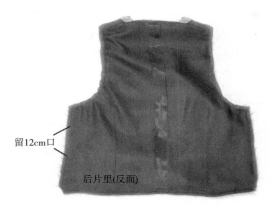

图 21-32　勾后片，缝合前、后身

9. 翻衣身，封口

从左侧缝的留口处翻出衣身的正面，将后片里上的留口缉好。

10. 整烫

从反面熨烫门襟、下摆，顺着弧线熨烫领口。

11. 锁眼、钉扣

按样板上的位置在左门襟上锁眼，右门襟对应的位置钉扣，要求位置准确，锁钉牢固。西服马甲的成品效果如图 21-33 所示。

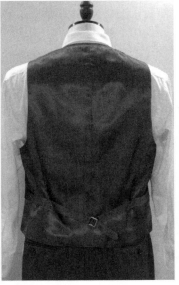

图 21-33　西服马甲成品效果

第五节 西服马甲成品检验

西服马甲外观检验请参照第一单元第一章第五节。

一、规格尺寸检验

（1）衣长：由后领口垂直量至底边，极限误差为 ±1cm。

（2）胸围：扣好纽扣，前后身摊平，沿袖窿底部水平量，一周的极限误差为 ±2cm。

（3）总肩宽：由一侧肩点水平量至另一侧肩点，极限误差为 ±0.6cm。

二、工艺检验

（1）门襟平挺，左、右两侧下摆一致。

（2）领口、止口平薄顺直，无起皱、无反吐，门襟不搅不豁。

（3）前身胸部饱满，省缝顺直，袋口平服、翘度合适、左右对称。

（4）肩头平服，肩缝顺直，无褶皱；左、右肩宽窄一致，面与里适宜。

（5）背部平服，两层衣里松紧合适。

（6）侧缝顺直平服。

（7）里料色泽要与面料色泽相协调，里料上面不允许有影响美观和牢固的疵点，其他部位不能有影响牢度的疵点。

练习与思考题

1. 叙述西服马甲的款式、结构和工艺特征。

2. 测量他人的尺寸，确定成品规格，绘制西服马甲的结构图（制图比例 1:1）。

3. 绘制西服马甲的全套纸样（制图比例 1:1）。

4. 西服马甲排料时要注意哪些问题？如果用格子面料裁剪西服马甲，请详细写出需要对格的部位。

5. 裁剪一件西服马甲。

6. 西服马甲的缝制工艺流程是如何编排的？

7. 对西服马甲成品进行检验时，工艺检验包括哪些项目？

第二十二章 中山服

教学内容： 中山服结构图的绘制方法 /12 课时

中山服纸样的绘制方法 /8 课时

中山服的排料与裁剪 /4 课时

中山服的制作工艺 /55 课时

中山服成品检验 /1 课时

课程时数： 80 课时

教学目的： 培养学生动手解决实际问题的能力，提高学生效率意识
和规范化管理意识，为今后的款式设计、工艺技术标准
的制定、成本核算等打下良好的基础。

教学方法： 集中讲授、分组讲授与操作示范、个性化辅导相结合。

教学要求： 1. 能够通过测量人体得出中山服的成品尺寸规格，也能
根据款式图或照片给出成品尺寸规格。

2. 在老师的指导下绘制 1∶1 的结构图，独立绘制 1∶1
的全套纸样。

3. 在学习中山服的加工手段、工艺要求、工艺流程、工
艺制作方法、成品检验等知识的过程中，需有序操作、
独立完成中山服的制作。

4. 完成一份学习报告，记录学习过程，归纳和提炼知识
点，编写中山服的制作工艺流程，写课程小结。

教学重点： 1. 中山服结构图的画法

2. 中山服纸样的画法

3. 推归拔烫的方法

4. 做胸衬、敷胸衬的方法

5. 小贴袋、小袋盖的制作方法

6. 大贴袋、大袋盖的制作方法

7. 领子的制作方法

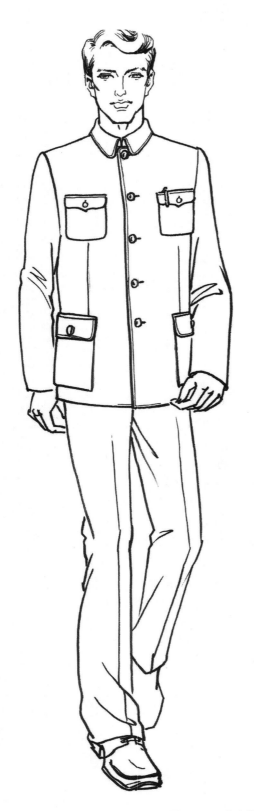

中山服为三开身结构，前身左右各一片，后身一整片；关门领，领子由翻领和领座两部分组成，有领钩 1 副；门襟单排 5 粒大扣，直下摆；胸部有小贴袋、小袋盖，小袋盖上有扣眼，左小袋盖前端有插笔口，小贴袋袋口钉小扣；腹部有大贴袋、大袋盖，大袋盖上有扣眼，大贴袋袋口钉大扣；两片装袖，袖口有开衩，左、右袖各钉 3 粒小扣（图 22-1）。

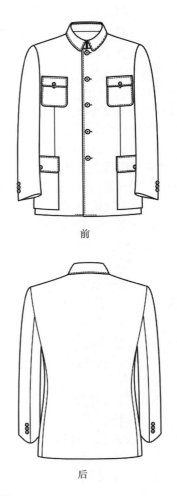

前

后

图 22-1　中山服款式图

面料可采用中等厚度的羊毛或混纺织物，所有用料如表 22-1 所示。单色双幅面料的用料计算方法为：衣长 + 袖长 +30cm 左右，单色双幅里料的用料计算方法为：衣长 + 袖长 +（5~10cm）。

表 22-1 中山服用料

材料名称	用量	材料名称	用量
毛混纺织物	幅宽 150cm，料长 160cm	白衬领布	少量
美丽绸	幅宽 150cm，料长 145cm	直丝牵条	宽度 1.5cm，长度 250cm
有纺衬	幅宽 90cm，料长 110cm	垫肩	1 副
毛衬	85cm	纽扣	32L（直径 20mm）扣 7 粒，24L（直径 15mm）扣 10 粒，13L（直径 8mm）扣 5 粒
胸绒	55cm	领钩	1 副
领衬（树脂衬）	少量	缝纫线	适量
里袋布	少量	丝带	少量

第一节　中山服结构图的绘制方法

一、中山服成品规格的制定

根据特定的人确定成品规格尺寸（表 22-2）。

表 22-2 中山服成品规格（号型：170/96A） 单位：cm

部位	后衣长	后腰节	胸围（B）	总肩宽（S）	领围（N）	袖长（SL）	袖口
尺寸	73	42.5	116	47.5	45.5	60	15.5

（1）后衣长：（身高 – 头高）/2cm。

（2）后腰节：（身高 – 头高）/4+6cm。

（3）胸围：在净胸围的基础上加放 20cm 的松量。

（4）总肩宽：在人体肩宽尺寸的基础上加放 2~3cm 的松量。

（5）领围：在人体颈围尺寸的基础上加放 3cm 的松量。

（6）袖长：从肩端点量至腕骨以下 3cm。

（7）袖口：一般在 15~17cm 之间。

二、中山服结构图的绘制过程

此款中山服的结构图用比例法绘制而成，图中胸围、领围、肩宽采用的都是成品尺寸，即包括松量。作图的主要过程如下。

1. 衣身结构图（图 22-2）

（1）画出后身上平线、后衣长（73cm）、下平线。

（2）画出袖窿深线（胸围 1.75/10+4.5cm）、腰节线［（身高 – 头高）/4+6cm］、臀围线

（从腰节线向下 19.5cm）。

（3）画出后领深即后领翘高（2cm），过领翘高点作一条水平线。

（4）画出后领宽（领围 /5-0.6cm），并画出后领口弧线。

（5）画出后落肩（半胸围 /10-0.5cm）、后肩宽（肩宽 /2）。

（6）画出后背宽（1.5 胸围 /10+4cm）。

（7）画出后背中心线。

（8）画出后袖窿弧线、后缝线、后底边线。

（9）画出前身上平线（比后身上平线高出 1cm）。

（10）画出前中心线、搭门宽线（左搭门宽 3cm、右搭门宽 2cm）。

（11）画出撇胸线（撇胸量 2cm）。

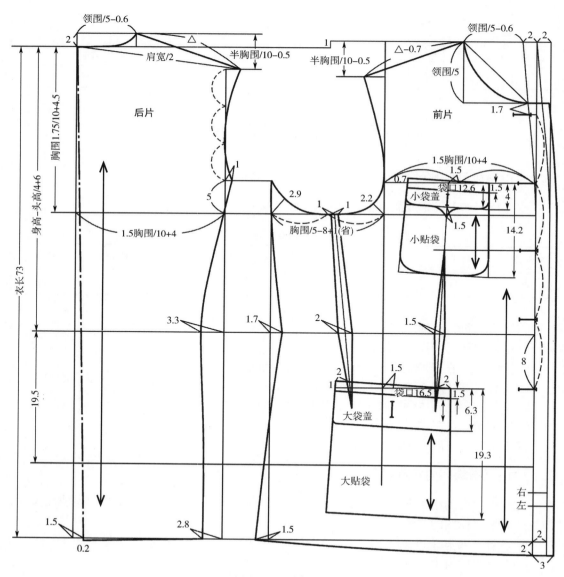

图 22-2　衣身结构图

（12）画出前领宽（领围 /5–0.6cm）、前领深（领围 /5cm）、前领口弧线及领嘴。

（13）画出前落肩（半胸围 /10–0.5cm）、前肩宽（△ –0.7cm）。

（14）画出前胸宽（1.5 胸围 /10+4cm）。

（15）画出前腋下宽（胸围 /5–8cm+1cm 省）。

（16）画出前袖窿弧线、前侧缝线、前底边线。

（17）画出门襟上的扣眼位。

（18）画出小贴袋、小袋盖、大贴袋、大袋盖、腰省、腋下省。

2. **门襟贴边及里袋结构图（图 22-3）**

（1）从衣身结构图中取出前片，在其基础上画出门襟贴边及里袋。

（2）取出里袋（图 22-3 ①），取出门襟贴边（图 22-3 ②）。

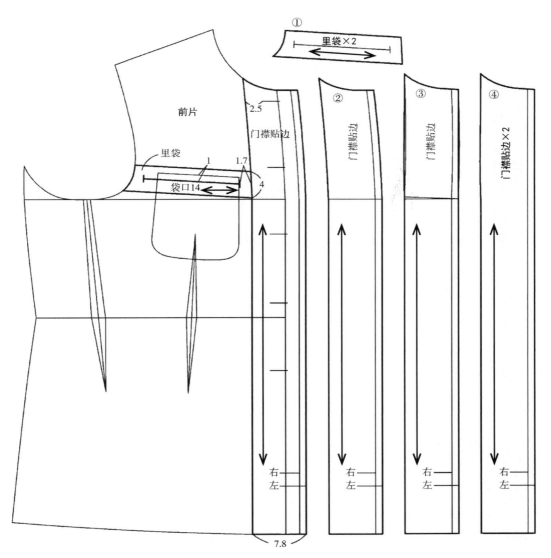

图 22-3　门襟贴边及里袋结构图

（3）由于在制作过程中前衣片要进行熨烫处理（"推门"），前止口将由结构图中的曲线变成直线，而门襟贴边不进行熨烫处理，所以在处理纸样时要将门襟贴边的止口曲线也变成直线（图 22-3③）。

（4）形成最终的门襟贴边（图 22-3④）。

3．袖子结构图（图 22-4）

（1）将衣身的侧缝线对齐，检查前、后袖窿弧线是否圆顺。

（2）衣身的袖窿深线是袖子的袖深线，衣身的腰节线是袖子的袖肘线，前胸宽线是袖子的基准线。

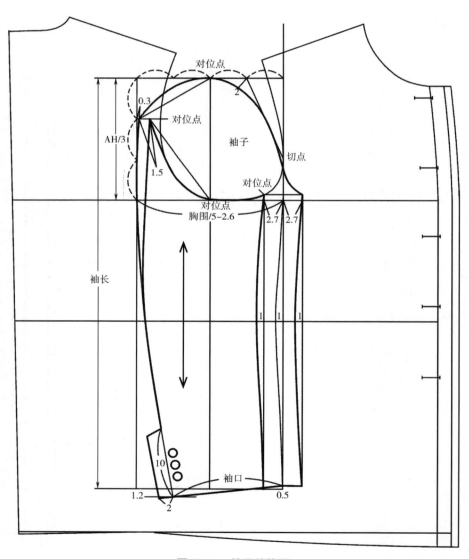

图 22-4　袖子结构图

（3）从袖深线向上画出袖山高（AH/3），画出上平线。

（4）画出袖根肥（胸围/5-2.6cm）、袖中线、袖长（60cm）。

（5）画出前偏袖宽2.7cm。

（6）画出袖山弧线。

（7）画出袖口。

（8）画出大袖的后袖线。

（9）画出袖开衩。

（10）画出小袖。

（11）画出袖子与袖窿的对位点，袖山顶点对肩缝、前袖缝对前袖窿、后袖缝对后袖窿、小袖的中线对袖窿底部。注意：这四个对位点要画到衣身结构图中去。

4. 领子结构图（图22-5）

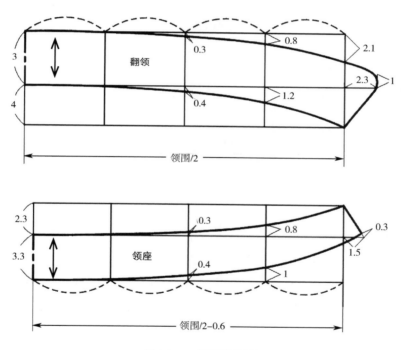

图22-5　领子结构图

第二节　中山服纸样的绘制方法

一、面料毛板

　　面料毛板共 12 块，包括后片、前片、门襟贴边、小袋盖、小贴袋、大袋盖、大贴袋、翻领、领座、大袖、小袖、里袋（图 22-6）。图中的内轮廓线是各衣片的净板，外轮廓线表示面料的毛板，未标数字的部位缝份都是 1cm。

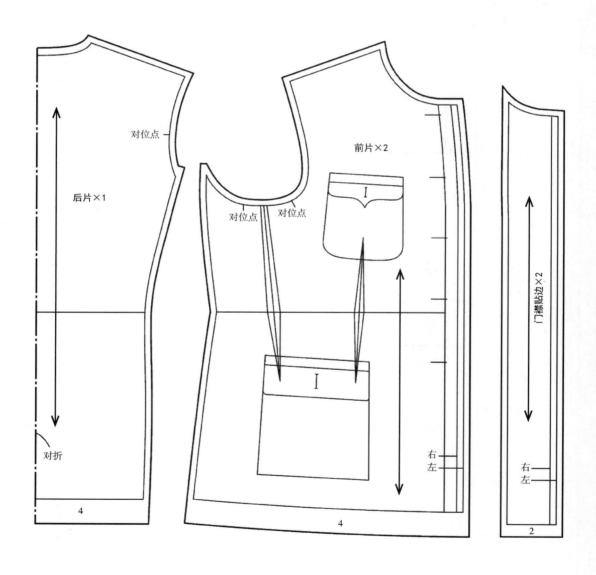

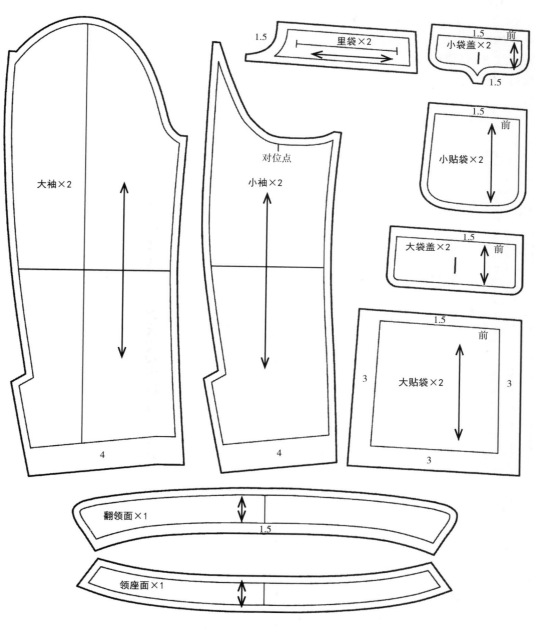

1.5

里袋×2

1.5
前
小袋盖×2
1.5

1.5
前
小贴袋×2

大袖×2

小袖×2

对位点

1.5
大袋盖×2
前

1.5
前
大贴袋×2
3   3
3

4   4

翻领面×1
1.5

领座面×1

图 22-6 面料毛板

二、里料毛板

里料毛板共 12 块，包括后片、上前片、下前片、小袋盖、大袋盖、翻领、领座、大袖、小袖、里袋垫袋布、里袋口上嵌线、里袋口下嵌线（图 22–7），其中小袋盖、大袋盖、翻领、领座的里料毛板与面料毛板相同，可以不重复打板。图中的内轮廓线是各衣片的净板，外轮廓线表示里料毛板，未标数字的部位缝份都是 1cm，没有内轮廓线的按图中所示尺寸直接打毛板。

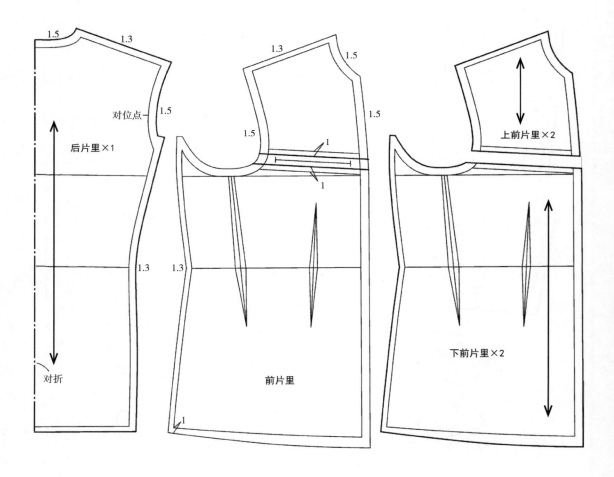

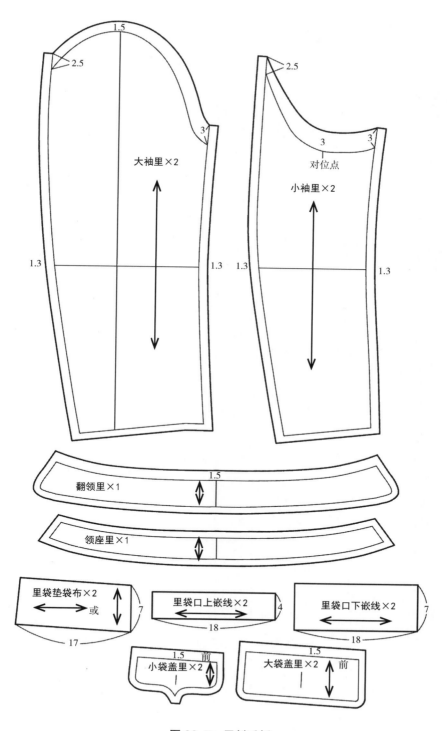

图 22-7　里料毛板

三、辅料纸样

1. 黏合衬纸样

黏合衬纸样共 10 块，包括前片、门襟贴边、小袋盖、大袋盖、翻领、领座、大袖口、小袖口、袋口嵌线（图 22-8），其中门襟贴边、小袋盖、大袋盖、翻领、领座的黏合衬毛板与面料的毛板相同，可以不重复打板。图中的内轮廓线是各衣片的净板，外轮廓线表示衣片的毛板，袋口及嵌线按图中所示尺寸直接打毛板。

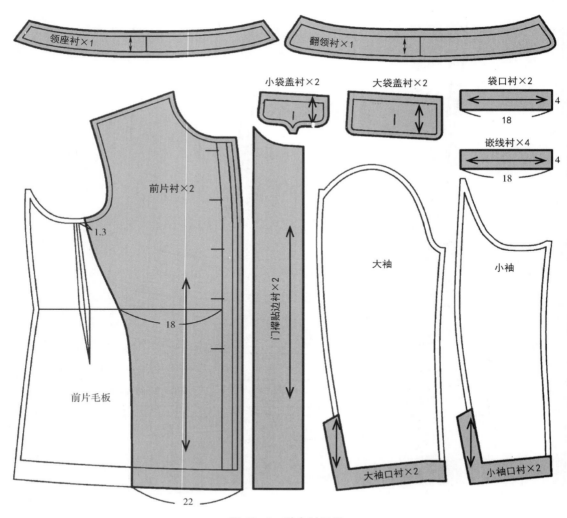

图 22-8　黏合衬纸样

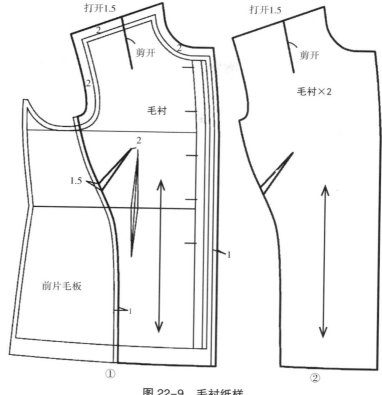

图 22-9 毛衬纸样

2. 毛衬纸样

在前片毛板的基础上绘制毛衬纸样，图 22-9 ①是毛衬的绘制方法，图 22-9 ②是最终的毛衬纸样。

3. 胸绒纸样

在前片毛板及毛衬的基础上绘制胸绒纸样，图 22-10 ①是胸绒的绘制方法，图 22-10 ②是最终的胸绒纸样。注意：胸绒是不分经纬方向的。

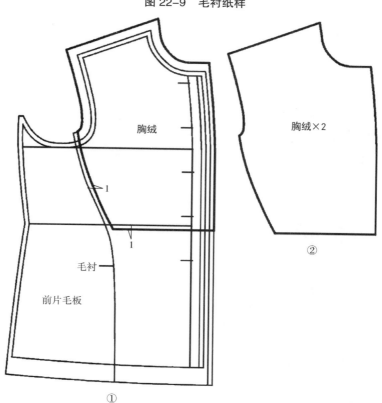

图 22-10 胸绒纸样

4. 里袋布、垫袋布

里袋布、垫袋布的制图与制板过程如图22-11所示，图22-11①图是垫袋布、大片袋布、小片袋布的绘制方法，图22-11②是最终的里袋布、垫袋布纸样。

中山服里袋的袋布采用涤棉布，垫袋布采用里料。

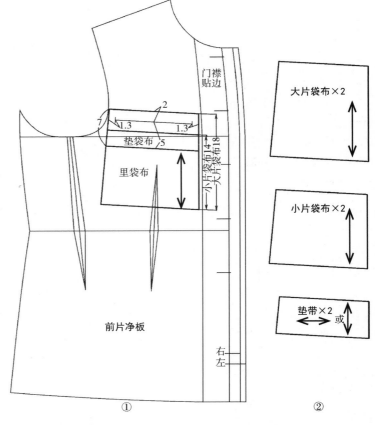

图22-11 里袋布、垫袋布的制图与制板

5. 领衬

领衬与领子的净板相同，翻领的领头处用两层衬，领座用两层衬（图22-12）。

图22-12 领衬

6. 白衬领

白衬领的制图与制板过程如图22-13所示，①将翻领与领座放置在一起，后领中的上部错开0.3cm，在此基础上绘制白衬领。②将白衬领的轮廓取出，画出扣眼位置，得到白衬领净板。③在周围放出1cm的缝份，得到白衬领毛板。

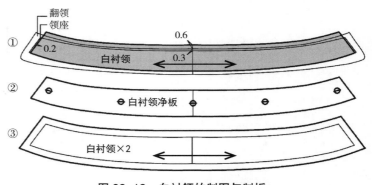

图22-13 白衬领的制图与制板

四、工艺纸样

在制作过程中要使用到的净板共 7 块，包括小袋盖、小贴袋、大袋盖、大贴袋、翻领、领座、白衬领（图 22-14）。

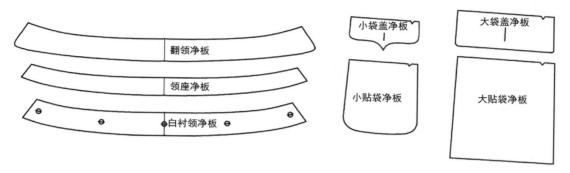

图 22-14　工艺纸样

第三节　中山服的排料与裁剪

一、面料的排料与裁剪方法

将双幅面料的布边对折，面料毛板摆放在面料之上，毛板上的经纱与面料的经纱要一致，用划粉把毛板的轮廓描绘在面料上，然后把纸样移开，再沿着划粉线裁剪（图 22-15）。

注意，由于面料是对折的，图中翻领与领座画在了一起。在实际裁剪时，上层裁翻领，下层裁领座，里料的排料也是如此。

二、里料的排料与裁剪方法

将里料布边对折，按照里料毛板上所标注的要求，将里料毛板排列在里料上。用划粉把毛板的轮廓描绘在里料上，然后把纸样移开，再沿着划粉线裁剪（图 22-16）。

三、辅料的排料与裁剪方法

辅料的裁剪包括黏合衬、毛衬、胸绒、里袋布、领衬、白衬领，其中黏合衬的排料方法如图 22-17 所示。

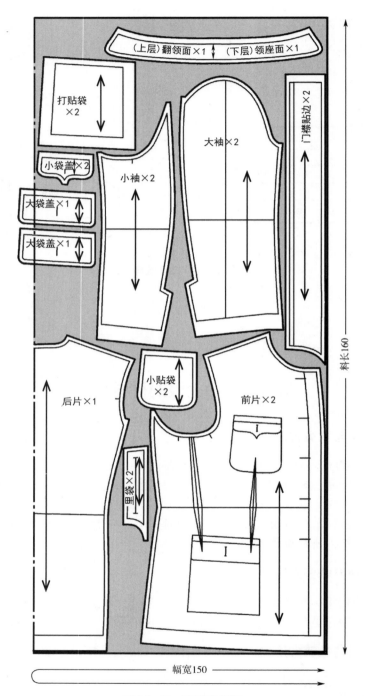

图 22-15　面料排料图

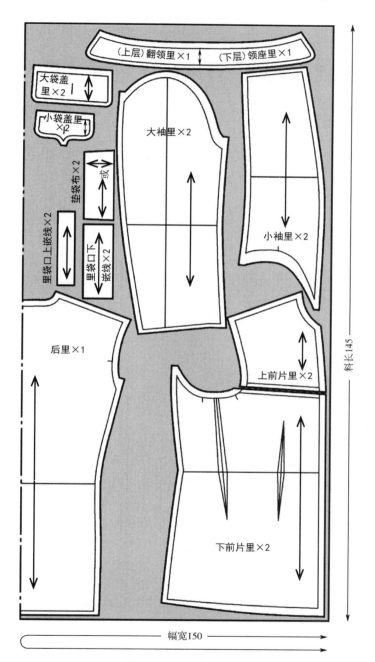

图 22-16　里料排料图

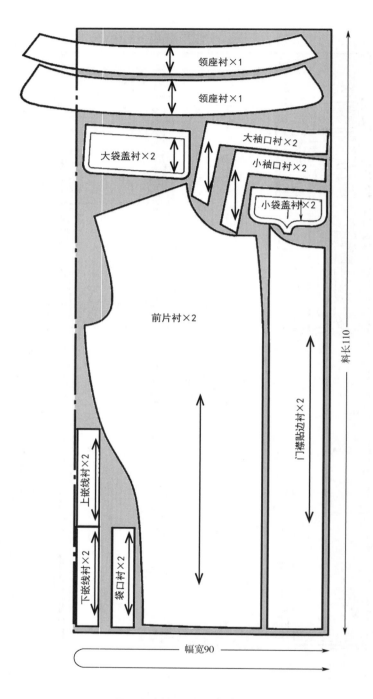

领座衬×1

领座衬×1

大袋盖衬×2

大袖口衬×2

小袖口衬×2

小袋盖衬×2

前片衬×2

门襟贴边衬×2

上嵌线衬×2

下嵌线衬×2

袋口衬×2

料长110

幅宽90

图 22-17　黏合衬排料图

第四节　中山服的制作工艺

一、中山服的制作工艺流程（图22-18）

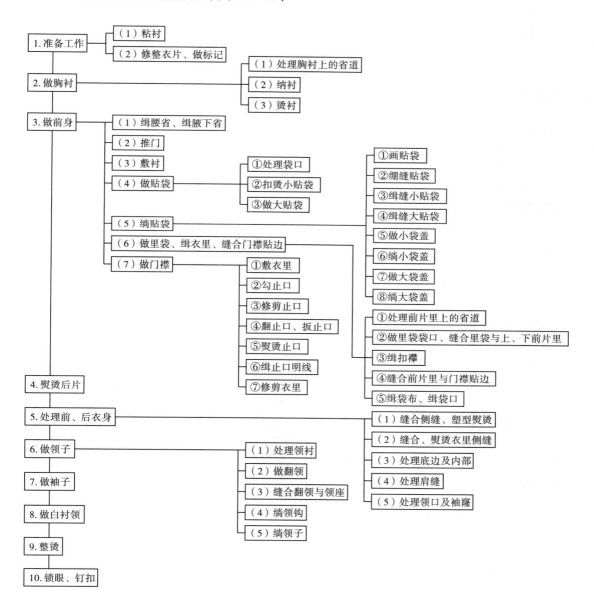

图 22-18　中山服制作工艺流程

二、中山服的制作顺序和方法

1. 准备工作

（1）粘衬：在需要粘衬的部位，面料的反面与黏合衬的反面相对，经过黏合机把二者黏合在一起；不需要粘衬的部位最好也过一遍黏合机，这样可以使面料受热收缩均匀。

（2）修整衣片、做标记（图22-19）：按照面料毛板检查粘衬后的衣片是否变形或缩小，在各个衣片的关键位置画线、打线丁、打剪口做标记。

①前片：底边放在左手边、领口放在右手边，先将上层衣片（左片）的搭门宽度剪掉1cm，然后在前片的反面画出腰线、小袋位、大袋位、衣长位、省位、绱袖对位点并打线丁，在绱领位、腰围线处打剪口。

②后片：在衣长位、绱袖对位点打线丁，在腰围线处打剪口。

③大袖片、小袖片：在袖开衩、袖口线、绱袖对位点打线丁。

将腋下省剪开至腰节线以下6cm左右，在剪开处用手针环缝（图22-20）。

2. 做胸衬

（1）处理胸衬上的省道：剪开毛衬上的肩省和腋下省；将肩省展开1.5cm，在展开处垫上一块楔形的毛衬料头，绲好；将剪开的腋下省搭叠1.5cm，绲好。

（2）纳衬：将毛衬与胸绒对合在一起（注意要将楔形毛衬夹在中间），顺着毛衬的弯势、按照图22-21所示将两层衬绲在一起，专业术语叫作"纳衬"。

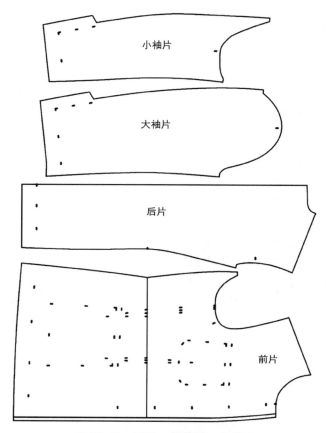

图 22-19　画线、打线丁、打剪口

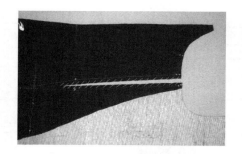

图 22-20　剪开腋下省并环针缝

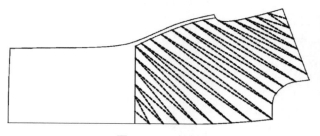

图 22-21　纳衬

（3）烫衬：顺着毛衬的弯势熨烫，胸部要归拢（图22-22），袖窿和腋下也要归拢（图22-23），之后在衣片两胁缉缝直丝牵条（图22-24）。胸衬要凉透、要彻底晾干，以防止变形。

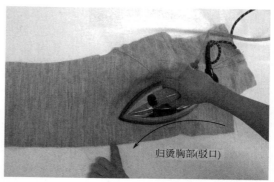

图 22-22　归拢胸部

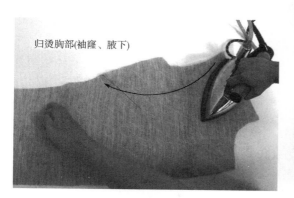

图 22-23　归拢袖窿和腋下

图 22-24　在两胁缉直丝牵条

3. 做前身

（1）缉腰省、缉腋下省：从面料的边角料上剪下直丝布条，垫在腰省的下面，缉腰省。缉腋下省时，缉至未剪开处，要在下面垫上直丝布条。

（2）推门：推归拔烫前片（专业术语叫作"推门"），胸部要归拢、止口要烫成直线，袖窿要归拢，腹部、胯部要归拢，下摆要归拢，前肩窝处要适量拔开。前片推门之后要放在胸衬上对比一下，二者的形状要完全吻合。前片也要凉透、彻底晾干，以防止以后变形。

（3）敷衬：

①顺着衣片的弯势将衣片绷在胸衬上（图22-25）。绷领口与止口，领口要圆顺，止口要直；绷胸部、腰省及大袋前部，掀开衣片，将腰省绷在胸衬上；绷胸部侧面、胁部及腰节；绷领口、肩部及袖窿。

图 22-25　敷衬

②在反面顺着衣片的弯势用力熨烫，使前片与胸衬融为一体。

③剪掉袖窿、肩线、领口处多余的胸衬，领嘴、止口、底边按净缝线剪好。

④敷牵条，在领嘴、止口、底边处粘上直丝牵条，胸部要拉紧，其他部位平粘即可（图22-26）。

（4）做贴袋：

①处理袋口（图22-27）：在大、小贴袋的上沿用包缝机锁边；按净缝线扣烫袋口折边，在袋口的中间贴上一小块黏合衬以增加钉扣时的牢度；沿着包缝线绱住袋口折边。

②扣烫小贴袋：按照净样板扣烫出小贴袋的形状（图22-28）。

③做大贴袋：在正面按照净板画出大贴袋的形状，按所画线迹扣烫；在反面沿对角线方向绱缝袋角；翻出正面检查，口袋的形状与净板的形状要相同；翻回到反面剪掉袋角处多余的缝份，将缝份劈开熨烫；翻出正面，将大贴袋烫好（图22-29）。

图22-26　修剪胸衬、敷牵条

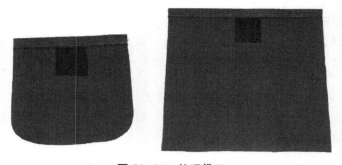

图22-27　处理袋口

图22-28　扣烫小贴袋

图22-29　做大贴袋

（5）绱贴袋：

①画贴袋：参照线丁标记，在前衣片的正面画出大、小贴袋的袋盖位置和口袋位置（图22-30），左、右两片务必对称。

②绷缝贴袋：将大、小贴袋绷在前衣片上，同时要处理好贴袋与衣片之间的里层与外层的松紧关系，左、右两片务必对称（图22-31）。

图22-30　画出大、小贴袋

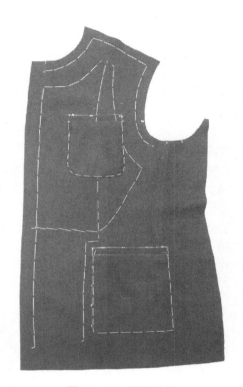

图22-31　绷缝贴袋

③缉缝小贴袋：距口袋边缘0.4cm缉明线，袋口处的倒针务必牢固。

④缉缝大贴袋：掀开大贴袋，留出1cm宽的缝份缉线，袋口处的倒针务必牢固（图22-32）；掀开大贴袋，在袋口边缘的折痕处封袋口，倒针务必牢固（图22-33）。

图22-32　缉缝大贴袋

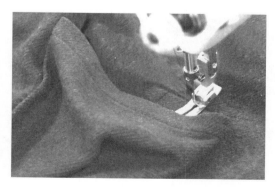

图22-33　封大袋口

⑤做小袋盖（以左袋盖为例）：在小袋盖里的反面粘衬。缉袋盖的要点是面与里的松紧度一定要控制好，尤其是圆角处和尖角处面的松量要足够。左侧小袋盖要做插笔口（图 22-34），右侧不做。

翻出正面熨烫，形状要与净板保持一致，在周围缉 0.4cm 宽的明线，在插笔口处缉 0.4cm 宽的明线，然后锁扣眼。

⑥绱小袋盖：将小袋盖上的袋口净缝线与衣片上的袋口线对齐，绷缝固定；沿袋口净缝线缉袋口，两端倒针要牢固；剪掉多余的缝份，仅剩 0.2cm 即可（图 22-35）；翻下小袋盖，缉 0.4cm 宽的明线（图 22-36）。

图 22-34　做小袋盖

⑦做大袋盖：在大袋盖里的反面粘衬，基本做法与男西服袋盖的方法相同，不同的是要在周围缉 0.4cm 宽的明线，然后锁扣眼。

⑧绱大袋盖：与绱小袋盖的方法相同。

（6）做里袋、缉衣里、缝合门襟贴边：

①处理前片里上的省道：在下前片里上画出腰省、腋下省，缉好，向前中心方向烫倒。

②做里袋袋口、缝合里袋与上、下前片里：中山服双嵌线里袋与男西服里袋的做法基本相同，里袋口处面料的上方和下方用毛绲边的方法处理，然后用灌缝（漏落缝）针法将上前片里、下前片里拼接好，在与贴边相接的一侧画出净缝线（图 22-37）。

图 22-35　绱小袋盖

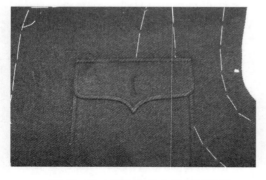

图 22-36　缉小袋盖上的袋口明线

图 22-37　做里袋、缉衣里

另外，里袋口处面料的上方和下方也可不做绲边处理，而是将上前片里、下前片里分别与之按 1cm 的缝份缝合即可。

③缉扣襻：中山服里袋与男西服里袋所不同的是要在袋口中间、上嵌线的下面缉一个扣襻（图 22-38），用于扣住里袋的纽扣。扣襻的做法如图 22-39 所示，用里料裁剪扣襻布；扣折熨烫；对折，在边缘缉 0.1cm 宽的明线；折叠，形成扣襻。

图 22-38　缉扣襻

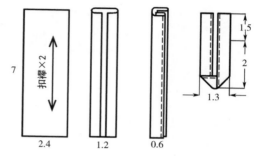

图 22-39　扣襻的做法

④缝合前片里与门襟贴边：将前片里与门襟贴边缝合在一起，胸部里要有适当的吃量，下端留出 6cm 左右不缝合。

⑤缉袋布、缉袋口：缉袋布、缉袋口的方法与双嵌线口袋的做法相同。

（7）做门襟：

①敷衣里：将衣身里与前片正面相对，领嘴、止口及下摆处绷缝固定（图 22-40）。

②勾止口：要看着牵条勾止口，从绱领止点开始沿着领嘴、止口、下摆缉缝，线要缉在牵条上。

③修剪止口：在绱领止点处的缝份上打剪口，衣片上的缝份剪掉 0.6cm，门襟贴边上的缝份剪掉 0.3cm。

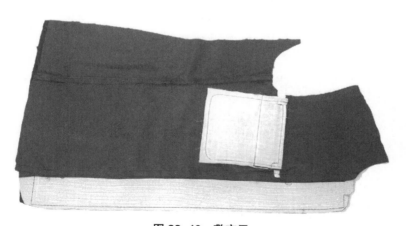

图 22-40　敷衣里

④翻止口、扳止口：翻出衣片的正面，用扳针针法固定止口（图 22-41），衣身比门襟贴边要多出 0.1cm。

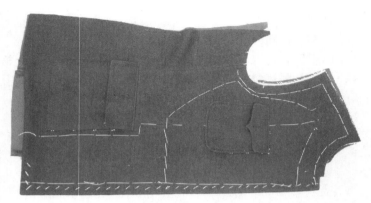

图 22-41　扳止口

⑤熨烫止口：要用力将止口熨直、熨平、熨薄，底边折边要归拢熨烫。

⑥缉止口明线：从绱领止点开始缉 0.4cm 宽的明线，缉领嘴、止口，缉到底边时拐弯再缉到贴边宽度为止。

⑦修剪衣里：在领口处将面与里修齐，肩缝处衣里多出 0.3cm，袖窿处衣里多出 0.5cm，侧缝处衣里多出 0.3cm，底边处衣里多出 1cm。

4. 熨烫后片

将后片对折，烫出肩胛骨、臀部的凸起量，肩部要适当归拢（图 22-42）。打开后片，熨烫效果如图 22-43 所示。

图 22-42　对折熨烫后片

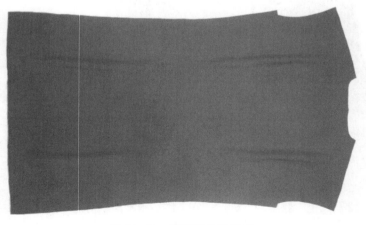

图 22-43　熨烫后片的效果

5. 处理前、后衣身

（1）缝合侧缝、塑型熨烫：将前、后衣片正面相对，按 1cm 缝份缝合侧缝。然后将侧缝劈开熨烫，劈缝的同时袖窿要归拢，腰节处要拔开，胯部要归拢，前片与后片过渡要圆顺；扣烫底边折边时要归拢熨烫，最后要在袖窿处粘牵条。

（2）缝合、熨烫衣里侧缝：将前、后片衣里的正面相对，按 1cm 缝份缝合侧缝，缝份倒向后身一侧，熨烫时要留出 0.3cm 的"眼皮"。

（3）处理底边及内部：

①将衣身面与衣身里的正面相对，按 1cm 缝份缝合底边。然后将底边的缝份用手针（三角针或环针）固定在衣身上，缝线不能紧，正面不允许有针窝。

②翻出衣身正面，在面与里之间将门襟贴边与前片里的缝份绷在胸衬上，里袋布也绷在胸衬上。然后将面与里的侧缝对齐、底边处衣身里留出 1cm"眼皮"，用手针将衣身里的侧缝绷在衣身的侧缝上，缝线不能紧。

③用锁针针法固定门襟贴边的下端，最后将底边熨烫一下，固定住衣身里的"眼皮"。

（4）处理肩缝：

①处理面料肩缝：前、后肩正面相对按 1cm 缝份缝合，后肩吃进 0.7cm；将肩缝放在烫凳上劈开熨烫，劈缝的同时要适当向前肩方向归拢。

②处理里料肩缝：前、后肩正面相对按 1cm 缝份缝合，后肩吃进 0.7cm；将肩缝向后身方向烫倒，要留出 0.3cm 的"眼皮"。

（5）处理领口及袖窿（图 22-44）：

①处理领口：将衣身穿在人台上，调整好领口处的面与里，若领口不够圆顺，可适当修剪。在距离领口 0.3cm 的位置，将领口倒勾针或绷缝，使领口的面、衬、里合为一体。

②处理袖窿：在面料的袖窿一周用倒勾针的方法缝一圈，若袖窿不够圆顺，可适当修剪。

至此，衣身部分的制作基本完成，穿在人台上进行中期检查（图 22-45）。检查前身的左、右两侧是否对称，领口大小是否合适，领窝是否平服，底边是否圆顺，门襟与里襟的长短是否合适；从侧面看衣服的曲线好不好，全方位检查袖窿的圆顺程度；从后面看衣服的形状好不好。

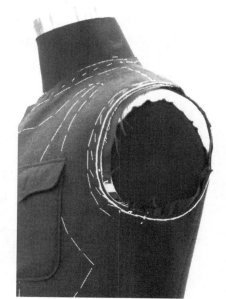

图 22-44　处理领口及袖窿

6. 做领子

（1）处理领衬：

①将翻领衬粘在翻领面的反面，领头衬粘在相应的位置；将两层领座衬对齐，粘在领座面的反面。注意：粘衬时，后中要平烫，两端要向领衬这边烫出弯势（图 22-46）。

②在领座衬的周围绲 0.4cm 宽的明线（图 22-47），起固定作用。

③分别在翻领里、领座里的反面粘衬。

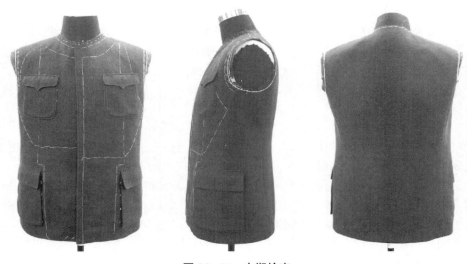

图 22-45　中期检查

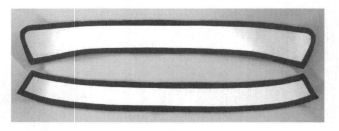

图 22-46　烫领衬

图 22-47　缉缝固定领座衬

图 22-48　做翻领

（2）做翻领（图 22-48）：

①勾翻领，翻领的领面在上、领里在下，正面相对，领面吃进，在翻领衬的周围缉缝领外口一圈，注意缉线要离开翻领衬 0.1cm。

②清剪缝份，缝份保留 0.3cm，多余的剪掉。

③翻出正面熨烫，领面比领里多出 0.1cm。在翻领外口缉 0.4cm 宽的明线。

④向领里一侧卷折翻领，在领口离开翻领衬 0.3cm 缉线。

⑤用翻领净板在正面画出与领座相接的线。

（3）缝合翻领与领座：将翻领夹在领座面与领座里中间，距离领座衬 0.1cm 绱线，在肩缝转折处翻领要吃进 0.5cm 左右，注意两端只绱到净缝线的位置,两端的缝份是不绱的(图 22–49)。将领座翻下，在领座里一侧绱 0.1cm 宽的明线（图 22–50)。

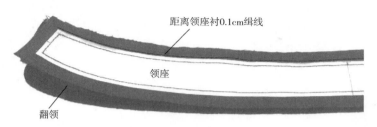

图 22–49 缝合翻领与领座

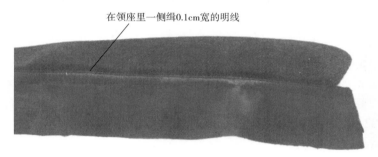

图 22–50 在领座里一侧绱明线

（4）绱领钩：

①将丝带穿在领钩和领襻上（图 22–51)，备用。

②扣烫好领座前端的面料与里料，将领钩放在左侧领座前端的中间、领襻放在右侧领座前端的中间（掀开领座里，用手针将丝带固定在缝份上，同时要控制好领钩和领襻的位置），然后用手针绱缝领座前端的面料与里料（图 22–52)。

图 22–51 领钩、领襻穿丝带

图 22–52 绱领钩

③掀开领座的面与里，将丝带固定在缝份上的效果如图 22-53 所示。领子完成后的效果如图 22-54 所示。

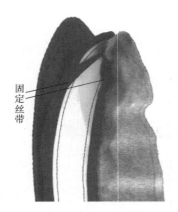

图 22-53　固定丝带

22-54　领子完成效果

（5）绱领子：

①领座面与衣身领口正面相对，衣身在下、领子在上。从左侧开始绱领子，为防止领嘴毛漏，领头要超过领嘴 0.1cm。肩缝转折部位领口要略微拉开，领子要略有吃量，后领中要对齐（图 22-55），两端倒针要牢固。后领中可缝吊襻，吊襻的做法可参照里袋扣襻，叠法如图 22-56 所示。

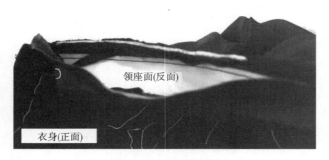

图 22-55　绱领座面

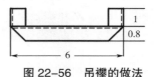

图 22-56　吊襻的做法

②把衣服穿在人台上，扣上领钩，对好搭门，检查领子左、右两侧是否对称。

③将领座的缝份折好，用手针绷缝固定，领座要遮住领口绱线，然后用明缲针针法将领里缝好。

7. 做袖子

做袖子、绱袖子、绱袖棉条、绱垫肩的方法与男西服相同，此处不再重复。但袖开衩处不锁装饰扣眼，比男西服少钉 1 粒纽扣。

8. 做白衬领（图 22-57）

将两层白衬领正面相对、按净缝线绱缝，后领中的领下口留出 5cm 左右不缝；翻出正面，将缝份烫好；在周围绱 0.15cm 宽的明线；按照净板上的扣眼位置锁扣眼。

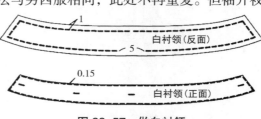

图 22-57　做白衬领

9. 整烫

拆掉所有的绷缝线和线丁。中山服的整烫工艺与男西服基本相同，此处重点介绍以下几个部位。

（1）烫大、小贴袋：分别将大、小贴袋放在熨烫馒头上，将熨烫馒头的形状整理成与中山服胸部、腹部相符的形状，上面盖上双层水布，顺着胸部、腹部的形状熨烫。

（2）烫止口：将止口平放在烫台上，盖上双层水布。先在反面熨烫，再翻到正面熨烫，止口要顺直、挺括、平薄，不能反吐。

（3）烫领子：将翻领放平，翻领里朝上，主要熨烫两侧的领角，要趁着潮气用手卷折领角，使领角自然向下弯曲。

10. 锁眼、钉扣

要求位置要准确，锁钉要牢固。具体位置如下：

（1）按照纸样上的位置在左侧门襟上锁5个扣眼，在右侧门襟相应的位置钉大纽扣。

（2）在大贴袋上钉大纽扣，在小贴袋上钉小纽扣，左、右各1粒。

（3）在袖子上钉小纽扣，左、右袖各3粒。

（4）在里袋口钉小纽扣，左、右各1粒。

（5）在领座上钉白衬领的纽扣，共5粒。

中山服成品效果如图22-58所示。

图22-58　中山服成品效果

第五节　中山服成品检验

中山服外观检验请参照第一单元第一章第五节，规格尺寸检验请参照男西服，工艺检验项目如下：

（1）门襟平挺，左、右两侧底边一致。

（2）止口平薄顺直，无起皱，无反吐，不搅不豁。

（3）领子左、右对称，领面松紧适宜，领角自然向下扣。

（4）前身胸部饱满，大、小贴袋平服，翘度合适，左右对称，袋盖与袋口大小适宜。省缝顺直，省缝与小贴袋、大贴袋的位置匀称。

（5）左、右袖子长短相等，前后位置一致，袖窿圆顺，吃势均匀，无吊紧皱曲；左、右袖口宽窄相等，袖口平服齐整，贴边宽窄一致，缲针不外露；面与里松紧适宜。

（6）肩头平服，肩缝顺直，吃势均匀，无褶皱；左、右肩宽窄一致，左、右垫肩进出一致；面与里适宜。

（7）背部平服，衣身里松紧合适。

（8）侧缝顺直平服，腋下不能有波浪形下沉，面与里适宜。

（9）底边顺直，贴边宽窄一致，环针针迹不外露。

（10）里袋左、右对称，袋口无毛漏。

（11）里料色泽要与面料色泽相协调，前身里、后身里不允许有影响美观和牢固的疵点，其他部位不能有影响牢度的疵点。

练习与思考题

1. 描述中山服的款式特征。

2. 测量他人的尺寸，确定成品规格，绘制中山服的结构图（制图比例 1：1）。

3. 绘制中山服的全套纸样（制图比例 1：1）。

4. 中山服排料时要注意哪些问题？如果用格子面料裁剪中山服，请详细写出需要对格的部位。

5. 裁剪一件中山服。

6. 中山服的工艺要求有哪些？

7. 中山服的缝制工艺流程是如何编排的？

8. 如何处理腰省和腋下省？

9. 中山服推、归、拔烫与男西服有什么不同？

10. 中山服小贴袋的制作要求有哪些？难点在哪里？

11. 中山服大贴袋的制作要点有哪些？难点在哪里？

12. 中山服做领子的要求有哪些？缲领子的难点在哪里？

13. 在制作过程中，应在哪些环节特别注意中山服的对称问题？

14. 对中山服成品进行检验时，工艺检验包括哪些项目？

本单元小结

■本单元学习了男西服、西服马甲、中山服结构图的绘制方法、纸样的绘制方法、排料与裁剪的方法，梳理了各款式的制作工艺流程，详细介绍了制作顺序和方法。

■通过本单元的学习，要求学生能够绘制男西服、西服马甲、中山服的结构图及毛板，学会编写工艺制作流程，能根据不同款式制定检验细则。

■通过本单元的学习，要求学生抓住制作中的重点，掌握以下制作工艺：

1. 推、归、拔烫的方法。
2. 做胸衬、敷胸衬的方法。
3. 有袋盖的双嵌线口袋的制作方法。
4. 手巾袋的制作方法。
5. 男西服领子的制作方法。
6. 中山服领子的制作方法。
7. 中山服小贴袋、小袋盖的制作方法。
8. 中山服大贴袋、大袋盖的制作方法。
9. 男装袖子的制作方法。
10. 西服马甲前、后身连接的方法。

参考文献

［1］中国质检出版社第一编辑室.服装工业常用标准汇编［S］.7 版.北京：中国质检出版社，中国标准出版社，2011.

［2］三吉满智子.服装造型学：理论篇［M］.郑嵘，张浩，韩洁羽，译.北京：中国纺织出版社，2006.

［3］中屋典子，三吉满智子.服装造型学：技术篇 I ［M］.孙兆全，刘美华，金鲜英，译.北京：中国纺织出版社，2004.

［4］中屋典子，三吉满智子.服装造型学：技术篇 II ［M］.刘美华，孙兆全，译.北京：中国纺织出版社，2004.

［5］孙兆全.成衣纸样与服装缝制工艺［M］.北京：中国纺织出版社，2000.

［6］刘美华.服装缝制十日通［M］.北京：中国纺织出版社，1999.

［7］姜蕾.服装品质控制与检验［M］.北京：化学工业出版社，2006.

附录 日本文化式原型的制图方法

一、上半身原型制图

上半身原型利用胸围和背长进行制图，此例采用的净胸围是84cm，背长是38cm。

1. 绘制基础框架（附图1）

（1）画出A点，此点为后颈点，过后颈点向下画出背长即后中线。

（2）画出腰围线（WL）、画出后中线到前中线之间的距离即前后身宽（也叫作身幅），身幅 =B/2+6cm。

（3）从A点向下画出胸围线（BL）即袖窿深线，袖窿深 =B/12+13.7cm。

（4）画出前中线。

（5）画出背宽，背宽 =B/8+7.4cm，确定C点。

（6）从C点向上画出背宽线。

（7）过A点画水平线即后身的上平线，与背宽线相交。

（8）画肩胛骨水平线，从A点向下8cm画一条水平线，与背宽线交于D点。将肩胛骨水平线两等分，并向背宽方向移1cm，确定E点，此点为肩省的尖点。

（9）将D点至C点之间的线段两等分，向下量取0.5cm，过此点画水平线G线。

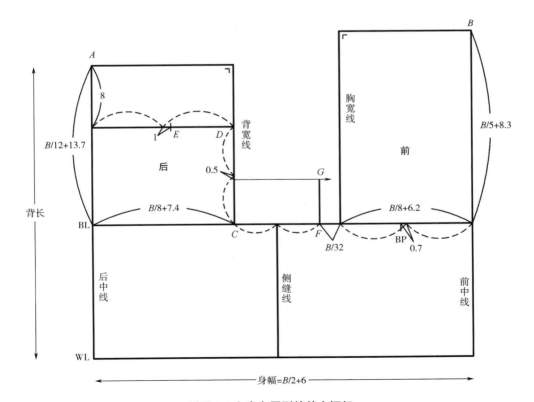

附图1 上半身原型的基本框架

（10）画出前袖窿深，前袖窿深 $=B/5+8.3cm$，确定 B 点。

（11）过 B 点画水平线即前身的上平线。

（12）画出胸宽，胸宽 $=B/8+6.2cm$。将胸宽两等分，向侧缝方向移 0.7cm，得到胸高点（BP）。

（13）画出胸宽线，与前身的上平线相交。

（14）在胸围线上，从胸宽点向侧缝方向量取 $B/32$，确定 F 点。从 F 点向上作垂线，与 G 线相交，得到 G 点。

（15）画出侧缝线，将 F 点至 C 点之间的线段两等分，过等分点向下作垂直线。

2.绘制轮廓线（附图 2）

（1）画前领口：领宽 $=B/24+3.4cm$，确定颈侧点 SNP，领深 = 领宽 +0.5cm，画出领口矩形、画出对角线，领口弧线的圆顺程度参照附图 2 绘制。

（2）画前肩线：

方法一：22° 倾斜角度，与胸宽线相交后延长 1.8cm。

方法二：从 SNP 开始，沿上平线量取 8cm，向下量取 3.2cm，此点与 SNP 连接并反向延长、与胸宽线相交后再延长 1.8cm。前肩线的长度用 "△" 表示。

（3）画后领口：领宽 = 前领宽 +0.2cm，确定颈侧点 SNP，领深 = 后领宽 1/3，领口弧线的圆顺程度参照附图 2 绘制。

（4）画后肩线：肩省量 $=B/32-0.8cm$。

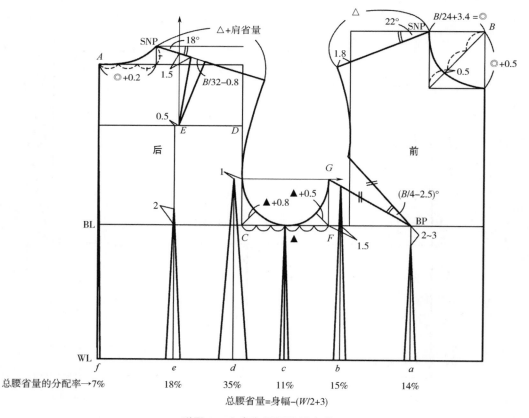

附图 2　上半身原型的轮廓线

　　方法一：18° 倾斜角度，后肩线长度 = △ + 肩省量。

　　方法二：从 SNP 开始，沿上平线量取 8cm，向下量取 2.6cm，与 SNP 连接并反向延长、与背宽线相交后取△ + 肩省量。

　　（5）画后肩省：过 E 点向上作垂线与肩线相交，由交点向肩端点方向量取 1.5cm 作为省道的起始点，该点与 E 点连线是肩省的第一条线，从该点开始沿着肩线量取 B/32–0.8cm，得到肩省的大小，再与 E 点连线即是肩省的第二条线。

　　（6）画袖窿弧线底部：将 C 点至 F 点之间的线段六等分，量出其中一个等分的数据，用"▲"表示。袖窿底部弧线的圆顺程度参照附图 2 绘制。

　　（7）画胸省：

　　方法一：连接 G 点与 BP，得到的是胸省的第一条线，测量该线段的长度即省道的长度，以该线段为基准线、以 BP 为基准点，量取角度（B/4–2.5cm）=18.5°，画线，在线上截取省道的长度，得到胸省的第二条线。

　　方法二：连接 G 点与 BP，并测量该线段的长度，计算省宽，省宽 =B/12–3.2cm=3.8cm。以 G 点为圆心、3.8cm 为半径画弧，再以 BP 为圆心、省道的长度为半径画弧，两弧线相交，从交点到 BP 连线，得到胸省的第二条线。

　　（8）画袖窿弧线的上半段：其圆顺程度参照附图 2 绘制。

　　（9）画腰省：从前中线到后中线，总省量 =B/2+6cm–（W/2+3cm）。

　　a 省：从 BP 向下作 WL 的垂线，此线是省道的中心线；从 BP 向下 2~3cm 为省尖点。

　　b 省：从 F 点向前中线方向量取 1.5cm，过该点作垂线与 WL 相交，将此垂线向上延长至胸省的第一条线上，此线是省道的中心线。

　　c 省：将侧缝线作为省道的中心线。

　　d 省：参考 G 线的高度，由背宽线向后中线方向量取 1cm，由该点向下作 WL 的垂线，该线是省道的中心线。

　　e 省：由 E 点向后中线方向量取 0.5cm，通过该点向下作 WL 的垂线，该线是省道的中心线；从 BL 向上 2cm 即为省尖点。

　　f 省：将后中线作为省道的中心线。

　　各省量以总省量为依据，参照省道的比例关系进行计算，并以省道的中心线为基准，在两侧取等分省量。

二、袖原型制图

1. 绘制基础框架

　　（1）拷贝衣身原型的前、后袖窿，同时将袖窿省闭合，然后将衣身的整个袖窿弧线画圆顺（附图 3）。

　　（2）确定袖山高。将侧缝线向上延长成为袖山线，并在该线上确定袖山高。袖山高的确定方法：计算由前、后肩点高度差的 1/2 位置点至 BL 线之间的高度，取其 5/6 作为袖山高（附图 3）。

　　（3）确定袖肥。从袖山顶点开始，向前片的 BL 线取斜线长等于前 AH，向后片的 BL 线取斜线长等于后 AH+1cm+ ★（调节量），在画出袖长（52cm）后，画前、后袖下线（附图 4）。

　　（4）画出肘位线（EL），如附图 4 所示。

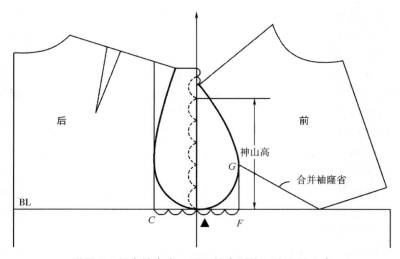

附图 3　闭合袖窿省、画顺袖窿弧线、确定袖山高

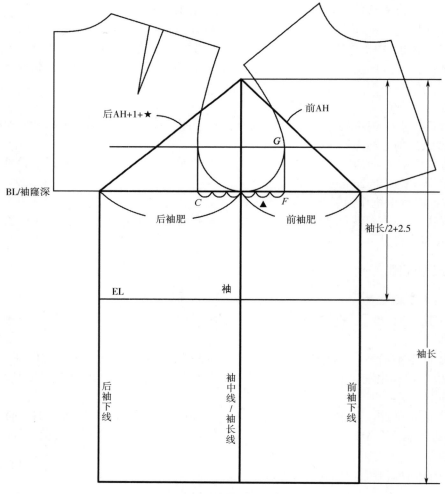

附图 4　袖原型的基本框架

2．绘制轮廓线

（1）绘制前袖山弧线：先确定袖山弧线上的辅助点（附图 5）。辅助点①：袖山顶点。辅助点②：从袖山顶点开始，沿着前袖山斜线量取前 AH/4，画点，过该点作前袖斜线的垂线，垂线长度为 1.8~1.9cm。辅助点③：从前袖山斜线与 G 线的交点开始，沿着前袖山斜线向上量取 1cm，画点。辅助点④：与前袖窿底部弧线相对应的位置点。辅助点⑤：袖深线与前袖下线的交点。

经过上述五个辅助点，将前袖山弧线画圆顺（附图 6）。注意：辅助点③~⑤之间的弧线是前袖窿底部弧线的对应线。

（2）绘制后袖山弧线：先确定袖山弧线上的辅助点（附图 5）。辅助点⑥：从袖山顶点开始，沿着后袖山斜线量取前 AH/4，画点，过该点作后袖山斜线的垂线，垂线长度为 1.9~2cm。辅助点⑦：从后袖山斜线与 G 线的交点开始，沿着后袖山斜线向下量取 1cm，画点。辅助点⑧：与后袖窿底部弧线相对应的位置点。辅助点⑧：袖深线与后袖下线的交点。

经过袖山顶点及上述四个辅助点，将后袖山弧线画圆顺（附图 6）。注意：辅助点⑦~⑨之间的弧线是后袖窿底部弧线的对应线。

（3）确定绱袖对位点：

前对位点：在衣身上测量由侧缝线至 G 线的前袖窿弧线长，再从袖山底点开始沿着袖子的弧线向上量取相同的长度，确定前对位点。

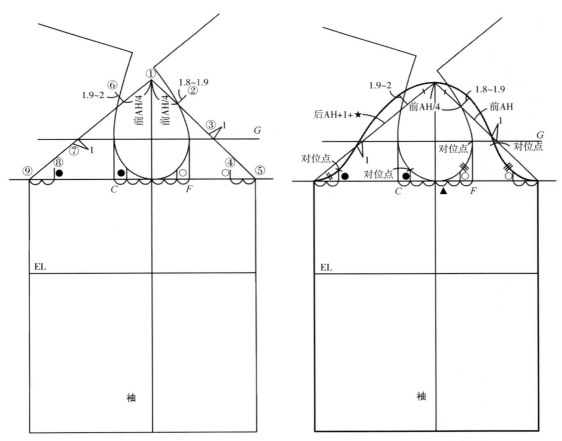

附图 5　确定袖山弧线上的辅助点　　　　　　附图 6　袖原型的轮廓线

后对位点：袖山底部画有●的位置点与辅助点⑧互为对位点。

袖山顶点与肩线互为对位点。袖山底点与侧缝互为对位点。

三、原型样板

在实际应用中，通常将后片原型、前片原型、袖原型分别提取出来（附图 7），用硬纸或薄塑料板做成原型的样板，以便在服装制板时使用。

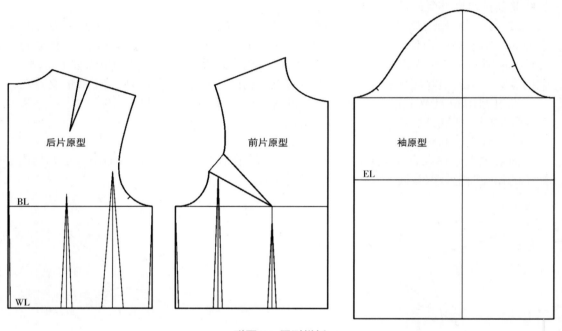

附图 7　原型样板

注　建议将 EL（袖肘线）调整为与 WL（腰围线）在同一水平位置。